अंतरिक्ष-यात्रा

ब्रह्माण्ड-परिचय पुस्तकमाला : 4

अंतरिक्ष-यात्रा

गुणाकर मुळे

राजकमल प्रकाशन

ISBN : 978-81-267-1226-7

मूल्य : ₹ 350

पहला संस्करण : 1974
सातवाँ संस्करण : 2019

प्रकाशक : राजकमल प्रकाशन प्रा. लि.
1-बी, नेताजी सुभाष मार्ग, दरियागंज
नई दिल्ली-110 002

शाखाएँ : अशोक राजपथ, साइंस कॉलेज के सामने, पटना-800 006
पहली मंजिल, दरबारी बिल्डिंग, महात्मा गांधी मार्ग, इलाहाबाद-211 001
36 ए, शेक्सपियर सरणी, कोलकाता-700 017

वेबसाइट : www.rajkamalprakashan.com
ई-मेल : info@rajkamalprakashan.com

मुद्रक : बी.के. ऑफसेट
नवीन शाहदरा, दिल्ली-110 032

ANTARIKSHA YATRA
by Gunakar Muley

द्वितीय संशोधित संस्करण

यह पुस्तक पहली बार पंद्रह साल पहले प्रकाशित हुई थी। मैंने प्रमुख रूप से अंतरिक्षयात्रा विज्ञान के बुनियादी सिद्धांतों की जानकारी दी थी इसलिए इस पुस्तक का महत्व आज भी बरकरार है।

लेकिन पिछले 15 वर्षों में अंतरिक्षयात्रा तथा अंतरिक्ष-अनुसंधान के क्षेत्रों में अनेक महत्वपूर्ण प्रयास हुए हैं। कई किस्म के उपग्रह पार्थिव कक्षाओं में स्थापित किए गए। अमरीका और सोवियत संघ ने अंतरिक्ष-शटलों का निर्माण किया। सोवियत संघ ने 'सल्यूत' व 'मीर' नामक प्रयोगशालाएँ अंतरिक्ष में स्थापित कीं। अमरीका के 'पायोनियर' व 'वायजर' यानों ने दूर के ग्रहों के बारे में काफी नई जानकारी दी। सौर-मंडल के चंद्रों की संख्या करीब 60 पर पहुँच गई। इस दौरान पड़ौस के शुक्र तथा मंगल ग्रहों पर अनेक अंतरिक्ष यान उतारे गए। धरती से भेजे गए यान हेली के धूमकेतु के पास भी पहुँचे।

पुस्तक में नए प्रकरण जोड़कर यह तमाम जानकारी मैंने प्रस्तुत कर दी है। महिला अंतरिक्षयात्रियों के बारे में भी एक नया प्रकरण जोड़ा है। है।

भारत ने पिछले पंद्रह वर्षों में ही अंतरिक्ष-अनुसंधान के क्षेत्र में तेजी से तरक्की की है। इन भारतीय प्रयासों का विवरण मैंने एक नए प्रकरण में प्रस्तुत कर दिया है।

अंतरिक्ष का विस्तार महाविनाशकारी युद्ध का अखाड़ा भी बनता जा रहा है। अंतरिक्ष के इस दुरुपयोग की जानकारी नए प्रकरण 'अंतरिक्ष में हथियारों की होड़' में दी गई है।

मेरी जानकारी के अनुसार अंतरिक्ष विज्ञान के बारे में इतनी विस्तृत जानकारी देने वाली हिंदी में यही एकमात्र पुस्तक है। आशा है, इस नए संशोधित व परिवर्धित संस्करण का स्वागत होगा।

—गुणाकर मुळे

'अमरावती'
सी-210, पांडव नगर
दिल्ली-110092
31 जनवरी, 1989

प्रथम संस्करण की भूमिका

ताजा समाचार है कि सोवियत संघ के स्वचालित यान **मार्स**-6 ने मंगल के समीप पहुँचकर यंत्र-उपकरणों का एक पिटारा इस ग्रह की सतह पर उतारा है। पैराशूट की मदद से मंगल के विरल वायुमंडल में उतरते समय इन यंत्र-उपकरणों ने इस ग्रह के वायुमंडल की रचना, इसके तापमान आदि के बारे में महत्व की जानकारी प्राप्त की है। पता चला है कि 'मंगल के वायुमंडल में जितना सोचा था उससे कुछ अधिक जलवाष्प है।' मंगल की सतह पर जो उपकरण उतारे गए हैं, वे हमें इस ग्रह की मिट्टी की रासायनिक रचना के बारे में जानकारी देंगे। अतः अब हमें मंगल के संभवनीय 'जीव-जगत' के बारे में भी कुछ ठोस जानकारी मिल सकती है।

आज ही का समाचार है कि बुध ग्रह की ओर अग्रसर अमरीका के स्वचालित यान **मैरिनर**-10 के यात्रापथ में आवश्यक संशोधन कर दिया गया है। अब यह यान 30 मार्च को बुध ग्रह से करीब 950 किलोमीटर की दूरी से गुजरेगा और इस ग्रह के टेलीविजन चित्र पृथ्वी की ओर भेजेगा।

अंतरिक्ष-अनुसंधान से संबंधित इस प्रकार के समाचार हमें आए दिन पढ़ने-सुनने को मिलते हैं। अंतरिक्ष-अनुसंधान के समाचारों को अब विशेष महत्व दिया जाता है। यह उचित भी है, क्योंकि आज तक किसी भी अन्य वैज्ञानिक अन्वेषण ने जनसाधारण को इतनी जल्दी और इतने व्यापक स्तर पर प्रभावित नहीं किया है, जितना कि इस अंतरिक्ष-यात्रा विज्ञान ने किया है! पत्र-पत्रिकाओं में प्रकाशित होने वाले अंतरिक्ष-यात्रा के संक्षिप्त विवरणों से अब पाठकों की तृप्ति नहीं होती। पिछले करीब पंद्रह साल से अंतरिक्ष-यात्रा के समाचारों की झड़ी लगी हुई है। जनमानस अब इस विषय की कुछ मूलभूत एवं सैद्धांतिक बातें जानने के लिए उत्सुक है।

पाठक जानना चाहते हैं : अंतरिक्षयान पृथ्वी से चंद्र, मंगल या शुक्र तक किस प्रकार पहुँचते हैं? राकेट किस प्रकार बनता है और यह कैसे कार्य करता है? राकेट में किन ईंधनों का इस्तेमाल होता है? राकेट-यानों को पार्थिव कक्षाओं में किस प्रकार स्थापित किया जाता है? ऊपर अंतरिक्ष में भार-रहित अवस्था का निर्माण क्यों होता है? भविष्य में दूर के ग्रहों तथा नजदीक के तारों तक की यात्राएँ कैसे संपन्न होंगी? इत्यादि।

प्रस्तुत पुस्तक में मैंने इन्हीं सब सैद्धांतिक बातों को सरल भाषा में समझाने की कोशिश की है। यह सर्वविदित है कि वैज्ञानिक विषयों से संबंधित पुस्तकें कुछ समय बाद ही 'पुरानी' पड़ जाती हैं। तेजी से

विकसित हो रहे अंतरिक्ष-यात्रा विज्ञान से संबंधित पुस्तकें तो और भी जल्दी पुरानी पड़ जा सकती हैं। परंतु मैंने इस पुस्तक में मुख्यत: सैद्धांतिक बातों की ही जानकारी दी है, इसलिए आशा है, यह पुस्तक कुछ अधिक समय तक 'ताजी' बनी रहेगी।

पुस्तक में बहुत-से चित्र हैं, जो इस विषय की कई सूक्ष्म बातों को समझने में सहायक सिद्ध होंगे। अधिकांश चित्र सोवियत संघ में प्रकाशित रूसी तथा अंग्रेजी ग्रंथों से लिए गए हैं या उनके आधार पर बनाए गए हैं। कुछ चित्र **नासा** (नेशनल एरोनॉटिक्स एंड स्पेस एडमिनिस्ट्रेशन, अमरीका) के सौजन्य से तथा अन्य स्रोतों से भी प्राप्त हुए हैं।

विषय को मैंने ऐतिहासिक पृष्ठभूमि में प्रस्तुत किया है, इसलिए पुस्तक में इस विषय के विकास की जानकारी मिल जाती है। परिशिष्ट में 'अंतरिक्ष-यात्रा-विज्ञान का संक्षिप्त विकासक्रम' भी दिया गया है। **ब्रह्मांड-परिचय पुस्तकमाला** की इस चौथी पुस्तक में उपयोगी शब्दानुक्रमणिका तथा ग्रंथों की सूची भी जोड़ दी गई है। अंत में इस विषय की पारिभाषिक शब्दावली है। इस प्रकार, निर्धारित सीमा के भीतर इस पुस्तक को हर प्रकार से उपयोगी बनाने की मैंने भरपूर कोशिश की है। फिर भी, यदि कोई त्रुटि या दोष रह गया हो, तो उसके लिए मैं क्षमाप्रार्थी हूँ।

जहाँ तक मेरी जानकारी है, हिंदी में इस विषय की और इस प्रकार लिखी गई यह पहली पुस्तक है। आशा है, इसका स्वागत होगा।

नई दिल्ली —गुणाकर मुळे
17 मार्च, 1974

विषय-सूची

दूर बसे उन नक्षत्रों पर
टहल-बूल कर
मानव वापस आ जाएँगे
ग्रह-उपग्रह अ-विजित न रहेंगे
अंतरिक्ष के उद्यानों में
निर्भय-निरातंक मानवशिशु
निशि-दिन मुक्त विहार करेंगे

—**नागार्जुन**

नए युग का आरंभ

हमारे देखते-देखते एक नए युग का आरंभ हुआ—अंतरिक्ष-यात्रा के युग का आरंभ।

नया युग : नया मानव

विशाल ब्रह्मांड में हमारा सौर-मंडल महासागर में एक बूँद के समान है। सौर-मंडल के ग्रहों में हमारी पृथ्वी एक सामान्य ग्रह है। आज से करीब तीन अरब साल पहले, अनुकूल भौतिक परिस्थितियों में, इस पृथ्वी पर प्राथमिक जीवों का प्रादुर्भाव हुआ था। फिर, आज से कोई बीस लाख साल पहले, विकास की प्रक्रिया के अंतर्गत, इस धरती पर मानव का उदय हुआ। तब से आज तक धरती की गोद में पला और विकसित हुआ यह मानव धरती से ही बँधा रहा!

सहस्राब्दियों तक धरती का मानव आकाश-यात्रा के स्वप्न देखता रहा, गगन-विहारी पक्षियों को निहारता रहा, अंतरिक्ष-यात्रा के आख्यान गढ़ता रहा, विमानों की कल्पना करता रहा। किंतु असली विमान बने वर्तमान सदी के आरंभ में।

वायुमंडल सैकड़ों किलोमीटर की ऊँचाई तक फैला हुआ है और यह पृथ्वी का अभिन्न अंग है। विमान-यात्रा वायुमंडल के निचले स्तरों में होती है और इसकी अपनी सीमाएँ हैं। अतः विमान-यात्रा को हम अंतरिक्ष-यात्रा नहीं कह सकते। 'अंतरिक्ष' शब्द की विस्तृत व्याख्या हम आगे करेंगे। यहाँ इतना ही जानना पर्याप्त होगा कि धरातल से 100 किलोमीटर या इससे अधिक की ऊँचाई को अंतरिक्ष का क्षेत्र मान लिया गया है।

कोई भी विमान अंतरिक्ष की सीमा में पहुँचकर चंद्रमा की तरह पृथ्वी की परिक्रमा करने में समर्थ नहीं है। चंद्रमा हमारी पृथ्वी का निसर्ग-निर्मित उपग्रह है। पहली बार 4 अक्तूबर, 1957 ई. को एक मानव-निर्मित उपग्रह को अंतरिक्ष में भेजने में सफलता मिली। यह था सोवियत रूस द्वारा अंतरिक्ष में भेजा गया **स्पूतनिक**-1 उपग्रह।

मानव-निर्मित इस स्पूतनिक-1 का वजन 83.6 किलोग्राम था। पृथ्वी की परिक्रमा करते समय धरातल से इसकी न्यूनतम ऊँचाई 228 किलोमीटर थी और महत्तम ऊँचाई 947 किलोमीटर। यह कृत्रिम उपग्रह करीब 96 मिनटों में पृथ्वी की एक परिक्रमा पूरी कर लेता था।

मानव द्वारा निर्मित एवं प्रक्षेपित यह पहली वस्तु थी जो अंतरिक्ष में इतनी ऊँचाई तक पहुँची थी और पृथ्वी की परिक्रमा करने लग गई थी। स्पूतनिक-1 ने मानव के लिए अंतरिक्ष के द्वार खोल दिए। नए युग की शुरुआत हुई।

इसके करीब एक महीने बाद, 3 नवंबर, 1957 ई. को, **स्पूतनिक**-2 नामक उपग्रह को अंतरिक्ष की कक्षा में स्थापित किया गया। 508 किलोग्राम भार के इस उपग्रह की कक्षा का सर्वोच्च बिंदु धरातल से 1671 किलोमीटर ऊपर था। लेकिन पहले उपग्रह की तरह यह उपग्रह 'निर्जीव' नहीं था। स्पूतनिक-2 के भीतर **लाइका** नामक एक कुतिया थी और यह उस उपग्रह में बैठकर करीब 104 मिनटों में पृथ्वी की एक परिक्रमा पूरी करती रही। अंतरिक्ष की यात्रा करनेवाला पृथ्वी का यह पहला प्राणी था। मृत्यु के पहले लाइका ने पृथ्वी के सौ से भी अधिक चक्कर लगाए और यह सिद्ध कर दिया कि अंतरिक्ष में धरती के प्राणियों को जीवित रखा जा सकता है।

स्पूतनिक-2 के बाद अमरीका ने भी अपने उपग्रह अंतरिक्ष में भेजने शुरू कर दिए। फिर इन उपग्रहों में कुत्तों, बंदरों, चूहों आदि प्राणियों को अंतरिक्ष में भेजा गया और उन्हें धरती पर सुरक्षित उतारा गया।

मानव जाति के इतिहास में 2 अप्रैल, 1961 का दिन सदैव चिरस्मरणीय बना रहेगा। उस दिन सोवियत संघ के बैकोनूर अंतरिक्ष-अड्डे के एक शक्तिशाली राकेट की सहायता से **वोस्तोक** नामक अंतरिक्ष-यान को ऊपर भेजा गया। वोस्तोक के भीतर बैठे थे **यूरी गगारिन** (1934-1968 ई.), अंतरिक्ष में पहुँचनेवाला पहला मानव। न्यूनतम ऊँचाई 181 किलोमीटर और महत्तम ऊँचाई 327 किलोमीटर की कक्षा में प्रति घंटे 28,000 किलोमीटर के वेग से पृथ्वी की एक परिक्रमा पूरी करके 1 घंटे और 48 मिनटों की यात्रा के बाद यूरी गगारिन धरती पर सुरक्षित उतर आए।

गगारिन की इस प्रथम अंतरिक्ष-यात्रा के बाद सोवियत संघ और अमरीका के अनेक अंतरिक्षयात्रियों ने पृथ्वी की परिक्रमाएँ कीं, सहयात्राएँ कीं, अनेकानेक प्रयोग किए। फिर चंद्रमा की ओर मानव-रहित अंतरिक्ष-यान भेजे गए। चंद्रमा की चप्पा-चप्पा सतह के, उसकी अदृश्य सतह के भी, चित्र उतारे गए। चंद्र की सतह पर वैज्ञानिक यंत्र-उपकरणों से युक्त पिटारे भी उतारे गए।

फिर वह दिन (16 जुलाई, 1969) भी आया जब तीन अंतरिक्षयात्रियों को चंद्रमा की ओर भेजा गया। इनमें से दो यात्री—**नील आर्मस्ट्रांग** और **एडविन एल्ड्रिन**—21 जुलाई, 1969 को, भारतीय समय के अनुसार सुबह 8.26 बजे, चंद्र की सतह पर उतरे। चंद्रमा पर, अंतरिक्ष के एक अन्य पिंड पर, उतरनेवाले वे पहले मानव थे।

तदनंतर और भी कई अंतरिक्षयात्री चंद्र की सतह पर उतरे और धरती पर सुरक्षित लौट आए। चंद्रतल पर कई वैज्ञानिक प्रयोग किए और चंद्र की मिट्टी व चट्टानें पृथ्वी पर लाई गईं। चंद्र की सतह पर चंद्र-गाड़ियाँ भी उतारी गईं।

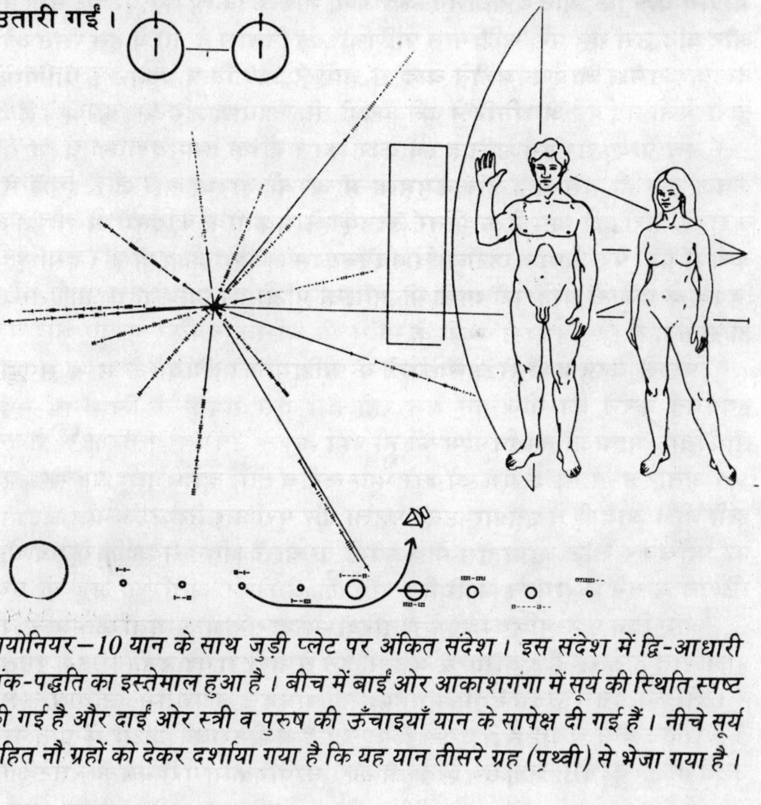

पायोनियर—10 यान के साथ जुड़ी प्लेट पर अंकित संदेश। इस संदेश में द्वि-आधारी अंक-पद्धति का इस्तेमाल हुआ है। बीच में बाईं ओर आकाशगंगा में सूर्य की स्थिति स्पष्ट की गई है और दाईं ओर स्त्री व पुरुष की ऊँचाइयाँ यान के सापेक्ष दी गई हैं। नीचे सूर्य सहित नौ ग्रहों को देकर दर्शाया गया है कि यह यान तीसरे ग्रह (पृथ्वी) से भेजा गया है।

चद्रमा पृथ्वी का उपग्रह है, अंतरिक्ष में हमारा सबसे नजदीक का पड़ोसी पिंड। सौर-मंडल में ग्रह भी हैं, जिनमें सबसे नजदीक के ग्रह हैं—शुक्र और मंगल। इन दोनों ग्रहों की ओर मानव-रहित अंतरिक्ष-यान भेजे जा चुके हैं। इतना ही नहीं, इन ग्रहों पर यंत्र-उपकरण भी उतारे जा चुके हैं। अब इस बात में किसी को संदेह नहीं रह गया कि देर-सवेर धरती का मानव इन ग्रहों पर भी उतरेगा।

दूर के ग्रहों की टोह लेने का सिलसिला भी शुरू हो गया है। अमरीका के वैज्ञानिकों ने 1972 ई. के मार्च महीने में **पायोनियर**-10 नामक एक स्वचालित यान बृहस्पति ग्रह की ओर भेजा। निर्धारित कार्यक्रम के अनुसार यह यान 22 महीनों की यात्रा के बाद बृहस्पति ग्रह के समीप पहुँचकर आगे बढ़ गया। आगे यह सौर-मंडल के बाहर पहुँच गया। इस यान के साथ एक प्लेट जुड़ी हुई है, जिस पर स्त्री और पुरुष की आकृतियाँ अंकित हैं और ब्रह्मांड में पृथ्वी की स्थिति को रेखाओं एवं संकेतों से दर्शाया गया है। आशय यही कि, यदि यह यान किसी अन्य तारे के किसी ग्रह पर पहुँचता है और यदि उस ग्रह पर 'बुद्धिमान प्राणियों' का निवास है, तो वे इस प्लेट को देखकर समझ जाएँगे कि यह कहाँ से आई है और किस प्रकार के प्राणियों द्वारा भेजी गई है! अमरीका ने दूर के ग्रहों तक दो **वायजर** यान भी भेजे हैं।

अब प्रायः सभी वैज्ञानिक स्वीकार करते हैं कि इस विशाल विश्व में केवल हम ही हम नहीं हैं। ब्रह्मांड में अरबों-खरबों तारे हैं। इनमें से करोड़ों तारों की अपनी ग्रह-मालिकाएँ हो सकती हैं। इनमें से लाखों-करोड़ों ग्रहों पर जीवों का प्रादुर्भाव एवं विकास अवश्य हुआ होगा। इसलिए विश्व के हज़ारों ग्रहों पर हमसे भी अधिक बुद्धिमान प्राणियों का अस्तित्व हो सकता है!

पिछले कुछ वर्षों से अन्य ग्रहों के बुद्धिमान प्राणियों के साथ संपर्क स्थापित करने की योजनाएँ बन रही हैं। ऐसे संपर्क के लिए नई-नई सांकेतिक भाषाओं का निर्माण भी हो रहा है।

अंतरिक्ष-यात्रा के युग को शुरू हुए करीब तीन दशक हुए हैं। लेकिन इसी बीच आदमी ने इस यात्रा का पहला दौर पूरा कर लिया है—वह चंद्रमा पर पहुँचकर लौट आया है। अब पृथ्वी के चारों ओर की कक्षा में स्थायी स्टेशन बनाने के प्रयत्न जारी हैं।

आए दिन पत्र-पत्रिकाओं में अंतरिक्ष-यात्रा संबंधी प्रयासों के समाचार प्रकाशित होते रहे हैं। सामान्य जन भी इन समाचारों को बड़ी रुचि से पढ़ते हैं। लेकिन इनसे उनकी तृप्ति नहीं होती। प्रश्न उठते हैं—अंतरिक्ष क्या है? राकेट कैसे बनते हैं? उनमें कौन-सा ईंधन जलता है? वे कैसे ऊपर उठते हैं? कृत्रिम उपग्रह किस प्रकार पृथ्वी की परिक्रमा करते हैं?

अंतरिक्ष-यान किस प्रकार चंद्रमा या अन्य ग्रहों तक पहुँचते हैं? अंतरिक्षयात्रियों को यान के भीतर किस प्रकार के अनुभव होते हैं? भविष्य की अंतरिक्ष-यात्राएँ कैसी होंगी? इत्यादि।

अंतरिक्ष-यात्रा अब एक अत्यंत विकसित विज्ञान है। अंतरिक्ष-यात्राओं को सफल बनाने के लिए सभी विज्ञानों की सहायता जरूरी है। साथ ही, अंतरिक्ष-यात्रा ने अनेक नए विज्ञानों को भी जन्म दिया है। अंतरिक्ष-यानों के निर्माण के लिए नई मिश्र-धातुएँ अस्तित्व में आईं, शक्तिशाली राकेट-इंजन बने, नए ईंधन खोजे गए, संचार-साधनों के नए उपकरण खोजे गए। इन्हीं सब प्रयासों से अंतरिक्ष-चिकित्सा, अंतरिक्ष-धातुकर्म, अंतरिक्ष संचार-साधन, अंतरिक्ष-मनोविज्ञान, अंतरिक्ष-इंजीनियरी आदि दर्जनों नए संयुक्त विज्ञान अस्तित्व में आए हैं।

अंतरिक्ष-यात्राओं के लिए आवश्यक गणित पहले से तैयार था। परंतु कंप्यूटरों की सहायता के बिना यंत्र-उपकरणों या मानव को चंद्रतल पर उतारना कदापि संभव न होता।

संक्षेप में हम कह सकते हैं कि अंतरिक्ष-यात्रा के युग का उद्घाटन करने में सभी विज्ञानों ने सहयोग दिया है, और अब अंतरिक्ष-यात्रा के अनुभव एवं प्रयोग विज्ञान के नए-नए उपांगों को जन्म दे रहे हैं। अंतरिक्ष-यात्रा को हम 'विज्ञानों का विज्ञान' भी कह सकते हैं।

हमारे समय में अंतरिक्ष-यात्रा के युग का उद्घाटन हुआ है। यह हमारे लिए बड़े गौरव की बात है। हम अपनी आँखों से पार्थिव मानव को 'अंतरिक्ष-मानव' की ओर अग्रसर होते देख रहे हैं। हमें जानना है कि वह आगे की अपनी मंजिलें किस प्रकार तय करेगा। लेकिन उसके भी पहले यह जानना उपयोगी होगा कि धरती का यह मानव अब तक अंतरिक्ष-यात्रा के बारे में किस प्रकार की कल्पनाएँ करता आया है, अतीत में किस प्रकार अंतरिक्ष-यात्रा के कल्पित आख्यान गढ़ता रहा है।

कल्पना से वास्तविकता तक

मानव अपने अस्तित्व के उषःकाल से ही आकाश-यात्रा की कल्पना करता आया है। संसार की प्रायः सभी कौमों की लोककथाओं में हमें आकाश-यात्रा के किस्से पढ़ने को मिलते हैं। संसार की सभी पुरानी सभ्यताओं के लोगों ने चंद्रलोक व सूर्यलोक की कल्पनाएँ की थीं और उन तक पहुँचने के रोचक आख्यान गढ़े थे।

हमारे देश के प्राचीन साहित्य में, रामायण और महाभारत-जैसे महाकाव्यों में, विमान-यात्रा के अनेकानेक उल्लेख पढ़ने को मिलते हैं। रामायण का 'पुष्पक विमान' प्रसिद्ध है। जैन कथाओं में 'गरुड़' नामक वायुयान का उल्लेख मिलता है। देवी-देवताओं, ऋषि-मुनियों और सिद्ध पुरुषों की आकाश-यात्राओं के उल्लेखों की तो कोई गिनती ही नहीं। श्रद्धालु लोगों को आज भी यह समझने में बड़ी कठिनाई होती है कि ये सब काल्पनिक आख्यान हैं।

जिस जमाने में रामायण और महाभारत के इन आख्यानों की रचना हुई है, उस जमाने के ज्योतिषियों को यह जानकारी नहीं थी कि सूर्य और चंद्र कितने बड़े हैं और हमसे कितनी दूर हैं। वे यह समझते थे कि पृथ्वी विश्व के केंद्र में स्थित है और सूर्य तथा अन्य पिंड इसकी परिक्रमा करते रहते हैं! उन्हें पता नहीं था कि सूर्य में किस प्रकार की ऊर्जा पैदा होती है। उन्हें यह भी पता नहीं था कि आकाश के पिंड क्यों और किस प्रकार गतिमान हैं। उन्हें अंतरिक्ष-यात्रा के लिए परमावश्यक आधुनिक टेक्नोलॉजी और गणितीय सिद्धांतों की भी जानकारी नहीं थी। अतः करिश्मों और दैवी-शक्तियों में आस्था रखकर ही विमान-यात्रा या आकाश-यात्रा के पुराने आख्यानों को सच माना जा सकता है।

व्योम (आकाश) की यात्रा करानेवाले यान को 'विमान' कहते हैं। यह शब्द बहुत पुराना है। आदिम मानव की कल्पना के प्रायः सभी देवता आकाश की अनबूझ प्राकृतिक घटनाओं से संबंधित थे, इसलिए उनका गगन-विहारी होना एक स्वाभाविक बात थी। मानव को जब देवताओं की तरह आकाश-यात्रा करने की चाह हुई, तो उसने विमान कल्पना की

और, इस प्रकार विमान-यात्रा के बहुत सारे आख्यान गढ़े।

कुछ साल पहले दक्षिण भारत के पंडितों को किसी भारद्वाज का लिखा हुआ 'यंत्र-सर्वस्व' नामक संस्कृत का एक ग्रंथ मिला। यह ग्रंथ ईसा की ग्यारहवीं सदी का है। इस ग्रंथ में 'वैमानिक प्रकरण' नामक एक अध्याय है। इसमें विमानों की रचना, उसमें प्रयुक्त ईंधनों, उसकी क्रियाओं आदि का वर्णन पूर्णतः काल्पनिक है। उस विवरण के आधार पर किसी प्रकार के विमान की रचना करके उसे आकाश में उड़ाना कतई संभव नहीं है।

मथुरा से प्राप्त एक कुषाणकालीन शिलापट्ट पर उत्कीर्ण 'हंसयान'

प्राचीन काल में अन्य देशों में भी आकाश-यात्रा के आख्यान गढ़े गए थे। यूनानी आख्यान है कि, दाइदेलु और उसका पुत्र इकारु राजद्रोह के अपराध में एक किले में कैद थे। निकल भागने के लिए दाइदेलु ने पंख बनाए। फिर इन पंखों को मोम की सहायता से कंधों के साथ जोड़ा गया। आगे कथा यह है कि इकारु सूर्य के अधिक नजदीक चला गया, इसलिए उसके कंधों का मोम पिघल गया और वह समुद्र में गिर पड़ा!

एक अन्य यूनानी कथा सामोसत के **ल्यूसियन** (ईसा की दूसरी सदी) की है। ल्यूसियन के कथानक का नायक समुद्र-यात्रा कर रहा था कि एक भयानक तूफ़ान आया जिसने उसकी नौका को उछालकर चंद्रमा तक पहुँचा दिया! ल्यूसियन की ही एक अन्य कथा का नायक कंधों के साथ पंख जोड़कर चंद्रमा पर पहुँच जाता है।

आदमी देखता था कि पक्षी अपने पंखों के बल पर आकाश में उड़ते हैं। इसलिए उसने भी कल्पना की कि कंधों के साथ पंख जोड़कर आकाश-यात्रा की जा सकती है। यह भी संभव है कि प्राचीन काल में कुछ लोगों ने पंख जोड़कर उड़ने के प्रयोग भी किए हों। इकारु की कथा संभवतः ऐसे ही किसी असफल प्रयास की द्योतक है।

ईसा की पहली-दूसरी सदी के काँसे के इस पदक में दर्शाया गया है कि जूपिटर का गरुड़ रोमन सम्राट अंतोनिनुस् पियूस् (86-161 ई.) को स्वर्ग ले जा रहा है और रोमन प्रजा के प्रतिनिधि के रूप में एक व्यक्ति आश्चर्यचकित होकर देख रहा है।

फिर भी आदमी का विश्वास बना रहा कि पंख लगाकर आकाश में कहीं भी आया-जाया जा सकता है। सभी देशों के बच्चों का परियों के बारे में यही ख्याल है कि उनके पंख होते हैं। कई आख्यानों में आकाश-यात्रा के लिए कुछ पक्षियों को ही वाहन बनाया गया है। विष्णु का वाहन गरुड़ अपनी आकाश-यात्राओं के लिए प्रसिद्ध है। यूरोप, एशिया तथा अफ्रीका के कई देशों के प्राचीन आख्यानों में मनुष्यों या देवताओं के आकाशगामी वाहन गरुड़ के बारे में अनेक उल्लेख मिलते हैं। संयोग की बात यह है कि अपोलो-11 के जिस चंद्रयान ने पहली बार दो अंतरिक्षयात्रियों को चंद्रतल पर उतारा, उसका नाम भी गरुड़ (ईगल) ही था और उसके लाक्षणिक चिह्न पर गरुड़ की आकृति अंकित थी। (देखिए चित्र, पृष्ठ 20)

एक कथा है कि यूनान के महान विजेता सिकंदर ने ग्रिफन नामक पक्षी पर सवार होकर आकाश की यात्रा की थी। ग्रिफन के बारे में कल्पना यह है कि उसका शरीर तथा पंजे शेर की तरह होते हैं और चोंच तथा पंख बाज़ पक्षी की तरह। सिकंदर की आकाश-यात्रा की इस दंतकथा को फारसी के महाकवि **फिरदौसी** (935-1020 ई.) ने भी अपने काव्य में गूँथा है।

आज हम जानते हैं कि पक्षी केवल धरातल के समीप के वायुमंडल में ही

विचरण कर सकते हैं। कुछ किलोमीटर ऊपर हवा इतनी विरल है कि, सुरक्षा के विशेष साधनों के बिना, वहाँ पक्षी या आदमी जीवित नहीं रह सकता। कुछ सौ किलोमीटर के ऊपर वायुमंडल लगभग समाप्त हो जाता है, इसलिए वहाँ किसी प्रकार की हवाई-यांत्रा कदापि संभव नहीं। वायुमंडल के परे निर्वात अंतरिक्ष में केवल राकेट-यान ही यात्रा कर सकता है। लेकिन यह जानकारी हमें आधुनिक काल में मिली है वर्तमान सदी के आरंभ में।

पुराने जमाने के कथाकारों ने आकाश-यात्रा या 'चंद्रलोक' की यात्रा के लिए कल्पना का सहारा लिया तो इससे हमें आश्चर्य नहीं होना चाहिए। ग्रहों की गतियों की खोज और दूरबीन के आविष्कार के बाद भी बड़े-बड़ों ने चंद्रयात्रा के लिए करिश्मों और दैवी-शक्तियों का सहारा लिया है। महान केपलर का ही उदाहरण लीजिए। **केपलर** (1571-1630 ई.) ने ग्रहों की गतियों के नियम खोज निकाले। इन नियमों से हमें जानकारी मिलती है कि आकाश के ग्रह-उपग्रह ठीक किस प्रकार गतिमान हैं। आजकल के अंतरिक्ष-यानों की यात्राएँ भी इन्हीं नियमों के अनुसार होती हैं। परंतु केपलर ने चंद्रयात्रा के बारे में एक कथानक लिखा (1634 ई.) तो उसके लिए उन्हें जादुई शक्ति की शरण में जाना पड़ा। उनकी कथा का नायक जादुई करिश्मे से चंद्रमा पर पहुँचता है!

केपलर के कुछ साल बाद इंग्लैंड के **बिशप गॉडविन** ने चंद्रयात्रा के बारे में एक कथानक लिखा (1638 ई.)। प्रशिक्षित हंस इस कथानक के नायक के विमान को बारह दिनों में चंद्रमा पर पहुँचा देते हैं। उसी सदी में दो जर्मन लेखकों ने चंद्रयात्रा के ऐसे कथानक लिखे जिनमें हंसों और दैवी-शक्तियों का सहारा लिया गया।

आगे की दो सदियों में चंद्रयात्रा के बारे में अनेक कथानक लिखे गए। इनमें से अधिकांश कथानक पूर्णतः कल्पित थे, परंतु कुछ कथानकों की कुछ बातें काफ़ी हद तक सही थीं। फ्रांसीसी लेखक **साइरेनो द बेरजेराक** की चंद्रयात्रा को लीजिए। उसने चंद्र तक पहुँचने के जो कई उपाय सुझाए थे उनमें से एक उपाय राकेट के सिद्धांत पर आधारित था, यद्यपि स्वयं साइरेनो को राकेट की वास्तविकता का अंदाजा नहीं था।

चंद्रयात्रा के कल्पित कथानकों में फ्रांसीसी लेखक **ज्यूल वर्न** (1828-1905 ई.) के कथानकों का अपना विशेष स्थान है। उनके कथानक आज भी बड़े चाव से पढ़े जाते हैं। 'पृथ्वी से चंद्र तक' (1865 ई.) पुस्तक में उन्होंने अंतरिक्ष-यान को एक विशाल तोप द्वारा प्रक्षेपित किया है!

आज हम जानते हैं कि कितनी भी बड़ी तोप क्यों न हो, वह अंतरिक्ष-यान को चंद्रमा तक प्रक्षेपित करने में समर्थ नहीं है। फिर भी ज्यूल

वर्न का चंद्रयात्रा का क़थानक बड़ा रोचक है। उनके कथानकों ने बहुतों को प्रभावित किया है। उनके कथानक की कुछ बातें **अपोलो**-11 की चंद्रयात्रा से काफ़ी मेल खाती हैं। ज्यूल वर्न के अंतरिक्ष-यान में राकेट भी जुड़े हुए थे और उनका उपयोग निर्वात अंतरिक्ष की यात्रा के लिए था। यह एक अद्भुत सूझ थी। ज्यूल वर्न शायद समझ गए थे कि राकेट निर्वात अंतरिक्ष में कार्य कर सकता है।

21 जुलाई, 1969 को पहली बार दो पृथ्वी-पुत्रों को चंद्रतल पर उतारनेवाले अपोलो-11 अंतरिक्ष-यान के चांद्र-मॉड्यूल 'ईगल' का लाक्षणिक चिह्न।

सन् 1901 ई में **एच. जी. वेल्स** (1866-1946 ई.) की 'चंद्र पर प्रथम मानव' पुस्तक प्रकाशित हुई। हम जानते हैं कि पृथ्वी के गुरुत्वाकर्षण के कारण ही हम इसके धरातल से बँधे हुए हैं और इस बंधन को तोड़कर अंतरिक्ष में पहुँचना सहज संभव नहीं है। अपने यात्रियों को चंद्रमा तक पहुँचाने के लिए एच जी. वेल्स ने 'केवोराइट' नामक एक पदार्थ की कल्पना की। केवोराइट की विशेषता यह थी कि यह गुरुत्वाकर्षण के बंधन को काट देता था। वेल्स ने अपने यात्रियों को एक ऐसे खोल में बैठाया जिसकी सतह केवोराइट से पोती हुई थी। तब चंद्रयात्रा के लिए सिर्फ इतना ही जरूरी था कि उस खोल की चंद्र की ओर की खिड़की खोल दी जाए!

आज हम जानते हैं कि पृथ्वी पर या प्रकृति में 'केवोराइट'-जैसे पदार्थ का अस्तित्व असंभव है। गुरुत्वाकर्षण के बंधन को तोड़ सकने में समर्थ ऐसा कोई पदार्थ पृथ्वी पर टिक ही कैसे सकता है? परंतु प्रति-गुरुत्व की धारणा असंभव प्रतीत नहीं होती। आगे हम इस पर विचार करेंगे।

सन् 1903 ई में विमान-यात्रा के युग का उद्घाटन हुआ। इससे आकाश-यात्रा या चंद्रयात्रा के कथानकों को बड़ा प्रोत्साहन मिला। लगभग उसी समय से वैमानिकी या अंतरिक्ष-यात्रा विज्ञान की नींव पड़ी।

रूसी वैज्ञानिक **कोन्स्तान्तिन त्सिओल्कोवस्की** की अन्तरिक्ष-यात्रा के सैद्धांतिक पहलुओं से संबंधित गवेषणाएँ 1903 ई. में प्रकाशित हुईं। उन्होंने उस समय तक राकेट-संचालन के मौलिक सिद्धांतों की भी खोज कर ली थी।

अमरीका में **गोडॉर्ड** ने और जर्मनी में **हरमान ओबेर्थ** ने राकेट पर अनुसंधान शुरू कर दिया। आम जनता को इन अनुसंधानों के समाचार मिलने लगे। इसलिए चंद्रयात्रा या ग्रहों की यात्रा के कथानक लिखे जाते रहे। वर्तमान सदी के प्रथम चरण में यह स्पष्ट हो गया था कि राकेट का सहायता से ही अन्तरिक्ष-यात्रा सम्भव हो सकती है।

कुछ लोगों का ख्याल था कि चंद्रयात्रा की सफलता के बाद अन्तरिक्ष-यात्रा के कल्पित कथानकों की बाढ़ उतर जाएगी। विपरीत, आज पहले से कई गुणा अधिक वैज्ञानिक कथानक लिखे जा रहे हैं। इनमें से अनेक कथानक चोटी के वैज्ञानिकों द्वारा लिखे जा रहे हैं।

इसका प्रमुख कारण यह है कि पिछले करीब पचास वर्षों में एक नए विश्व का उद्घाटन हुआ है। हमें ब्रह्मांड की दूरस्थ सीमाओं के बारे में जानकारी मिल रही है। अब प्रायः सभी वैज्ञानिक विश्वास करते हैं कि इस विशाल विश्व में हमसे भी अधिक बुद्धिमान प्राणियों का अस्तित्व हो सकता है। इन सब बातों के कारण वैज्ञानिक कथानकों के लिए बहुत-सी नई सामग्री मिली है।

राकेट के सैद्धान्तिक पहलुओं का विवेचन हम आगे करेंगे। उसके पहले यह जानना जरूरी है कि 'अन्तरिक्ष' क्या है, इसका विस्तार कितना है और इसमें ग्रह-नक्षत्रों का विचरण किस प्रकार होता है।

अंतरिक्ष का विस्तार

अन्तरिक्ष शब्द बहुत पुराना है। यह शब्द भारतीय आर्यभाषियों के सबसे पुराने ग्रन्थ **ऋग्वेद** में भी पाया जाता है। उस समय विश्व को दो भागों में बाँटा गया था—पृथ्वी और द्यौ (द्यावापृथिवी)। नक्षत्र-लोक को द्युलोक कहते थे। परंतु अधिकतर विश्व के तीन भाग माने गए थे—पृथ्वी, अन्तरिक्ष और द्यौ। यह विभाजन ऋग्वेद में भी पाया जाता है और बाद के वैदिक साहित्य में भी मिलता है।

अन्तरिक्ष का स्थान पृथ्वी और द्यौ के बीच माना गया था। यह भी मान लिया गया था कि ज़िस क्षेत्र में हवा बहती है और पक्षी विचरण करते हैं वह अन्तरिक्ष है। बाद में यह अन्तरिक्ष शब्द आकाश, नभ, गगन, व्योम आदि शब्दों का भी पर्यायवाची बन गया।

स्पष्ट है कि अन्तरिक्ष शब्द का कोई सुनिश्चित अर्थ नहीं था। इसका प्रमुख कारण यह है कि आज जिस विश्व का उद्घाटन हुआ है, वह पुराने जमाने के लोगों की कल्पना से काफ़ी भिन्न है। इसीलिए अब आकाश या अन्तरिक्ष जैसे पुराने शब्दों को नये अर्थ प्रदान करने की ज़रूरत आ पड़ी है।

यूरोप की भाषाओं का एक शब्द है 'स्पेस', जिसका व्यापक अर्थ होता है 'अन्तराल'। आज इसी शब्द के लिए हम 'अन्तरिक्ष' शब्द का इस्तेमाल करते हैं। जैसे, 'स्पेज वायज़' के लिए 'अन्तरिक्ष-यात्रा'। अन्तरिक्ष-यात्रा के संदर्भ में 'स्पेस' शब्द को एक सुनिश्चित अर्थ प्रदान करने की जरूरत आ पड़ी है, इसलिए आज हमें अपने अन्तरिक्ष या आकाश जैसे पुराने शब्दों को भी वही अर्थ प्रदान करना है।

आधुनिक संदर्भ में अन्तरिक्ष (स्पेस) एक व्यापक धारणा है और सामान्यतः पृथ्वी के वायुमण्डल के परे के विस्तार को अन्तरिक्ष या आकाश कहते हैं। विश्व या ब्रह्माण्ड शब्दों को अन्तरिक्ष या आकाश शब्दों से कुछ भिन्न अर्थ में लिया जाता है; इन्हें अधिक व्यापक अर्थ में लिया जाता है। प्रायः विश्व या ब्रह्माण्ड के एक भाग-विशेष को अन्तरिक्ष की संज्ञा दी जाती है। जैसे, पृथ्वी के समीप का अन्तरिक्ष, अन्तर्ग्रहीय अन्तरिक्ष,

इत्यादि। पर कभी-कभी अन्तरिक्ष या आकाश शब्दों का इस्तेमाल सम्पूर्ण ब्रह्माण्ड के अर्थ में भी होता है। अन्तर्राष्ट्रीय वैमानिकी संघ के निर्णय के अनुसार, अन्तरिक्ष-यात्राएँ उन्हें माना जाता है जो धरातल के 100 किलोमीटर ऊपर होती हैं।

चूँकि हमें मुख्यतः अन्तर्ग्रहीय अन्तरिक्ष-यात्राओं पर ही विचार करना है, इसलिए हम उस अन्तरिक्ष का ही परिचय प्राप्त करेंगे जो सौर-मण्डल के पिण्डों द्वारा व्याप्त है। साथ ही, हम ब्रह्माण्ड के विस्तार की भी थोड़ी जानकारी प्राप्त करेंगे। चूँकि सारी अन्तरिक्ष-यात्राओं का केन्द्र-बिन्दु हमारी पृथ्वी है, इसलिए सबसे पहले पृथ्वी के बारे में ही कुछ प्रमुख बातें जान लेना जरूरी है।

हमारे सौर-मण्डल में नौ प्रमुख ग्रह हैं। क्रमशः अधिकाधिक दूरी पर सूर्य की परिक्रमा करनेवाले ये नौ ग्रह हैं—बुध, शुक्र, पृथ्वी, मंगल, बृहस्पति, शनि, यूरेनस, नेपच्यून और प्लूटो। प्राचीन काल के ज्योतिषियों को इनमें से आरम्भ के छह ग्रहों की ही जानकारी थी। यूरेनस की खोज 1781 ई. में, नेपच्यून की खोज 1846 ई. में और प्लूटो की खोज 1930 ई. में हुई।

हमारी पृथ्वी 14,95,00,000 किलोमीटर की औसत दूरी से और 29.76 किलोमीटर प्रति सेकंड के औसत वेग से लगभग 365 दिनों में सूर्य की एक परिक्रमा पूरी करती है। यदि हम सूर्य-पृथ्वी दूरी (लगभग 15 करोड़ किलोमीटर) को 1 मान लेते हैं, तो सौर-मण्डल के ग्रहों की सूर्य से औसत दूरियाँ होंगी—बुध (0.39), शुक्र (0.72), पृथ्वी (1.00), मंगल (1.52), बृहस्पति (5.2), शनि (9.5), यूरेनस (19.2), नेपच्यून (30.0) और प्लूटो (39.5)। हमारी पृथ्वी सूर्य से जितनी दूर है, उससे सौर-मण्डल का अन्तिम ज्ञात ग्रह प्लूटो लगभग 40 गुना अधिक दूर है। वस्तुतः प्लूटो ग्रह सूर्य से करीब 590 करोड़ किलोमीटर के औसत अन्तर पर उसकी परिक्रमा करता है।

सौर-मण्डल के ये सभी ग्रह लगभग एक समतल में रहकर सूर्य की परिक्रमा करते हैं। इसलिए पूरे सौर-मण्डल की हम एक विशाल पहिए के रूप में कल्पना कर सकते हैं। उपर्युक्त आँकड़ों से यह भी स्पष्ट होता है कि इस विशाल पहिए का व्यास लगभग 1200 करोड़ किलोमीटर है। अतः संक्षेप में हम कह सकते हैं कि हमारा सौर-मण्डल कम-से-कम 12 अरब किलोमीटर लम्बा-चौड़ा है।

जानकारी मिली है कि सौर-मण्डल के धूमकेतु नामक कुछ पिण्ड प्लूटो ग्रह के परे जाकर लौटते हैं। इसलिए अनेक खगोलविदों का मत है कि प्लूटो के परे एक और ग्रह होना चाहिए—सौर-मण्डल का दसवाँ ग्रह! यह भी

अनुमान लगाया गया है कि यह दसवाँ ग्रह सूर्य से करीब 1150 करोड़ किलोमीटर की दूरी पर होना चाहिए। अतः अब हमें मान लेना चाहिए कि संपूर्ण सौर-मण्डल का यह अन्तरिक्ष लगभग 23 अरब किलोमीटर लम्बा-चौडा है!

सौर-मंडल

हमारा सूर्य एक तारा है, विशाल ब्रह्माण्ड का एक सामान्य तारा। आकाश में दिखाई देनेवाले 'टिमटिमाते दीपक' तारे ही हैं—आकाशगंगा-योजना के तारे। आकाशगंगा में लगभग 150 अरब तारे हैं, जिनमें से हमारा सूर्य एक है। आकाशगंगा के कुछ तारे हमारे सूर्य से छोटे हैं, तो कुछ हमारे सूर्य से बहुत बडे भी हैं।

आकाश के अनगिनत तारों में से सबसे नजदीक का **प्रोक्सिमा सेन्टौरी** नामक तारा हमसे करीब 4,00,00,00,00,00,000 किलोमीटर दूर है। तुलना में सूर्य हमसे सिर्फ 15,00,00,000 किलोमीटर ही दूर है। आकाश के अन्य तारे और भी अधिक दूर हैं।

तारों की दूरियों को किलोमीटरों में व्यक्त करने में कठिनाई होती है, इसलिए खगोलविदों ने तारों की दूरियाँ व्यक्त करने के लिए एक नया पैमाना खोज निकाला है। यह है प्रकाश-किरणों की गति का पैमाना। हम जानते हैं कि प्रकाश की किरणें (विद्युत् और रेडियो-किरणें भी) एक सेकंड में 3,00,000 किलोमीटर दूरी तय करती हैं। इस गति से सूर्य की किरणें करीब 8 मिनट बाद हमारी धरती पर पहुँचती हैं, इसलिए हम कह सकते हैं कि सूर्य हमसे आठ प्रकाश-मिनट दूर है। इस गति से प्रकाश की किरणें या रेडियो-तरंगें 1.3 सेकंड में पृथ्वी से चंद्र तक पहुँचती हैं, इसलिए हम कह सकते हैं कि चंद्र हमसे 1.3 प्रकाश-सेकंड दूर है।

सौर-मंडल का अंतिम ग्रह प्लूटो सूर्य से करीब 600 करोड़ कि.मी. दूर है। अतः 3,00,000 कि.मी. प्रति सेकंड के वेग से सूर्य की किरणों को प्लूटो

तक पहुँचने में लगभग साढ़े पाँच घंटे लगेंगे। अन्य शब्दों में हम कह सकते हैं कि हमारी पृथ्वी सूर्य से करीब 8 प्रकाश-वर्ष दूर है, तो प्लूटो ग्रह करीब 5.5 प्रकाश-घंटे दूर है!

कल्पना कीजिए कि पृथ्वी से भेजा गया कोई अन्तरिक्ष-यान प्लूटो ग्रह के समीप पहुँच गया है। उस अन्तरिक्ष-यान से रेडियो-तरंगों द्वारा यदि पृथ्वी पर कोई संदेश भेजा जाता है, तो वह हमारे पास करीब साढ़े पाँच घंटे बाद ही पहुँचेगा। स्मरण रहे कि प्रकाश-किरणों की गति ही विश्व की महत्तम गति है।

ऊपर हम बता चुके हैं कि सूर्य के अलावा सबसे नजदीक का तारा हमसे करीब 40,00,000 करोड़ किलोमीटर दूर है। 3,00,000 किलोमीटर प्रति सेकंड के वेग से उस तारे का प्रकाश करीब चार वर्ष बाद हम तक पहुँचता है। अतः हम कह सकते हैं कि वह तारा (प्रोक्सिमा-सेन्टौरी) हमसे लगभग 4 प्रकाश-वर्ष दूर है। प्रकाश की किरणें एक वर्ष में जितनी दूरी तय करती हैं, उसे खगोल-विज्ञान में एक **प्रकाश-वर्ष** कहते हैं। एक प्रकाश-वर्ष 94,63,00,00,00,000 किलोमीटर के बराबर होता है।

उपर्युक्त विवेचन से स्पष्ट होता है यदि कोई अन्तरिक्ष-यान प्रकाश के वेग से भी यात्रा करता है, तो प्लूटो ग्रह तक पहुँचने में उसे 5.5 घंटे लगेंगे और प्रोक्सिमा-सेन्टौरी तारे के किसी ग्रह तक पहुँचने में उसे करीब 4 साल लगेंगे!

हमारी आकाशगंगा तारों की एक विशाल योजना है और इसमें लगभग 150 अरब तारे हैं। खगोल-विज्ञान की भाषा में ऐसी तारक-योजना को **मंदाकिनी** (गैलेक्सी) कहते हैं। हमारी आकाशगंगा-मंदाकिनी कुछ-कुछ पहिए के आकार की योजना है। इसका व्यास एक लाख प्रकाश-वर्ष है, यानी प्रकाश की किरणों को इसके एक सिरे से दूसरे सिरे तक पहुँचने में एक लाख साल लगते हैं। केंद्रभाग में इसकी मोटाई लगभग 20 हजार प्रकाश-वर्ष है।

हमारा सूर्य-तारा और आकाश में दिखाई देनेवाले सभी तारे इस आकाशगंगा-मन्दाकिनी के ही तारे हैं। आकाशगंगा के आकार-प्रकार से स्पष्ट है कि तारे हमसे बहुत दूर हैं। आकाश का सबसे चमकीला व्याध या लुब्धक तारा हमसे 9 प्रकाश-वर्ष दूर है, रोहिणी का तारा 60 प्रकाश-वर्ष दूर है, मृग नक्षत्र-मंडल का आर्द्रा तारा लगभग 300 प्रकाश-वर्ष दूर है। आकाशगंगा के अन्य तारे और भी अधिक दूर हैं।

सूर्य-तारा आकाशगंगा के केन्द्रभाग में नहीं है। यह आकाशगंगा के केन्द्र से करीब 30 हजार प्रकाश-वर्ष दूर है और उसकी परिक्रमा कर रहा है। हमारा सूर्य-तारा, पृथ्वी और अन्य ग्रहों को साथ लेकर, प्रति सेकंड 220

किलोमीटर के वेग से आकाशगंगा के केन्द्र की परिक्रमा कर रहा है। आकाशगंगा की एक परिक्रमा पूरी करने में सूर्य को करीब 25 करोड़ साल लगते हैं।

ऐसी है हमारी यह आकाशगंगा—विशाल विश्व की एक सामान्य मन्दाकिनी। विशाल ब्रह्माण्ड में ऐसी या इससे कुछ भिन्न दो-चार नहीं, अरबों मन्दाकिनियाँ हैं। आकाशगंगा के बाहर सबसे नजदीक की मन्दाकिनी है **देवयानी-मन्दाकिनी** और यह हमसे लगभग 20 लाख प्रकाश-वर्ष दूर है! आज देवयानी-मन्दाकिनी के जिस प्रकाश को हम देख रहे हैं, वह 20 लाख साल पहले उस मन्दाकिनी से निकला था, यानी उस समय निकला था जब अभी इस धरती पर आदिम-मानव जन्म ले रहा था।

देवयानी-मन्दाकिनी आकार-प्रकार में लगभग हमारी आकाशगंगा-जैसी ही है, यानी उसमें भी करीब 150 अरब तारे हैं। कल्पना कीजिये कि देवयानी-मन्दाकिनी के किसी तारे के किसी ग्रह पर बुद्धिमान प्राणियों का निवास है। प्रकाश की गति से, यानी विश्व की महत्तम गति (3,00,000 किलोमीटर प्रति सेकंड) से, यदि हम देवयानी के उस ग्रह की ओर कोई संदेश भेजते हैं तो वह 20 लाख साल बाद ही वहाँ पहुँचेगा!

यह हुई हमारी आकाशगंगा के बाहर सबसे नजदीक की मन्दाकिनी की स्थिति। ब्रह्माण्ड की अन्य मन्दाकिनियाँ हमसे करोड़ों-अरबों प्रकाश-वर्ष दूर हैं। खगोलविदों ने अब तक करीब दस अरब प्रकाश-वर्ष दूर की ज्योतियों की खोज की है। इससे यह सिद्ध होता है कि हमारा यह विश्व कम-से-कम 10 अरब वर्ष पुराना है ही।

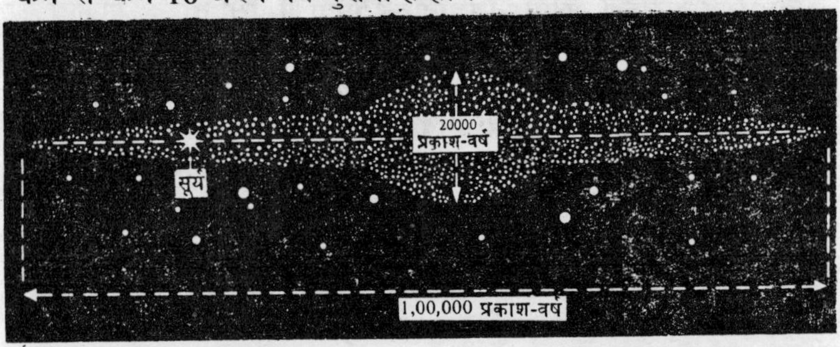

आकाशगंगा के बाहर जाकर इसे किनारे से देखना संभव हो तो यह हमें इस आरेख जैसी दिखाई देगी। हम (देखिए सूर्य का स्थान) जब आकाशगंगा के मुख्य समतल की ओर देखते हैं तो वह हमें तारों के शुभ्र पट्टे के रूप में दिखाई देती है।

खगोलविदों को यह भी जानकारी मिली है कि इस विश्व का निरन्तर विस्तार हो रहा है। दूर की मन्दाकिनियाँ हमसे और अधिक दूर भाग रही

हैं। अतिदूर की मन्दाकिनयाँ प्रकाश के लगभग अस्सी प्रतिशत वेग से दूर भाग रही हैं। संभव है कि और अधिक दूर की मंदाकिनियाँ प्रकाश के वेग से भी दूर भाग रही हों। जाहिर है कि जो ज्योतियाँ प्रकाश के वेग से दूर भाग रही हैं, उनको हम कभी भी नहीं देख पाएँगे!

उपर्युक्त विवरण से स्पष्ट होता है कि दूर के अन्तरिक्ष में पहुँचने के बारे में अभी हम सोच भी नहीं सकते, यद्यपि दूसरी मन्दाकिनियों के तारों के ग्रहों तक पहुँचने के बारे में बहुत सारे वैज्ञानिक कथानक लिखे जा रहे हैं। हाँ, आकाशगंगा के कुछ नजदीक के तारों के ग्रहों तक पहुँचने की या उन तक मानव-रहित अन्तरिक्ष-यान भेजने की बात सोची जा सकती है। किन्तु वह भी काफ़ी दूर के भविष्य की बात है। मगर नजदीक के कुछ तारों तक सांकेतिक रेडियो-संदेश भेजने के प्रयास शुरू हो गए हैं।

अभी हमें मुख्यतः सौर-मण्डल के भीतर की अन्तरिक्ष-यात्राओं के बारे में ही सोचना है। इसलिए हम सौर-मण्डल के पिण्डों की गतियों और स्थितियों के बारे में ही अधिक विचार करेंगे।

सौर-मण्डल के नौ प्रमुख ग्रहों की दूरियों के बारे में हम जानकारी दे चुके हैं। इनके अलावा, मुख्यतः मंगल और बृहस्पति की कक्षाओं के बीच में हजारों छोटे-छोटे पिण्ड हैं, जिन्हें **क्षुद्र ग्रह** या **बौने ग्रह** या **लघु ग्रह** कहते हैं। अन्य ग्रहों की तरह ये भी सूर्य की परिक्रमा करते हैं।

सौर-मण्डल में **धूमकेतु** नाम के पिण्ड भी हैं। जब ये धूमकेतु सूर्य के समीप पहुँचते हैं तो चमकत हैं और इनकी चमकीली गैसों की पूँछ लाखों किलोमीटर तक पहुँच जाती है। इन धूमकेतुओं की कक्षाएँ अधिक अण्डाकार होती हैं। कुछ धूमकेतु प्लूटो ग्रह के परे जाकर भी लौटते हैं। सन् 1986 में फ्रांस, जापान और सोवियत संघ के स्वचालित अंतरिक्षयानों ने हेली के धूमकेतु के पास पहुंचकर इसका गहन अध्ययन किया है।

जिस प्रकार ग्रह सूर्य की परिक्रमा करते रहते हैं, उसी प्रकार उपग्रह ग्रहों की परिक्रमा करते हैं। चन्द्रमा हमारी पृथ्वी का उपग्रह है। हमारी पृथ्वी का केवल एक ही उपग्रह (चन्द्र) है, परन्तु मंगल के 2, बृहस्पति के 16, शनि के 17, यूरेनस के 15, नेपच्यून के 4 और प्लूटो का एक चन्द्रमा हैं। बुध और शुक्र ग्रहों के किसी चन्द्र की अभी तक खोज नहीं हुई है। सौर-मण्डल में अब तक करीब 60 चन्द्र खोजे गए हैं।

ग्रहों की परिक्रमा करने वाले किसी भी पिण्ड को हम उपग्रह (चन्द्र) कहेंगे। चन्द्र पृथ्वी का निसर्ग-निर्मित उपग्रह है। मानव-निर्मित प्रथम उपग्रह था स्पूतनिक-1, जो 4 अक्तूबर, 1957 को अन्तरिक्ष में छोड़ा गया था। तदनन्तर सैकड़ों कृत्रिम उपग्रह अन्तरिक्ष में भेजे गये।

बहुत सारे कृत्रिम 'ग्रह' भी अन्तरिक्ष में भेजे गये हैं। जो पिण्ड सूर्य की

परिक्रमा करता है, उसे हम ग्रह कहते हैं। मानव-रहित लूना-1 नामक सोवियत अन्तरिक्ष-यान 2 जनवरी, 1959 ई. को अन्तरिक्ष में भेजा गया था। पृथ्वी के गुरुत्वाकर्षण को लाँघते हुए प्रथम यह यान चन्द्र के समीप पहुँचा और तदनंतर इसने एक दीर्घवृत्तीय कक्षा में सूर्य की परिक्रमा शुरू कर दी। यह प्रथम कृत्रिम ग्रह था। तदनंतर अनेक यान छोड़े गये, जो अन्त में सौर-मण्डल के कृत्रिम ग्रह बने।

कभी-कभी पूछा जाता है कि, ग्रहों के बीच में क्या है? दरअसल, इस विश्व में 'शून्य-अन्तरिक्ष' जैसी कोई चीज़ नहीं है। द्रव्य-रहित आकाश का कोई अस्तित्व नहीं है। प्रकाश-किरणें भी एक प्रकार से द्रव्य ही हैं।

धरातल के ऊपर सैकड़ों किलोमीटर तक पृथ्वी का वायुमंडल फैला हुआ है। जैसे-जैसे हम ऊपर जाते हैं, वैसे-वैसे यह वायुमंडल विरल होता जाता है। फिर भी पृथ्वी और चन्द्र के बीच के अन्तरिक्ष में या ग्रहों के बीच के अन्तरिक्ष में, स्वल्प मात्रा में ही सही, द्रव्य का अस्तित्व अवश्य रहता है। यह द्रव्य धूल और गैसों के रूप में है।

सौर-मण्डल की इस रूपरेखा को समझने के बाद अब यह जानना जरूरी है कि ग्रह-उपग्रह किस प्रकार परिक्रमा करते हैं। यह भी जानना जरूरी है कि वह कौन-सी शक्ति है जिसके कारण चन्द्र पृथ्वी की, और पृथ्वी-चंद्र की यह जोड़ी सूर्य की, परिक्रमा करती रहती है। कृत्रिम ग्रहों एवं उपग्रहों की गतियाँ भी इन्हीं नियमों का पालन करती हैं।

कक्षाएँ और गतियाँ

आकाश के ग्रह-उपग्रह जिन नियमों का पालन करते हुए अन्तरिक्ष में भ्रमण करते हैं वे नियम कृत्रिम ग्रहों तथा उपग्रहों की गतियों पर भी लागू होते हैं। पृथ्वी की परिक्रमा करनेवाले कृत्रिम उपग्रहों पर वही नियम लागू होते हैं जो कि चन्द्रमा की गति पर लागू होते हैं। यही नियम सूर्य की परिक्रमा करनेवाले पृथ्वी, शुक्र, मंगल आदि ग्रहों और मानवनिर्मित ग्रहों की गतियों पर लागू होते हैं।

पुराने जमाने के ज्योतिषी सोचते थे कि पृथ्वी विश्व के केन्द्र में स्थित है और सूर्य, चन्द्र, बुध, शुक्र पिण्ड इसकी परिक्रमा करते रहते हैं। उनका यह भी मत था कि ये सभी पिण्ड वृत्ताकार कक्षाओं में 'स्थिर पृथ्वी' की परिक्रमा करते हैं। प्राचीन काल के कुछ ज्योतिषियों ने यह भी कहा था कि पृथ्वी स्थिर नहीं है। यूनान के **अरिस्टार्कस** (ईसा पूर्व तीसरी सदी) जैसे कुछ ज्योतिषियों का यही मत था, किन्तु उनके सुझावों पर किसी ने गंभीरता से विचार नहीं किया। भारतीय ज्योतिषी **आर्यभट** (499 ई.) का मत था कि पृथ्वी अपनी धुरी पर चक्कर लगाती है; उन्होंने यह नहीं कहा था कि पृथ्वी सूर्य की परिक्रमा करती है।

पहली बार **निकोलाई कोपेरनिक** (1473-1543) ने सिद्ध किया कि आकाश के ग्रह पृथ्वी की नहीं बल्कि सूर्य की परिक्रमा करते रहते हैं। परन्तु कोपेरनिक का भी यही मत था कि ये ग्रह वृत्ताकार कक्षाओं में सूर्य की परिक्रमा करते हैं। दरअसल, प्राचीन काल के **तालेमी** (ईसा की दूसरी सदी)जैसे ज्योतिषियों की तरह कोपेरनिक का भी यही मत था कि प्रत्येक ग्रह एक छोटे वृत्त में परिक्रमा करता है और फिर इस वृत्त का केन्द्र एक विशाल वृत्त में सूर्य की परिक्रमा करता रहता है।

कोपेरनिक के सिद्धांत में कई न्यूनताएँ थीं, परंतु यह एक क्रांतिकारी सिद्धांत था। ईसाई धर्म ने इस सिद्धांत का बड़ा विरोध किया। लेकिन अंत में कोपेरनिक के सिद्धांत की विजय हुई। यूरोप के तीन महान वैज्ञानिकों—गैलीलियो, केपलर और न्यूटन—ने इस सिद्धांत को एक मजबूत नींव पर खड़ा किया।

गैलीलियो (1564-1642 ई.) ने 1609 ई. में, ज्योतिष-विज्ञान के इतिहास में पहली बार, एक दूरबीन से आकाश का अवलोकन किया। उन्होंने देखा कि चार 'चंद्र' बृहस्पति ग्रह की परिक्रमा करते हैं। इस खोज से सिद्ध हो गया कि पृथ्वी के अलावा अन्य ग्रहों के इर्द-गिर्द भी 'चंद्र' परिक्रमा करते हैं।

ज्योतिष-विज्ञान की यह परंपरा है कि सिद्धांत और प्रत्यक्ष अवलोकन में यदि मेल-जोल नहीं बैठता, तो फिर दोनों में से एक पर प्रश्नचिह्न लगाना जरूरी हो जाता है। यूरोप के महान ज्योतिषी **तीखो ब्राहे** (1546-1601 ई.) एक कुशल वेधकर्त्ता थे और उन्होंने सूक्ष्म ज्योतिष-सारणियाँ तैयार की थीं। मंगल ग्रह से संबंधित उनका अवलोकन विशेष महत्व का था। तीखो ब्राहे के शिष्य **योहान केपलर** (1571-1630 ई.) ने देखा कि प्रत्यक्ष अवलोकन पर आधारित ब्राहे की सूक्ष्म एवं नूतन सारणियाँ कोपेरनिक के उस ग्रहगणित से मेल नहीं खातीं जो वृत्ताकार कक्षाओं के सिद्धांत पर आधारित था। गणित और प्रत्यक्ष अवलोकन में चार-पाँच डिग्रियों का अंतर पड़ता था।

योहान केपलर (1571-1630 ई.), जिन्होंने ग्रहों की गतियों के नियम खोज निकाले।

आइज़ेक न्यूटन (1642-1727 ई.), जिन्होंने गुरुत्वाकर्षण के सिद्धांत की खोज की।

ऐसा क्यों? केपलर का विश्वास था कि कोपेरनिक का सूर्यकेंद्रवादी सिद्धांत सही है। दूसरी तरफ, तीखो ब्राहे की सूक्ष्म सारणियों में भी उनकी अटूट आस्था थी। अंत में उन्होंने ग्रहों के वृत्ताकार कक्षाओं वाले पुराने मत पर ही प्रश्नचिह्न लगाया। केपलर ने ग्रहों की गतियों के बारे में तीन नए नियम खोज निकाले।

ज्योतिष-विज्ञान में केपलर के इन नियमों का बड़ा महत्व है। सौर-मंडल के ग्रहों और उपग्रहों की कक्षाएँ इन्हीं नियमों से निर्धारित होती हैं। आजकल के कृत्रिम ग्रहों और उपग्रहों की कक्षाएँ भी इन्हीं नियमों से निर्धारित होती हैं। इसलिए केपलर के इन नियमों का महत्व और भी अधिक बढ़ गया है। यहाँ हम यह नहीं बता पाएँगे कि ये नियम किस प्रकार खोजे गए। यहाँ हम केपलर के नियमों की व्याख्या ही कर पाएँगे।[1]

नियम-1 : ग्रह एक दीर्घवृत्त में सूर्य की परिक्रमा करता है और सूर्य इस दीर्घवृत्त की एक नाभि पर रहता है।

वृत्त की तरह दीर्घवृत्त भी एक वक्र है। वृत्त की विशेषता यह है कि इसका प्रत्येक बिंदु उसी समतल के एक अन्य स्थिर बिंदु (केंद्र) से समान दूरी पर रहता है। परंतु दीर्घवृत्त ऐसे बिंदुओं का पथ है जिनकी उसी समतल के दो स्थिर बिंदुओं (जिन्हें नाभियाँ कहते हैं) से दूरियों का योग एक-सा रहता है। इस व्याख्या के आधार पर बड़ी आसानी से दीर्घवृत्त की रचना की जा सकती है।

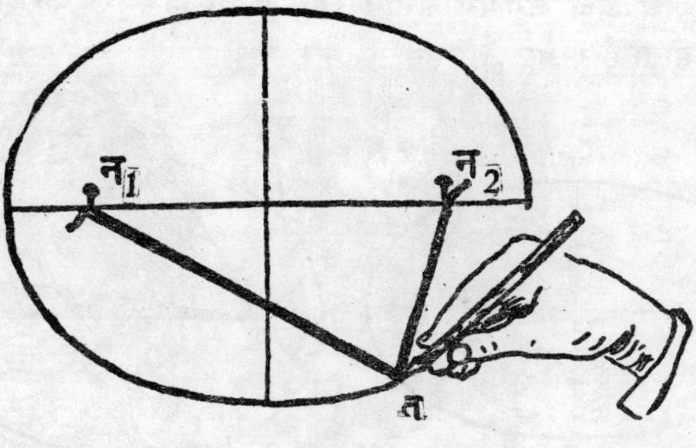

दीर्घवृत्त की रचना

एक कागज़ पर एक सीधी रेखा खींचकर उसके सिरों पर दो पिन—$न_1$ और $न_2$—गाड़िए। फिर उस रेखा से कुछ अधिक लंबा धागा लेकर उसके सिरे उन पिनों से बाँध दीजिए। तदनंतर उस धागे को तानते हुए पेंसिल की नोक से एक वक्र खींचा जाए, तो वह दीर्घवृत्त होगा। बिंदु $\mathbf{न_1}$ और $\mathbf{न_2}$ इस दीर्घवृत्त की नाभियाँ हैं। दीर्घवृत्त पर यदि कोई **त** बिंदु है तो नाभियों से उसकी दूरियों का योग स्थिर रहेगा। अर्थात्, दीर्घवृत्त के किसी भी बिंदु **त** के लिए, $\mathbf{न_1त} + \mathbf{न_2त}$ = स्थिरांक।

1 अधिक जानकारी के लिए देखिए मेरी 'केपलर' पुस्तक।

केपलर के प्रथम नियम के अनुसार, सौर-मंडल के सभी ग्रह इसी प्रकार के दीर्घवृत्तों में सूर्य की परिक्रमा करते हैं और सूय दीर्घवृत्त की दो नाभियों मे से किसी एक नाभि पर रहता है। सौर-मंडल के नैसर्गिक तथा कृत्रिम उपग्रह भी दीर्घवृत्तीय कक्षाओं में ही अपने ग्रहों की परिक्रमा करत ह। तब किसी एक नाभि पर ग्रह स्थित रहता है।

चूँकि खगोल-यांत्रिकी में दीर्घवृत्त का बड़ा महत्व है, इसलिए इस वक्र की कुछ विशेषताओं पर विचार करना उपयोगी होगा। नीचे बाईं ओर की आकृति में न$_1$ और न$_2$ दीर्घवृत्त की दो नाभियाँ हैं और क केंद्र है। रेखा **प फ** दीर्घ अक्ष है और रेखा **ब भ** लघु अक्ष है। **प क = क फ = य,** और **ब क = क भ = र**। ऊपर जिस प्रकार हमने दीर्घवृत्त की रचना की है, उससे यह स्पष्ट होता है कि **न$_1$त + न$_2$त = 2 य = प फ**। और, दोनों नाभियों के बीच की दूरी को 2 **ल** मान लिया जाए तो **न$_1$न$_2$ = 2 ल**। तब स्पष्ट है कि 2 **य** से 2 **ल** या **य** से **ल** दूरी सदैव कम रहती है। अनुपात **ल/य** को दीर्घवृत्त की **उत्केंद्रता** कहते हैं, जिसे हम 'उ' द्वारा दर्शाएँगे। जाहिर है कि 'उ' एक संख्या है और इसका मान 1 से कम रहता है। जब उत्केंद्रता बहुत कम रहती है और दीर्घ अक्ष तथा लघु अक्ष लगभग समान रहते हैं तो दीर्घवृत्त करीब-करीब वत्त-जैसा होता है।

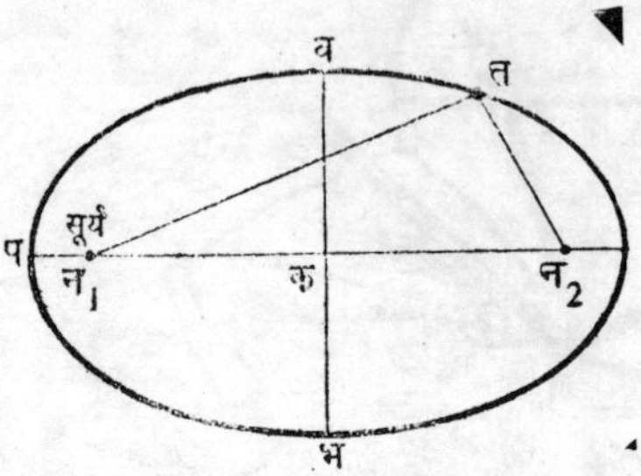

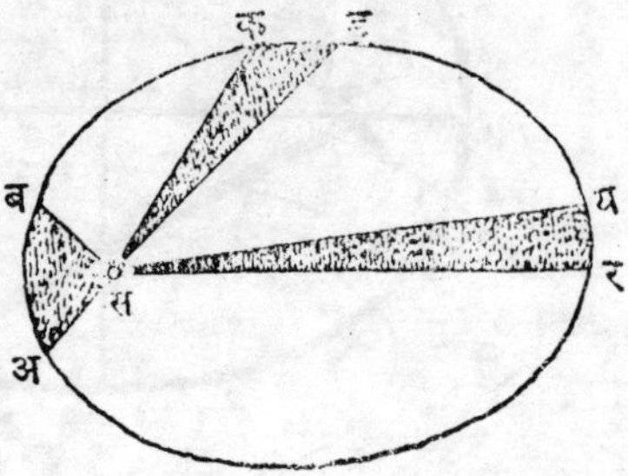

केपलर को मंगल ग्रह की स्थितियों की जानकारी थी। इनके आधार पर जब उन्होंने पृथ्वी की कक्षा निर्धारित की तो पाया कि इसकी उत्केंद्रता 1/59 है। इतनी कम उत्केंद्रता वाला वक्र लगभग वृत्त-जैसा ही होता है। इसीलिए हम मान लेते हैं कि पृथ्वी लगभग वृत्ताकार कक्षा में सूर्य की परिक्रमा करती है। दरअसल, पृथ्वी दीर्घवृत्त में ही सूर्य की परिक्रमा करती

है मंगल की उत्केंद्रता 1/11 है। केपलर ने जब यह खोज की तो उनका दृढ़ मत हो गया कि, न केवल मंगल तथा पृथ्वी, बल्कि सभी ग्रह दीर्घवृत्तों में सूर्य की परिक्रमा करते हैं और सूर्य इनकी एक नाभि पर रहता है।

ग्रह की दीर्घवृत्तीय कक्षा का जो बिंदु (प) सूर्य से न्यूनतम दूरी पर रहता है उसे **अनुसूर्य बिंदु** कहते हैं और जो बिंदु (फ) महत्तम दूरी पर रहता है उसे **सूर्योच्च बिंदु** कहते हैं।

नियम-2 : ग्रह को सूर्य के साथ जोड़ने वाली सीधी रेखा समान कालावधियों में समान क्षेत्रों का निर्माण करती है (चित्र : पिछले पृष्ठ पर, दाईं ओर)।

केपलर ने मंगल ग्रह की कक्षीय गति का गहराई से अध्ययन किया। उन्होंने जाना कि मंगल जब अनुसूर्य बिंदु के समीप होता है तो यह दो महीने की कालावधि में, सूर्य से देखने पर, $37^0.0$ का पथ पार करता है। किंतु मंगल जब सूर्योच्च बिंदु के समीप होता है तो इन्हीं दो महीनों में, सूर्य से देखने पर, यह केवल $25^0.8$ का पथ पार करता है। इससे सिद्ध हो गया कि मंगल ग्रह सूर्य से जितनी ही अधिक दूर होगा, उतनी ही धीमी गति से यात्रा करेगा। अन्य शब्दों में, अनुसूर्य बिंदु के समीप ग्रह की गति महत्तम रहती है और सूर्योच्च बिंदु के समीप न्यूनतम रहती है।

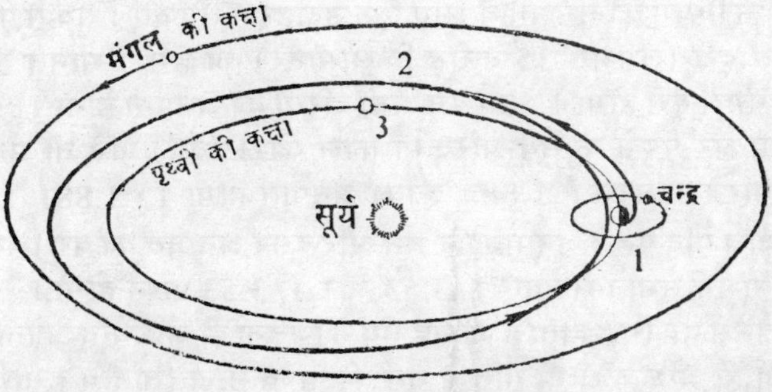

प्रथम कृत्रिम ग्रह लूना-1 की कक्षा : 1. यात्रारंभ के समय पृथ्वी की स्थिति, 2. लूना-1 की कक्षा, 3. लूना-1 की एक सूर्य-परिक्रमा (450 दिन) के बाद पृथ्वी की स्थिति।

उदाहरण के लिए, हमारी पृथ्वी दीर्घवृत्तीय कक्षा में सूर्य की परिक्रमा करती है (उत्केंद्रता 0.0167)। जनवरी महीने के आरंभ में सूर्य से पृथ्वी की दूरी (14,70,00,000 किलोमीटर) न्यूनतम रहती है और तब इसका कक्षीय वेग होता है 30.27 किलोमीटर प्रति सेकंड। जुलाई के आरंभ में

पृथ्वी सूर्योच्च बिंदु के समीप रहती है (महत्तम दूरी 15,20,00,000 किलोमीटर) और तब इसका वेग होता है 29.27 किलोमीटर प्रति सेकंड।

एक कृत्रिम ग्रह का उदाहरण लीजिए। सोवियत रूस का **लूना-1** नामक अंतरिक्ष यान 2 जनवरी, 1959 को चंद्रमा की ओर भेजा गया था। चंद्रमा के समीप से गुजरकर इस स्टेशन ने पृथ्वी के गुरुत्वीय क्षेत्र को लाँघते हुए सूर्य की परिक्रमा शुरू कर दी। लूना-1 कृत्रिम ग्रह बन गया। सूर्य की परिक्रमा करते समय सूर्य से इसकी न्यूनतम दूरी 14.64 करोड़ किलोमीटर और महत्तम दूरी 19.72 करोड़ किलोमीटर थी। सूर्य से अपनी महत्तम दूरी पर यह कृत्रिम ग्रह मंगल की कक्षा के काफी समीप पहुँच जाता था।

केपलर के उपर्युक्त दोनों नियम खगोल-विज्ञान के लिए वरदान सिद्ध हुए। किंतु केपलर केवल इतने से संतुष्ट नहीं थे। वे ग्रह की सूर्य से दूरी और उसके कक्षीय वेग के संबंध के बारे में एक व्यापक नियम की तलाश में थे। अंत में उन्होंने यह व्यापक संबंध भी खोज लिया (1618 ई.), जिसे आज हम केपलर के तीसरे नियम के नाम से जानते हैं।

नियम-3 : यदि सूर्य से किन्हीं दो ग्रहों की औसत दूरियाँ $द_1$ तथा $द_2$ हैं और उनकी सूर्य-परिक्रमा के काल क्रमशः $क_1$ तथा $क_2$ हैं, तो—

$$\left(\frac{द_1}{द_2}\right)^3=\left(\frac{क_1}{क_2}\right)^2$$

इस नियम को समझने के लिए एक उदाहरण लीजिए। सूर्य से पृथ्वी की औसत दूरी (लगभग 15 करोड़ किलोमीटर) को हम 1 मानते हैं। तब सूर्य-मंगल दूरी होगी 1.52। इन दोनों दूरियों का अनुपात होगा 1 : 1.52। इसी प्रकार पृथ्वी के सूर्य-परिक्रमा काल को 1 (वर्ष) मानें तो मंगल का सूर्य-परिक्रमा काल है 1.88। इनका अनुपात होगा 1 : 1.88।

अब यदि पहले अनुपात का घन और दूसरे अनुपात का वर्ग लिया जाए तो लगभग समान संख्याएँ 1/3.53 और 1/3.53 प्राप्त होंगी।

इससे यह सिद्ध होता है जो ग्रह सूर्य से जितना ही अधिक दूर होता है, वह उतनी ही अधिक धीमी गति से सूर्य की परिक्रमा करता है। हमारी पृथ्वी 29.8 किलोमीटर प्रति सेकंड के वेग से सूर्य की परिक्रमा करती है, तो मंगल 24.2 किलोमीटर प्रति सेकंड, बृहस्पति 13 किलोमीटर प्रति सेकंड, शनि 9.6 किलोमीटर प्रति सेकंड, यूरेनस 6.8 किलोमीटर प्रति सेकंड, नेपच्यून 5.4 किलोमीटर प्रति सेकंड और प्लूटो 4.7 किलोमीटर प्रति सेकंड के वेग से सूर्य की परिक्रमा करता है। विपरीत, शुक्र 35 किलोमीटर प्रति सेकंड के वेग से और बुध, जो सूर्य के सर्वाधिक समीप का ग्रह है, 47.8 किलोमीटर प्रति सेकंड के औसत वेग से सूर्य की परिक्रमा करता है।

कंपलर के ये तीन नियम कृत्रिम ग्रहों और उपग्रहों की गतियों पर भी लागू होते हैं। केपलर के तीसरे नियम में कुछ शुद्धता लाई गई है। जिस प्रकार ग्रहों की दूरियों से उनका परिक्रमा-काल ज्ञात किया जा सकता है, उसी प्रकार कृत्रिम उपग्रहों की पृथ्वी से औसत दूरी के आधार पर उनका पृथ्वी-परिक्रमा-काल ज्ञात किया जा सकता है। आगे के चित्र से हमें ज्ञात होता है कि कृत्रिम उपग्रह के कितनी ऊँचाई पर रहने से वह कितने समय में पृथ्वी की एक परिक्रमा पूरी कर लेता है। चंद्र पृथ्वी से 3,84,000 किलोमीटर की औसत दूरी पर है और यह 27 दिन व करीब 8घंटों में पृथ्वी की एक परिक्रमा पूरी कर लेता है।

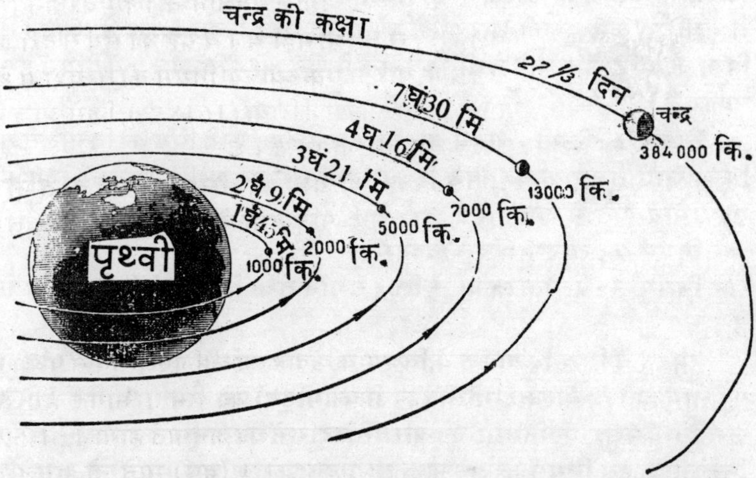

पृथ्वी से उपग्रहों की किलोमीटर में औसत ऊँचाइयाँ तथा उनके परिक्रमा-काल। जैसे, धरातल से 5000 किलोमीटर की औसत ऊँचाई पर परिक्रमा करनेवाला कृत्रिम उपग्रह 3 घंटे और 21 मिनटों में पृथ्वी का एक चक्कर लगा लेगा।

उदाहरण के लिए, स्पूतनिक-2 उपग्रह की पृथ्वी से महत्तम ऊँचाई 1671 किलोमीटर और न्यूनतम ऊँचाई 225 किलोमीटर थी। यानी इसकी औसत दूरी 948 किलोमीटर थी। यह कृत्रिम उपग्रह लगभग 104 मिनटों में पृथ्वी की एक परिक्रमा पूरी कर लेता था।

दूसरा उदाहरण : वैंगगार्ड-3 नामक उपग्रह की महत्तम ऊँचाई 3744 किलोमीटर, न्यूनतम ऊँचाई 512 किलोमीटर, औसत दूरी 2128 किलोमीटर और परिक्रमा-काल 130 मिनट था।

उपर्युक्त विवेचन से स्पष्ट है कि केपलर के नियम हमें केवल यही जानकारी दे सकते हैं कि सौर-मंडल के ग्रह-उपग्रह 'किस प्रकार' भ्रमण

करते हैं। केपलर के समय तक यह स्पष्ट नहीं हुआ था कि ये पिंड 'क्यों' इस प्रकार भ्रमण करते हैं। इसका स्पष्टीकरण किया महान **आइजेक न्यूटन** (1642-1727 ई.) ने। न्यूटन के गुरुत्वाकर्षण-सिद्धांत से यह स्पष्ट हो जाता है कि आकाश के पिंड क्यों इस प्रकार गतिमान हैं।

न्यूटन के पहले ही कई वैज्ञानिकों को स्पष्ट हो गया था कि सूर्य के आकर्षण के कारण ही ग्रह उसकी परिक्रमा करते हैं। केपलर के दूसरे तथा तीसरे नियम का भी यही परिणाम निकलता है। हम अपने दैनंदिन जीवन में भी देखते हैं कि ऊपर फेंकी गई चीज ज़मीन पर आ गिरती है। इसलिए यह भी मान लिया गया था कि पृथ्वी में आकर्षण शक्ति है। गैलीलियो ने गति से संबंधित कुछ पुरानी धारणाओं को गलत सिद्ध किया। अंत में, न्यूटन ने पिंडों की गतियों के बारे में तीन व्यापक नियम खोज निकाले। ये नियम इस प्रकार हैं :

नियम-1 : किसी बाह्य बल द्वारा जब तक किसी पिंड को विचलित न किया जाए तब तक वह पिंड स्थिर स्थिति में रहता है या सीधी रेखा में एकसमान गति में रहता है।

नियम-2 : त्वरण = बल/द्रव्यमान

नियम-3 : प्रत्येक क्रिया के लिए समान तथा विपरीत प्रतिक्रिया होती है।

न्यूटन ने सिद्ध किया कि ये नियम न केवल पार्थिव वस्तुओं की गतियों पर लागू होते हैं, बल्कि खगोलीय पिंडों की गतियों पर भी लागू होते हैं। फिर उन्होंने केपलर के नियमों के आधार पर गुरुत्वाकर्षण का नियम खोज निकाला। इस नियम के अनुसार, द्रव्य का प्रत्येक कण हर दूसरे कण को एक ऐसे बल से खींचता है जो उन दो कणों के द्रव्यमान के गुणन के सीधे अनुपात में और उनके बीच की दूरी के वर्ग के प्रतिलोम अनुपात में रहता है।

यदि दो भौतिक पिंडों के द्रव्यमान $म_1$ तथा $म_2$ हैं और उनके बीच की दूरी र है तो गुरुत्वाकर्षण बल (ब) होगा :

$$ब = ग \frac{म_1 म_2}{र^2}$$

जहाँ ग गुरुत्वाकर्षण-स्थिरांक है और यह सभी भौतिक पिंडों के लिए एक-सा है।

केपलर और न्यूटन के नियम खगोल के सभी पिंडों की गतियों पर लागू होते हैं। ये नियम कृत्रिम ग्रहों एवं उपग्रहों की गतियों पर भी लागू होते हैं। जिस प्रकार चंद्रमा गुरुत्वाकर्षण के प्रभाव में पृथ्वी की परिक्रमा करता

रहता है, उसी प्रकार पृथ्वी से भेजे गए कृत्रिम उपग्रह भी गुरुत्वाकर्षण के प्रभाव के अंतर्गत ही पृथ्वी की परिक्रमा करते हैं।

न्यूटन के गुरुत्वाकर्षण के नियम से सिद्ध होता है कि स्थिर द्रव्यमान वाला कोई पिंड जैसे-जैसे धरातल से अधिकाधिक ऊँचाई पर उठता है, वैसे-वैसे उसका 'भार' घटता जाता है। पृथ्वी के केंद्र से धरातल 6378 किलोमीटर ऊपर है। कल्पना कीजिए कि धरातल पर किसी पिंड का भार 1 किलोग्राम (1000 ग्राम) है, तो धरातल से 6378 किलोमीटर की ऊँचाई पर उसका भार होगा केवल 250 ग्राम, यानी चौथाई किलोग्राम। कारण यह है कि तब वह पिंड पृथ्वी-केंद्र से धरातल जितनी दूर है उससे दुगुनी दूर रहेगा। यदि वही पिंड पृथ्वी के केंद्र से 6378 × 3 किलोमीटर ऊपर पहुँचता है, तो वहाँ उसका भार रहेगा 1000/9 ग्राम, यानी करीब 111 ग्राम।

सारांश यह कि, पृथ्वी का गुरुत्वाकर्षण दूरी के वर्ग के व्युत्क्रमानुपात में घटता जाता है। प्रकाश-स्रोत की बढ़ती दूरी के अनुसार प्रकाश की तीव्रता भी इसी प्रकार घटती जाती है।

गुरुत्वाकर्षण के कारण पृथ्वी तथा अन्य ग्रह सूर्य की परिक्रमा करते हैं। गुरुत्वाकर्षण के कारण ही धरातल से ऊपर फेंका गया कोई भी पिंड पुनः धरातल पर लौट आता है।

लेकिन अब समय बदल गया है। अब धरातल से ऊपर ऐसे पिंड भेजना संभव है जो पुनः धरातल पर वापिस नहीं लौट सकते। अतः अब हमें यह जानना है कि ऐसे पिंडों को अंतरिक्ष में भेजना कैसे संभव है।

न्यूटन जानते थे, किसी भी पिंड को पृथ्वी के ऊपर वृत्ताकार कक्षा में स्थापित करने के लिए काफी ऊँचे वेग की आवश्यकता है। इसके लिए उन्होंने एक प्रयोग की कल्पना की। आप भी कल्पना कीजिए कि किसी ऊँचे पर्वत-शिखर पर एक तोप खड़ी की गई है और वहाँ से क्षैतिज रेखा में गोले छोड़े जा रहे हैं। तोप

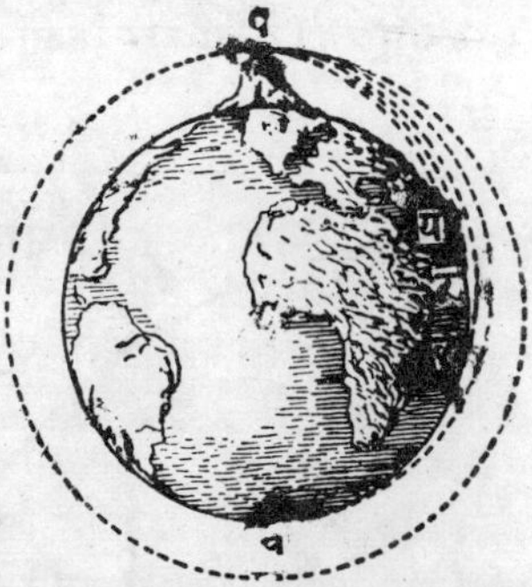

पर्वत-शिखर प पर खड़ी की गई एक तोप से क्षैतिज रेखा में गोले दागे जा रहे हैं। अधिकाधिक आरंभिक वेग से दागे गए गोले क्रमशः य, र, ल तथा व स्थानों पर गिरेंगे। परंतु गोले को यदि 'पर्याप्त' आरंभिक वेग प्रदान किया जाए तो वह पृथ्वी-परिक्रमा करके पुनः उसी पर्वत-शिखर पर लौट आएगा। और तब उस गोले का वेग आरंभिक वेग के तुल्य होगा, इसलिए वह उसी वृत्तीय कक्षा में परिक्रमा करता रहेगा।

से दागे गए गोले, पृथ्वी के गुरुत्वाकर्षण के कारण, छोटे या कुछ बड़े वक्राकार मार्गों में पृथ्वी पर आ गिरेंगे। वस्तुतः संसार में अभी तक ऐसी कोई तोप नहीं बनी है जिससे दागा गया गोला पुनः धरती पर वापिस न लौट सके।

फिर भी एक अति शक्तिशाली तोप की कल्पना कीजिए। अभी हम वायुमंडल के प्रतिरोध पर विचार नहीं करेंगे। तब 'अति उच्च वेग' से दागा गया उस तोप का गोला पृथ्वी की ओर उसी वक्र में 'गिरेगा', जैसा कि पृथ्वी की सतह का वक्र है। ऐसी स्थिति में वह गोला धरातल से लगभग एकसमान ऊँचाई पर रहकर यात्रा करने लगेगा और पृथ्वी का पूरा चक्कर लगाकर पुनः पर्वत की उस चोटी के आरंभ-बिंदु पर लौटेगा। उस समय भी उस गोले का वेग उसके आरंभिक वेग के बराबर रहेगा, इसलिए वह पृथ्वी की परिक्रमा करता रहेगा, यानी वह गोला धरातल पर नहीं लौटेगा। वह लगभग वृत्ताकार कक्षा में पृथ्वी की परिक्रमा करता रहेगा।

प्रश्न है– वह 'अति उच्च वेग' कौन-सा है जिसके अंतर्गत वह गोला (या उपग्रह) वृत्ताकार कक्षा में पृथ्वी की परिक्रमा करने लगेगा?

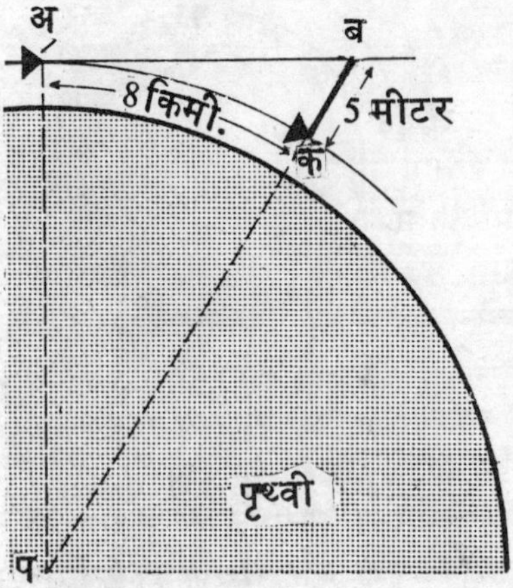

उपग्रह की वृत्तीय कक्षा

आकृति देखिए, जिसमें पृथ्वी के एक अंश को कुछ बड़े रूप में दर्शाया गया है। पृथ्वी का अर्धव्यास 6378 किलोमीटर है। पर्वत की चोटी (बिंदु **अ**) पर तोप रखी गई है (यहाँ हम इस बात पर विचार नहीं करेंगे कि वह चोटी कितनी ऊँची है)। इस चोटी से क्षैतिज रेखा में दागा गया तोप का गोला, यदि पृथ्वी का गुरुत्वाकर्षण न होता तो, एक सेकंड बाद बिंदु **ब** पर पहुँच जाता। लेकिन एक सेकंड बाद गोला बिंदु **क** पर पहुँचता है जो वस्तुतः बिंदु **ब** के 5 मीटर नीचे है।

प्रयोगों से पता चला है कि पृथ्वी का गुरुत्वाकर्षण सभी भौतिक पिंडों को एकसमान त्वरण प्रदान करता है। एक त्वरण 9.8 मीटर सेकंड-प्रति-सेकंड है, यानी एक सेकंड में वह गोला लगभग 5 मीटर नीचे गिरेगा।

एक सेकंड में 5 मीटर नीचे गिरने के बाद भी धरातल से उस गोले की ऊँचाई उतनी ही रहती है जितनी कि बिंदु **अ** की है, तो इसका अर्थ यह हुआ कि वह गोला धरातल से एकसमान ऊँचाई पर रहकर वृत्ताकार कक्षा में पृथ्वी की परिक्रमा कर रहा है।

अब हमें **अ ब** दूरी जाननी है। यह वही दूरी है जिसे वह गोला, क्षैतिज रेखा में एक सेकंड में तय करता। **अ प ब** त्रिभुज में, भुजा **प अ** पृथ्वी का अर्धव्यास (लगभग 63,78,000 मीटर) है, **प क** = **प अ**, और **ब क** = 5 मीटर। अतः **प ब** = 63,78,005 मीटर। तब पाइथेगोर के प्रमेय का इस्तेमाल करने पर–

$$(\text{अ ब})^2 = (63{,}78{,}005)^2 - (63{,}78{,}000)^2$$

इस समीकरण को हल करने पर हमें **अ ब** दूरी के लिए संख्या प्राप्त होती है–करीब 7910 मीटर, यानी लगभग 8 किलोमीटर। इसका अर्थ यह हुआ कि यदि किसी गोले या पिंड को लगभग 8 किलोमीटर प्रति सेकंड का वेग प्रदान किया जाए तो वह धरातल पर वापिस नहीं लौटेगा। वह वृत्ताकार कक्षा में पृथ्वी की परिक्रमा करने लगेगा।

ऊपर हमने वायुमंडल के प्रतिरोध पर विचार नहीं किया है। धरातल पर हवा का प्रतिरोध बहुत अधिक होता है, इसीलिए कृत्रिम उपग्रहों को धरातल से कक्षा में स्थापित नहीं किया जाता। पहले राकेटों द्वारा इन्हें ऊपर उठाया जाता है। तदनंतर ही इन्हें इच्छित कक्षाओं में स्थापित किया जाता है।

धरातल से लगभग 300 किलोमीटर ऊपर हवा का प्रतिरोध नगण्य रह जाता है। उतनी ऊँचाई (पृथ्वी के केंद्र से लगभग 6700 किलोमीटर ऊँचाई) पर उपग्रह को यदि 7.9 किलोमीटर प्रति सेकंड का वेग प्रदान किया जाए, तो वह वृत्ताकार कक्षा में पृथ्वी की परिक्रमा करने लग जाएगा।

कोई उपग्रह यदि 7.9 किलोमीटर प्रति सेकंड के वेग से पृथ्वी की परिक्रमा करता है तो एक परिक्रमा पूरी करने में उसे लगभग 84 मिनट लगते हैं। इस वेग से वह उपग्रह वृत्ताकार कक्षा में पृथ्वी की परिक्रमा करता है। अंतरिक्ष-यात्रा-विज्ञान में लगभग 8 किलोमीटर प्रति सेकंड के इस वेग को **वृत्तीय वेग** या **प्रथम ब्रह्मांडीय वेग** का नाम दिया गया है।

अब कल्पना कीजिए कि उपग्रह को 8 किलोमीटर प्रति सेकंड से अधिक का आरंभिक वेग प्रदान किया जाता है। तब वह उपग्रह कहाँ जाएगा? विश्व-यांत्रिकी से हमें जानकारी मिलती है कि जिन उपग्रहों को 9, 10 या 11 किलोमीटर प्रति सेकंड का आरंभिक वेग प्रदान किया जाता है, वे दीर्घवृत्ताकार कक्षाओं में पृथ्वी की परिक्रमाएँ करते हैं। इनमें जिस उपग्रह का आरंभिक वेग जितना ही अधिक होगा, उसकी कक्षा उतनी ही अधिक अंडाकार होगी (देखिए चित्र अगले पृष्ठ पर)।

राकेट से किसी उपग्रह को ऊपरी वायुमंडल में भेजकर वहाँ से यदि उसे करीब 11 किलोमीटर प्रति सेकंड का वेग प्रदान किया जाता है, तो वह उपग्रह ऐसी दीर्घवृत्तीय कक्षा में परिक्रमा करने लग जाएगा जिसका

महत्तम दूरी वाला बिंदु चंद्रमा के भी परे रहेगा। स्मरण रहे कि पृथ्वी से चंद्र की औसत दूरी 3,84,400 किलोमीटर है और यह लगभग 1 किलोमीटर प्रति सेकंड के वेग से करीब 27.3 दिनों में पृथ्वी की एक परिक्रमा पूरी करता है। यह लगभग इतने ही समय में अपनी धुरी पर एक चक्कर लगाता है, इसलिए पृथ्वी से हम चंद्रमा का केवल एक गोलार्द्ध ही देख पाते हैं। वस्तुतः धरती से हम 59 प्रतिशत चंद्रतल को देख सकते हैं।

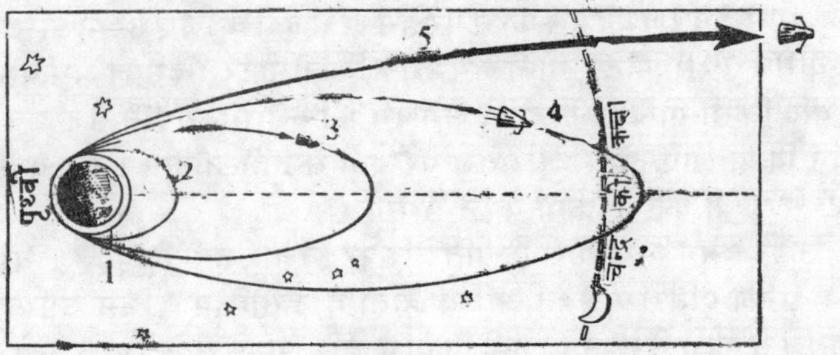

उपग्रह की दीर्घवृत्तीय कक्षा को अधिकाधिक अंडाकार बनाने के लिए आरंभिक वेग को 8 किलोमीटर प्रति सेकंड से 11.2 किलोमीटर प्रति सेकंड तक बढ़ाना होता है। चित्र में दर्शायी गई कक्षाओं के वेग हैं : (1) 7.9 कि. मी./से.—वृत्तीय वेग, (2) 10.0 कि. मी./से., (3) 10.8 कि. मी./से., (4) 11.1 कि. मी./से., और (5) 11.2 कि. मी./से. या इससे अधिक—पलायन वेग तथा परवलीय कक्षा।

पाठकों को शायद यह जानकारी होगी कि सोवियत संघ के लूना-3 नामक उपग्रह ने पहली बार चंद्रमा के अदृश्य गोलार्द्ध के चित्र उतारे थे। एक शक्तिशाली राकेट द्वारा लूना-3 को 4 अक्तूबर, 1959 के दिन पृथ्वी से छोड़ा गया था। घने वायुमंडल के ऊपर पहुँचने पर इसे लगभग 11 किलोमीटर प्रति सेकंड का वेग प्रदान किया गया और इसने दीर्घवृत्तीय कक्षा में यात्रा शुरू कर दी। इस दीर्घवृत्तीय कक्षा का महत्तम दूरी वाला बिंदु पृथ्वी से करीब 4,80,000 किलोमीटर दूर था, यानी चंद्र की कक्षा के भी परे। इसीलिए लूना-3 में स्थापित किए गए कैमरों द्वारा चंद्र के अदृश्य गोलार्द्ध के चित्र उतारना संभव हुआ। लूना-3 की दीर्घवृत्तीय कक्षा का पृथ्वी के अत्यधिक समीप का बिंदु 40,000 किलोमीटर ऊपर था।

उपर्युक्त विवेचन से स्पष्ट है कि 11 किलोमीटर प्रति सेकंड के आरंभिक वेग से छोड़े गए पिंड या उपग्रह पृथ्वी की ही परिक्रमा करते हैं—दीर्घवृत्तीय कक्षाओं में। लगभग 8 किलोमीटर से 11 किलोमीटर प्रति सेकंड के आरंभिक वेग तक के सभी पिंड, पृथ्वी के गुरुत्वाकर्षण के प्रभाव के अंतर्गत इसकी परिक्रमा करेंगे, यानी ये पिंड पृथ्वी के गुरुत्वाकर्षण को

लाँघते हुए इससे दूर नहीं भाग जाएँगे।

आरंभिक वेग यदि 11 किलोमीटर प्रति सेकंड से अधिक हो, तो क्या होगा ?

उस पिंड या उपग्रह का आरंभिक वेग यदि 11.2 किलोमीटर प्रति सेकंड पर पहुँचेगा, तो वह दीर्घवृत्त में नहीं बल्कि एक ऐसे वक्र में आगे बढ़ेगा जिसे **परवलय** कहते हैं। परवलय दीर्घवृत्त से अधिक खुला वक्र होता है। परवलय की कक्षा में यात्रा करने वाला पिंड पृथ्वी के गुरुत्वाकर्षण को लाँघते हुए इससे अधिकाधिक दूर चला जाएगा। ऐसा पिंड या उपग्रह (यदि उसके समीप या उसके मार्ग में कोई दूसरा ग्रह न आ जाए तो) कृत्रिम ग्रह बनकर दीर्घवृत्तीय कक्षा में सूर्य की परिक्रमा करने लग जाएगा। लूना-1 को इसी प्रकार अंतरिक्ष में छोड़ा गया था, जो अंत में सौर-मंडल का एक कृत्रिम ग्रह बन गया (देखिए चित्र, पृ. 33)।

प्रति सेकंड 11.2 किलोमीटर के आरंभिक वेग को **पलायन वेग** का नाम दिया गया है, क्योंकि इस वेग से छोड़ा गया पिंड पृथ्वी के गुरुत्वाकर्षण-क्षेत्र से पलायन करता है। इस वेग को **द्वितीय ब्रह्मांडीय वेग** का भी नाम दिया गया है। यह द्वितीय ब्रह्मांडीय वेग (11.2 किलोमीटर प्रति सेकंड) प्रथम ब्रह्मांडीय वेग (7.9 किलोमीटर प्रति सेकंड) से करीब 1.4 गुना अधिक है।

अंतरिक्षयात्रा-विज्ञान में इस पलायन वेग का बड़ा महत्व है। पलायन वेग का अर्थ है—वह आरंभिक वेग जिससे प्रक्षेपित पिंड को परवलय की कक्षा में स्थापित किया जा सकता है। पलायन वेग दो बातों पर निर्भर करता है—पृथ्वी या अन्य किसी पिंड का द्रव्यमान और प्रक्षेपित किए जाने वाले यान की उसकी सतह से दूरी।

पृथ्वी की सतह के पास पलायन वेग 11.2 किलोमीटर प्रति सेकंड है। परंतु पृथ्वी के किसी अंतरिक्ष-अड्डे से ऊपर उठने वाला राकेट-यान एकाएक इतना वेग प्राप्त नहीं करता। त्वरण के लिए कुछ समय लगता है। त्वरण की इस कालावधि में राकेट सैकड़ों या हजारों किलोमीटर ऊपर उठता है। यह जितना ही ऊपर उठेगा, उतना ही वहाँ से पलायन वेग कम होगा। धरातल से 200 किलोमीटर ऊपर पलायन वेग 11.0 किलोमीटर प्रति सेकंड होगा, 1000 किलोमीटर ऊपर 10.4 किलोमीटर प्रति सेकंड होगा और 6000 किलोमीटर ऊपर यह 8 किलोमीटर प्रति सेकंड होगा। यदि धरातल से प्रक्षेपित राकेट 40,000 किलोमीटर (पृथ्वी-चंद्र दूरी का दसवाँ हिस्सा) तक पहुँचता है, तो आगे 4.2 किलोमीटर प्रति सेकंड का वेग प्रदान करने से ही उसके साथ जुड़ा हुआ यान परवलय की कक्षा में यात्रा करने लग जाएगा, यानी पृथ्वी के गुरुत्वीय बंधन से धीरे-धीरे मुक्त होता जाएगा और

अंत में सूर्य की परिक्रमा करने लगेगा।

अतः स्पष्ट है कि पलायन वेग इस बात पर निर्भर करता है कि प्रक्षेपित किया जाने वाला यान पृथ्वी या अन्य किसी पिंड की सतह से कितनी दूर है। साथ ही, पलायन वेग पृथ्वी या अन्य किसी पिंड की द्रव्यराशि पर भी निर्भर करता है। चंद्र, मंगल, शुक्र तथा बुध की द्रव्यराशियाँ पृथ्वी की द्रव्यराशि से कम हैं, इसलिए इन पिंडों की सतहों पर पलायन वेग भी कम होगा। बृहस्पति, शनि आदि ग्रह पृथ्वी से बहुत बड़े हैं, इसलिए उनकी सतहों पर पलायन वेग अत्यधिक हैं। किलोमीटर प्रति सेकंड में चंद्र तथा सौर-मंडल के ग्रहों की सतह के समीप पलायन वेग (द्वितीय ब्रह्मांडीय वेग) इस प्रकार हैं—चंद्र (2.4), बुध (4.3) शुक्र (10.3), पृथ्वी (11.2), मंगल (5.0), बृहस्पति (60.8), शनि (36.7), यूरेनस (21.6), नेपच्यून (24.6), और प्लूटो(?)। प्लूटो के आकार-प्रकार के बारे में अभी तक हमें प्रामाणिक जानकारी नहीं मिली है, इसीलिए प्लूटो का पलायन वेग अज्ञात है।

हमने देखा है कि पलायन वेग से प्रक्षेपित पिंड या राकेट-यान परवलय की कक्षा में यात्रा करता है और अंत में दीर्घवृत्तीय कक्षा में सूर्य की परिक्रमा करने लग जाता है, यानी वह सौर-मंडल का एक कृत्रिम ग्रह बन जाता है। वह सौर-मंडल के बाहर नहीं निकल जाता। पृथ्वी के गुरुत्वीय क्षेत्र को लाँघते जाने पर भी सूर्य का शक्तिशाली गुरुत्वाकर्षण उसे सौर-मंडल के बाहर नहीं जाने देता।

किसी राकेट या पिंड को पृथ्वी की सतह के समीप से प्रति सेकंड 16.7 किलोमीटर के वेग से प्रक्षेपित किया जाए तो, वह न केवल पृथ्वी के गुरुत्वीय क्षेत्र से पलायन करेगा बल्कि सूर्य के गुरुत्वीय क्षेत्र को लाँघते हुए सौर-मंडल की सीमा के बाहर निकल जाएगा। 16.7 किलोमीटर प्रति सेकंड के इस वेग को **तृतीय ब्रह्मांडीय वेग** का नाम दिया गया है। इस वेग से राकेट-यान को पृथ्वी के कक्षीय भ्रमण की दिशा में प्रक्षेपित किया जाता है। तब ऐसे राकेट-यान की कक्षा परवलय की एक शाखा के समान होती है और इसकी नाभि पर सूर्य स्थित रहता है। इस प्रकार, तृतीय ब्रह्मांडीय वेग (16.7 किलोमीटर प्रति सेकंड) से पृथ्वी के कक्षीय भ्रमण की दिशा में प्रक्षेपित राकेट-यान सूर्य के सापेक्ष परवलीय कक्षा में यात्रा करता हुआ, सूर्य के शक्तिशाली गुरुत्वीय क्षेत्र को लाँघने के प्रयास में अपने वेग को शनैः-शनैः घटाते हुए, अंत में सौर-मंडल के बाहर निकल जाएगा।

तृतीय ब्रह्मांडीय वेग से एक निश्चित दिशा में प्रक्षेपित राकेट-यान एक निश्चित पथ से यात्रा करता हुआ सौर-मंडल के बाहर चला जा सकता है, परंतु किसी राकेट-यान को सूर्य के समीप पहुँचाने के लिए 16.7

किलोमीटर प्रात सेकंड का यह वेग भी पर्याप्त नहीं है । पृथ्वी से प्रक्षेपित राकेट-यान को 31.8 किलोमीटर प्रति सेकंड वेग प्रदान करने पर ही वह सूर्य के समीप पहुँच जा सकता है ।

अब तक हमने गतियों एवं कक्षाओं से संबंधित कुछ सैद्धांतिक बातों की जानकारी दी है । परंतु राकेट-यान को अंतरिक्ष की किसी कक्षा में स्थापित करने में अनेक कठिनाइयाँ हैं । पृथ्वी के वायुमंडल को ही लीजिए । यह वायुमंडल धरातल से सैकड़ों किलोमीटर ऊपर तक फैला हुआ है । पृथ्वी के जीव-जगत के लिए यह वायुमंडल प्रकृति का महान वरदान है, परंतु अंतरिक्ष-यात्रा में यही वायुमंडल काफी बड़ी बाधा है ।

समुद्र-सतह पर एक वर्ग-सेंटीमीटर क्षेत्र पर वायुमंडल का दाब 1033 ग्राम होता है । धरातल पर हवा का घनत्व सर्वाधिक है और जैसे-जैसे हम ऊपर जाते हैं, वैसे-वैसे यह कम होता जाता है । धरातल पर एक घन-मीटर

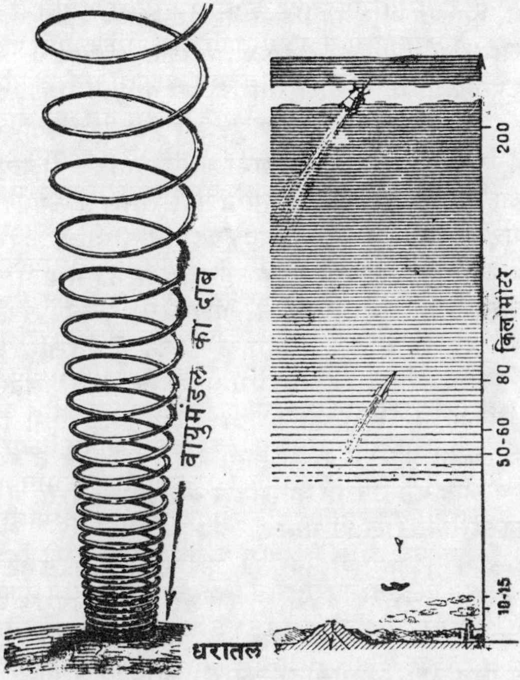

पृथ्वी का वायुमंडल और उसमें राकेट-यान की यात्रा

हवा का भार लगभग 1290 ग्राम होता है । धरातल से 20 किलोमीटर ऊपर एक घन-मीटर हवा का भार 90 ग्राम रह जाता है और 40 किलोमीटर ऊपर

मात्र 4 ग्राम ! स्पष्ट है कि वायुमंडल की अधिकांश हवा धरातल के नजदीक की परतों में ही रहती है । संपूर्ण वायुमंडल की आधी हवा धरातल से 5 किलोमीटर की ऊँचाई तक की परत में है और संपूर्ण वायुमंडल की हवा का 9/10 हिस्सा धरातल से 15 किलोमीटर की ऊँचाई तक की परत में समाया हुआ है । 300 किलोमीटर की ऊँचाई पर वायुमंडल नहीं के बराबर है ।

हमने देखा है कि किस प्रकार पृथ्वी का गुरुत्वाकर्षण-बल उपग्रहों की गतियों को प्रभावित करता है । इसके अलावा, पृथ्वी का वायुमंडल भी राकेट और उपग्रह की गति को प्रभावित करता है । पृथ्वी का वायु- मंडल इसमें यात्रा करने वाले राकेट या उपग्रह की गति में रुकावट पैदा करता है । वायुमंडल के निचले स्तरों में हवा का यह प्रतिरोध या कर्षण काफ़ी अधिक होता है । इसीलिए धरातल के अंतरिक्ष-अड्डों से राकेटों को वृत्तीय वेग या पलायन वेग से प्रक्षेपित नहीं किया जाता । सर्वप्रथम धीमी गति से राकेट ऊपर उठता है, फिर दो-तीन सौ किलोमीटर के ऊपर राकेट-इंजन द्वारा उपग्रह को वृत्तीय वेग या पलायन वेग प्रदान किया जाता है ।

पृथ्वी की परिक्रमा करने वाले उपग्रहों की गतियों एवं कक्षाओं को वायुमंडल किस प्रकार प्रभावित करता है, इसे हम कुछ उदाहरण देकर समझाएँगे । 4 अक्तूबर, 1957 को छोड़ा गया स्पूतनिक-1 उपग्रह जब दीर्घवृत्तीय कक्षा में परिक्रमा करने लग गया तो धरातल से उसकी कक्षा का सर्वाधिक ऊँचाई का बिंदु (भूम्योच्च बिंदु) 947 किलोमीटर ऊपर था और सबसे नजदीक का बिंदु 228 किलोमीटर ऊपर । पहले हम बता चुके हैं कि धरातल से करीब 300 किलोमीटर से अधिक की ऊँचाई पर हवा का प्रतिरोध नगण्य रह जाता है। स्पूतनिक-1 की दीर्घवृत्तीय कक्षा का उच्चतम बिंदु हवा के प्रतिरोध से लगभग मुक्त था, परंतु उसके न्यूनतम ऊँचाई वाले बिंदुओं पर हवा का प्रभाव मौजूद था। ऐसी स्थिति में स्पूतनिक-1 की कक्षा क्रमशः छोटी होती गई । 92 दिन तक पृथ्वी के चक्कर लगाने के बाद वह उपग्रह वायुमंडल की निचली परतों में उतरकर घर्षण के कारण जलकर राख हो गया !

अमरीका द्वारा 1 फरवरी, 1958 को छोड़े गए प्रथम उपग्रह एक्सप्लोरर-1 की कक्षा पर विचार कीजिए । इस उपग्रह की दीर्घ-वृत्तीय कक्षा का सर्वोच्च बिंदु धरातल से 2548 किलोमीटर ऊपर था और निम्नोच्च बिंदु 356 किलोमीटर ऊपर । 300 किलोमीटर के ऊपर हवा का प्रतिरोध नगण्य होता है । इसीलिए एक्सप्लोरर-1 लंबे समय—लगभग 11 साल—तक पृथ्वी की परिक्रमा करता रहा ।

जिस उपग्रह की दीर्घवृत्तीय कक्षा का निम्नोच्च बिंदु जितना ही अधिक

ऊपर रहेगा, वह उतनी ही अधिक देर तक पृथ्वी की परिक्रमा करता रहेगा। सोवियत संघ के कास्मोस-249 उपग्रह की दीर्घवृत्तीय कक्षा का सर्वोच्च बिंदु धरातल से 2177 किलोमीटर ऊपर और निम्नोच्च बिंदु 514 किलोमीटर ऊपर था। वह उपग्रह करीब 100 साल तक पृथ्वी की परिक्रमा करता रहेगा। अमरीका के टेलस्टार-1 नामक उपग्रह को ऐसी दीर्घवृत्तीय कक्षा में स्थापित किया गया था, जिसका सर्वोच्च बिंदु 5632 किलोमीटर और निम्नोच्च बिंदु 952 किलोमीटर ऊपर था। वह उपग्रह करीब 10,000 साल तक पृथ्वी की परिक्रमा करता रहेगा! सोवियत संघ के कास्मोस-80 से कास्मोस-84 तक के पाँच उपग्रह 1500 किलोमीटर ऊँचाई की वृत्ताकार कक्षा में स्थापित किए गए थे। ये उपग्रह भी लगभग दस हजार साल तक पृथ्वी की परिक्रमा करते रहेंगे। पिछले करीब तीस वर्षों में ऐसे सैकड़ों उपग्रह अंतरिक्ष में भेजे गए हैं जो धरातल से पैंतीस-चालीस हजार किलोमीटर की ऊँचाई से पृथ्वी की परिक्रमा कर रहे हैं। ये उपग्रह लाखों साल तक पृथ्वी का चक्कर काटते रहेंगे!

उपर्युक्त विवेचन से स्पष्ट है कि पृथ्वी की परिक्रमा करनेवाले उपग्रह का जीवनकाल वायुमंडल के प्रतिरोध यानी धरातल से उसकी कक्षा की ऊँचाई पर निर्भर करता है।

एक बात और। उपग्रह की दीर्घवृत्तीय कक्षा के निम्नोच्च बिंदु के समीप हवा का कर्षण अधिक होता है, इसलिए उपग्रह की कक्षा क्रमशः छोटी होती जाती है, सर्वोच्च बिंदु की ऊँचाई कम-कम होती जाती है और अंत में कक्षा लगभग वृत्ताकार हो जाती है।

हम सोचते हैं कि हवा के प्रतिरोध के कारण न केवल कक्षा छोटी होती है बल्कि उपग्रह का वेग भी घट जाता होगा। परंतु बात ऐसी नहीं है। कक्षा छोटी होती है, किंतु उपग्रह का कक्षीय वेग बढ़ जाता है। कारण यह है कि कक्षा के छोटे होने से उपग्रह पर पृथ्वी का गुरुत्वाकर्षण-बल बढ़ जाता है, जो हवा के प्रतिरोध से कहीं अधिक होता है। इसीलिए धरातल के नजदीक की वृत्ताकार कक्षा में उपग्रह का वेग बढ़ जाता है।

कक्षाओं और गतियों के बारे में ये कुछ मोटी-मोटी बातें हुईं। व्यवहार में उपग्रह की कक्षा को पूर्व-निर्धारित करने में अनेक कठिनाइयाँ हैं। चंद्रमा पर उतारे जानेवाले यानों पर थोड़ा विचार कीजिए। गणनाएँ करके पहले से निर्धारित अंतिम वेग में यदि 1 मीटर प्रति सेकंड का भी अंतर पड़ जाता है, तो वह यान चंद्रतल पर पूर्व-निर्धारित स्थान से 250 किलोमीटर दूर उतरेगा! यात्रा के अंतिम दौर में कक्षा की दिशा में एक मिनट (एक डिग्री का साठवाँ हिस्सा) का भी अंतर पड़ जाए, तो यान पूर्व-निर्धारित स्थान से

200 किलोमीटर दूर उतरेगा !

चंद्रमा हमसे करीब चार लाख किलोमीटर दूर है, इसलिए लगता है कि दो सौ या ढाई सौ किलोमीटर का अंतर कोई बहुत अधिक नहीं है। पर हमें स्मरण रखना चाहिए कि चन्द्रमा का अर्धव्यास केवल 1740 किलोमीटर है। यह पृथ्वी की परिक्रमा करता रहता है। अतः न केवल यान की गति को बल्कि चंद्र की गति को भी ध्यान में रखना होता है।

चंद्रमा, मंगल या शुक्र की ओर भेजे जाने वाले यानों के वेगों को और उनकी कक्षाओं को बीच-बीच में कई बार ठीक करना होता है। अतः तुरंत गणनाएँ करके ठीक समय पर राकेट-इंजन चालू करने पड़ते हैं। इसीलिए यानों में कंप्यूटर स्थापित किए जाते हैं। कंप्यूटरों के बिना अंतरिक्ष-यात्रा की हम कल्पना भी नहीं कर सकते।

शुक्र और मंगल ग्रहों पर मानव-रहित अंतरिक्षयान उतारे जा चुके हैं। भविष्य में इन ग्रहों पर आदमी के पहुँचने की भी संभावना है। सौर मंडल के दूर के ग्रहों की ओर दो **पायोनियर** यान और दो **वायजर** यान भेजे जा चुके हैं। ये यान सौर-मंडल को लांघकर दूसरे तारों की ओर आगे बढ़ेंगे।

आगे हम इस बात पर विचार करेंगे कि चंद्रयात्रा वस्तुतः किस प्रकार संपन्न होती है। हम यह भी जानेंगे कि शुक्र, मंगल तथा सौर-मंडल के अन्य ग्रहों पर किस प्रकार की कक्षाओं में अंतरिक्षयान भेजे जा सकते हैं। लेकिन उसके पहले हमें उस वाहन के बारे में जानना है जिसके कारण अंतरिक्ष-यात्रा एक वास्तविकता बन गई है। उस वाहन का उल्लेख अब तक हम कई बार कर चुके हैं। वह वाहन है—राकेट। अब हमें राकेट की रचना एवं उसके संचालन के बारे में जानकारी प्राप्त करनी है।

राकेट : सिद्धांत और संरचना

जिन शक्तिशाली राकेटों से आजकल अंतरिक्षयानों को आकाश में भेजा जाता है उन्हें बहुतों ने नहीं देखा है, परंतु पुराने किस्म के 'राकेटों' को सभी ने देखा है। दीपावली के दिन या शादी-ब्याह जैसे अवसरों पर जब आतिशबाजी होती है तो उसमें 'राकेट' भी इस्तेमाल होते हैं। प्रायः चालीस-पचास मीटर ऊपर उठनेवाले इन 'राकेटों' की बनावट के बारे में सभी को जानकारी है। एक नली में बारूद भरी जाती है और उस नली के साथ एक तीर जोड़ा जाता है। बस, बन गया राकेट!

ऐसे 'राकेट' का ईंधन है बारूद। गंधक, शोरा (पोटाशियम नाइट्रेट) और काठ-कोयले के मिश्रण से बारूद बनती है। बारूद की ज्वलन-प्रक्रिया का रहस्य नाइट्रेट में निहित है। नाइट्रेट की उपस्थिति के कारण बारूद हवा के बिना भी जलती रह सकती है। तात्पर्य यह कि, आतिशबाजी वाले राकेट की उड़ान के लिए हवा की जरूरत नहीं है। यह वायुमंडल-रहित आकाश में भी उड़ सकता है। इस तथ्य को स्मरण रखना जरूरी है। आगे इस पर हम अधिक विचार करेंगे।

छिन् तार्तारों ने 1232 ई. में मंगोल हमलावरों पर अग्निबाण (राकेट) बरसाए।

बारूद का आविष्कार सर्वप्रथम चीन देश में हुआ था, ईसा की नौवीं सदी में। वहाँ के ताओवादी कीमियागरों ने इसकी खोज की थी। 1000 ई. तक चीन में बारूद के हथगोले बनने लगे थे। फिर 12वीं सदी से वहाँ 'अग्निबाण' भी बनने लगे। बारूद से भरी हुई नलिका को लंबे तीर के साथ बाँध देने से ये अग्निबाण बनते थे। जानकारी मिलती है कि चीन के तत्कालीन सुङ् शासकों ने छिन् तार्तारों के आक्रमणों के खिलाफ इन अग्निबाणों का इस्तेमाल किया था। फिर इन तार्तारों ने मंगोल हमलावरों के खिलाफ 1232 ई. में इनका इस्तेमाल किया।

यह भी जानकारी मिलती है कि 1270-80 ई. के बीच चीन में धातु की तोपें बनने लगी थीं। मंगोलों के माध्यम से बारूद, राकेट और तोप का ज्ञान पहले मध्य एशिया में और कुछ समय बाद यूरोप में पहुँचा। 1280 ई. में रचित एक अरबी पुस्तक में बारूद और राकेट के निर्माण का वर्णन है।

बारूद और अग्निबाण का ज्ञान यूरोप तो पहुँचा, किंतु वहाँ युद्ध के एक हथियार के रूप में अग्निबाण का अधिक इस्तेमाल नहीं हुआ। तोप के गोले की विध्वंसक शक्ति अधिक थी, इसलिए तोप का ही अधिकाधिक विकास हुआ। वस्तुतः बारूद (तोप), कंपास और मुद्रण के कारण ही यूरोप में एक नए युग की शुरुआत हुई। इन तीनों का आविष्कार चीन में हुआ था।

आतिशबाजी के लिए यूरोप में अग्निबाणों का इस्तेमाल होता रहा। उसी समय, सोलहवीं सदी में, इटली में बहुस्तरीय राकेट बनने लगे। एक के ऊपर एक कई छोटे राकेट जोड़ने से जो बड़ा राकेट बनता है उसे बहुस्तरीय राकेट कहते हैं। ऐसे राकेटों में जैसे-जैसे एक-एक स्तर जलकर गिरता जाता है, वैसे-वैसे राकेट का वेग बढ़ता जाता है। यह एक बड़ी खोज थी, परंतु उस समय इससे विशेष लाभ उठाना संभव नहीं था। हाँ, इतालवी भाषा ने सारे संसार को **राकेट** शब्द दिया। यह 'राकेट' शब्द इतावली भाषा के 'रॉखेत्ता' शब्द से बना है।

फिर यद्धास्त्र के रूप में राकेट का इस्तेमाल हुआ भारत में, अठारहवीं सदी के उत्तरार्ध में। श्रीरंगपट्टन (मैसूर) के शासक **हैदरअली** ने 1780 ई. में अंग्रेज-सेना के विरुद्ध राकेटों का प्रयोग करके उन्हें चकित कर दिया।

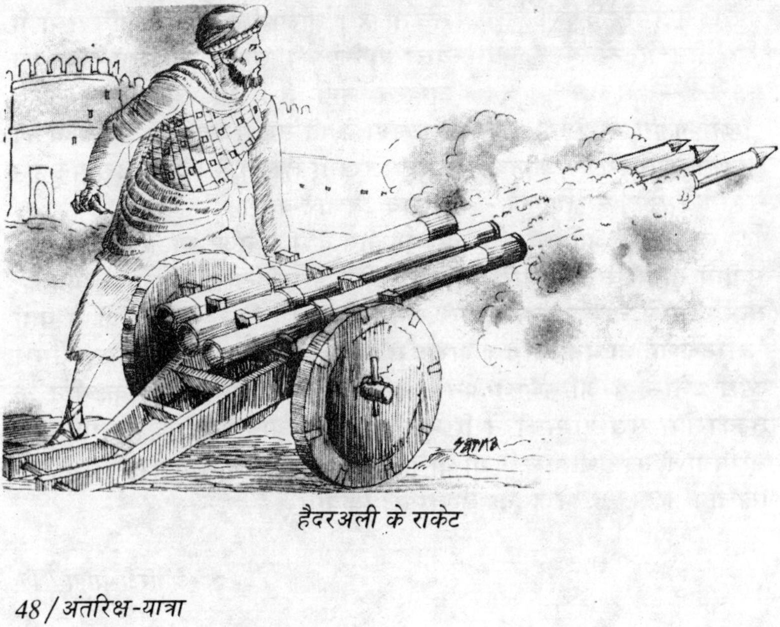

हैदरअली के राकेट

हैदरअली की सेना में राकेटों के संचालन के लिए 1200 सैनिकों का एक दल ही था। हैदरअली (मृत्यु 1782 ई.) के पुत्र **टीपू सुलतान** की सेना में भी 1500 राकेट-संचालकों का एक दल था।

टीपू सुलतान की सेना का एक राके-धारी सैनिक

जानकारी मिलती है कि हैदरअली द्वारा प्रयुक्त राकेट ढाई से साढ़े पाँच किलोग्राम भार के होते थे। लोहे की जिस नलिका में बारूद भरी जाती थी वह 20 सेंटीमीटर लंबी और 4 सेंटीमीटर चौड़ी होती थी। यह नलिका करीब तीन मीटर लंबे एक बाँस के साथ बाँध दी जाती थी। ऐसा यह राकेट, हाथ से फेंकने पर भी, करीब डेढ़ किलोमीटर तक पहुँचता था।

अंग्रेज इन भारतीय राकेटों से बड़े प्रभावित हुए। उन्होंने हैदरअली के राकेटों के बारे में जानकारी प्राप्त की। अंग्रेज कर्नल **विलियम कौंग्रीव** ने इन राकेटों में सुधार किया। कौंग्रीव के राकेट की लौह-नलिका करीब एक मीटर लंबी और नौ सेंटीमीटर मोटी होती थी। इसके साथ जुड़ा हुआ निर्देशक-दंड करीब पाँच मीटर लंबा होता था। ऐसा यह राकेट करीब पौने तीन किलोमीटर दूरी तक पहुँचता था।

उन्नीसवीं सदी के आरंभिक वर्षों में अंग्रेजों ने ऐसे राकेटों का युद्धास्त्र के रूप में इस्तेमाल किया। अंग्रेजों के जहाजी बेड़े की नौकाओं से ऐसे हजारों राकेट छोड़कर 1801 ई. में डेनमार्क के कोपेनहेगन नगर को तहस-नहस कर दिया गया था। अंग्रेजों ने इन राकेटों का इस्तेमाल करके तत्कालीन जर्मनी के कई नगरों पर अधिकार कर लिया था। उन्होंने नेपोलियन के

साथ हुए युद्धों में भी इन राकेटों का इस्तेमाल किया।

कॉंग्रीव के राकेट को यूरोप में बड़ी प्रसिद्धि मिली। यूरोप के कई देशों मे राकेट बनने लगे। परंतु युद्धास्त्र के रूप में इनका महत्व घट गया। क्योंकि तोपों के गोले अधिक दूरी तक मार करने में समर्थ थे और इनके संचालन में भी आसानी थी। हाँ, संदेश भेजने में और संकट में फँसे हुए नाविकों तथा यात्रियों तक समुद्र में रस्सियाँ फेंकने के लिए इन राकेटों का उपयोग होने लगा। इस प्रकार इन आरंभिक राकेटों ने हजारों लोगों के प्राण बचाए हैं।

उस समय तक राकेटों में ठोस ईंधन (बारूद) का ही इस्तेमाल होता था। राकेट की खोज हुए करीब आठ सौ साल बीत चुके थे, परंतु इस बीच इनकी रचना-प्रक्रिया में कोई विशेष सुधार नहीं हुआ था। पिछली सदी के मध्यकाल तक किसी को भी इस बात की कल्पना नहीं थी कि केवल राकेट की सहायता से ही अंतरिक्ष-यात्रा संभव है, कि केवल राकेट ही आदमी को चंद्रमा और सौर-मंडल के अन्य ग्रहों तक पहुँचा सकता है।

राकेट के इस सामर्थ्य का स्पष्टीकरण तथा इसके संचालन का सैद्धांतिक विवेचन करने वाले पहले वैज्ञानिक थे **कोस्तांतिन एदुअर्दोविच त्सि-**

का० ए० त्सिओल्कोवस्की (1857-1935 ई.)

ओल्कोवस्की (1857-1935 ई.)। रूस में उनका जन्म हुआ था। बहरे होने के कारण उन्हें स्कूल में दाखिला नहीं मिला था, फिर भी अपने प्रयत्न से वे अध्यापक बने।

त्सिओल्कावस्की बचपन से ही अंतरिक्ष-यात्रा के सपने देखा करते थे। बाद में गणित और भौतिकी के अपने गंभीर अध्ययन से वे इस परिणाम पर पहुँचे कि निर्वात अंतरिक्ष की यात्रा केवल राकेट से ही संभव है। बाह्य अंतरिक्ष में केवल राकेट ही यात्रा कर सकता है। इतना ही नहीं, उन्होंने 1898 ई. तक राकेट के संचालन के सैद्धांतिक पहलुओं को भलीभाँति समझ लिया था। उनके ये सिद्धांत पहली बार 1903 ई. में प्रकाशित हुए। पाठकों को स्मरण होगा कि राइट-बंधुओं ने पहली बार इसी साल हवाई जहाज को उड़ाने में सफलता प्राप्त की थी।

त्सिओल्कोवस्की ने ठोस ईंधन के स्थान पर केरोसीन जैसे द्रव ईंधन के इस्तेमाल का सुझाव दिया। पृथ्वी के भारी गुरुत्वाकर्षण को लाँघने में जो कठिनाइयाँ हैं, उन्हें वे भलीभाँति समझ गए थे, इसलिए उन्होंने राकेट की रचना में अनेक सुधार सुझाए। उन्होंने बहुखंडीय राकेटों की उपयोगिता समझाई। अंतरिक्ष-यात्रा के इन यांत्रिक सिद्धांतों के अलावा उन्होंने अंतरिक्ष-यात्रा में यात्रियों की सुरक्षा के लिए भी अनेक उपाय सुझाए। उनके इन्हीं सब अनुसंधानों के कारण उन्हें आधुनिक अंतरिक्षयात्रा-विज्ञान तथा राकेट-यांत्रिकी का संस्थापक माना जाता है।

त्सिओल्कोवस्की ने राकेट यांत्रिकी का मात्र सैद्धांतिक विवेचन किया था, उन्होंने राकेटों का निर्माण करके उन्हें अंतरिक्ष में प्रक्षेपित करने के प्रयोग नहीं किए थे। नए किस्म के राकेटों पर प्रयोग करने वाले पहले वैज्ञानिक थे अमरीका के **रॉबर्ड हचिंग्स गोडार्ड** (1882-1945 ई.)। जूले वर्न और एच. जी. वेल्स के कथानकों को पढ़ने से बचपन में ही वे अंतरिक्ष-यात्रा के बारे में सोचने लगे थे। उन्हें विज्ञान की अच्छी शिक्षा मिली और वे क्लार्क विश्वविद्यालय में प्राध्यापक नियुक्त हुए।

गोडार्ड ने 1914 ई. से राकेट के बारे में अपना अनुसंधान-कार्य शुरू किया। 1919 ई. में उनका ग्रंथ प्रकाशित हुआ, जिसका शीर्षक था—"अत्यधिक ऊँचाइयों तक पहुँचने का एक तरीका।" इस पुस्तक में उन्होंने यह भी सुझाया कि चंद्रमा तक राकेट भेजना संभव है। परंतु मानव को चंद्रमा पर उतारने के बारे में उन्होंने कोई सुझाव नहीं दिया।

गोडार्ड के चांद्र-राकेट की समाचारपत्रों में बड़ी चर्चा हुई। वे ऐसी सनसनीपूर्ण चर्चा के विरोधी थे। तदनंतर उन्होंने अपने अनुसंधान-कार्य के बारे में बाह्य-जगत को विशेष जानकारी नहीं दी। 16 मार्च, 1926 को उन्होंने मैसेचुसेट्स के हिमाच्छादित मैदान में द्रव ईंधन वाले

गोडार्ड अपने द्रव ईंधन के राकेट का परीक्षण करते हुए (1926 ई.)। मंच (1) पर खड़े इस राकेट के द्रव ईंधन—द्रव आक्सीजन व पेट्रोल—की टंकियाँ (2) नीचे हैं, और इसका इंजन (3) ऊपर है। टंकियों का ईंधन दो नलियों से राकेट-इंजन तक पहुँचता रहता है। ठेल-केंद्र को गुरुत्व-केंद्र के सम्मुख रखने के उद्देश्य से ही राकेट को यह रूप दिया गया था। परंतु आज हम जानते हैं कि राकेट का बल इसके अक्ष की दिशा में रहता है। अत: राकेट के इंजन को ईंधन की टंकियों के पीछे रखने में ही सुविधा है।

राकेट का परीक्षण किया। यह द्रव ईंधन था—द्रव आक्सीजन और पेट्रोल। 3 मीटर ऊँचा यह राकेट केवल 12.4 मीटर ऊपर उठा। द्रव ईंधन द्वारा संचालित यह संसार का पहला राकेट था। बाद में गोडार्ड ने अधिक ऊँचाई तक पहुँचने वाले राकेट बनाए। अपनी मृत्यु के समय तक वे राकेटों के बारे में खोज-बीन करते रहे।

जिस समय अमरीका में गोडार्ड राकेटों पर प्रयोग कर रहे थे, उस समय जर्मनी के एक तरुण वैज्ञानिक **हरनाम ओबेर्थ** (जन्म : 1894) ई.)अंतरिक्ष-यात्रा के सैद्धांतिक पहलुओं पर अनुसंधान कर रहे थे। 1923 ई. में उनका एक ग्रंथ प्रकाशित हुआ। शीर्षक था—'अंतर्ग्रहीय अंतरिक्ष में राकेट'। ओबेर्थ ने इस ग्रंथ में राकेट के संचालन, कृत्रिम उपग्रह तथा अंतर्ग्रहीय कक्षाओं का विवेचन किया। ग्रंथ में बहुत सारे गणितीय सूत्र हैं, फिर भी यह ग्रंथ यूरोप में बड़ा प्रसिद्ध हुआ। यूरोप के कई देशों में और अमरीका में 'अंतर्ग्रहीय यात्रा समितियाँ' स्थापित हुईं। अनेक वैज्ञानिक अंतरिक्ष-यात्रा से संबंधित विविध पहलुओं पर अनुसंधान करने में जुट गए।

ओबेर्थ के ग्रंथ के प्रकाशन के बाद राकेट अनुसंधान से संबंधित जो समितियाँ स्थापित हुईं उनमें जर्मनी के कुछ तरुण वैज्ञानिकों द्वारा स्थापित 'वेरेइन फीर रोंमशिफ्फार्ट' (अंतरिक्ष-यात्रा समिति) का ऐतिहासिक दृष्टि से विशेष महत्व है। इस समिति के **वेर्नहेर वोन ब्राउन** तथा **विली ले** जैसे कुछ वैज्ञानिक सदस्यों ने द्रव ईंधन वाले कुछ राकेटों पर प्रयोग किया और इन्हें ऊपर प्रक्षेपित किया।

जब जर्मनी में नाज़ी पार्टी का शासन शुरू हुआ तो सैनिक अधिकारियों

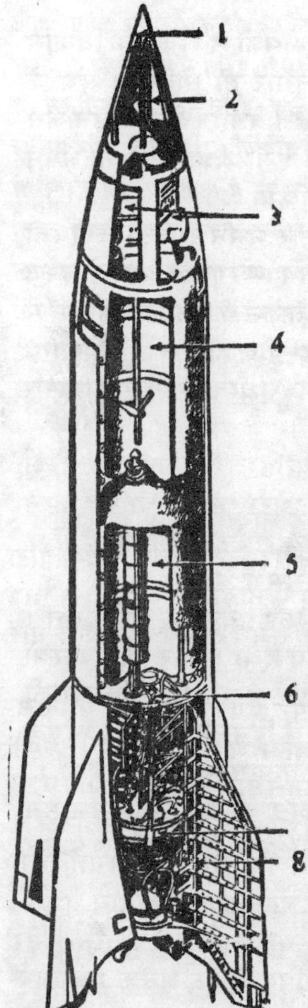

ने राकेट को एक युद्धास्त्र में बदलने के बारे में विचार किया। तब से सैनिक व्यवस्था के अंतर्गत राकेटों पर परीक्षण होने लगे। 'अंतरिक्ष-यात्रा समिति' टूट गई। विली ले. जैसे कुछ वैज्ञानिक जर्मनी छोड़कर चले गए, परंतु वेर्नहेर वान ब्राउन जैसे वैज्ञानिक सरकारी राकेट-केंद्र में कार्य करने लगे।

सरकारी राकेट-केंद्र के प्रयोगों को 1937 ई. में सफलता मिली। फिर 1942 ई. में बड़ा और अधिक ऊँचाई तक पहुँचने वाला राकेट बनकर तैयार हो गया। यह राकेट **व्ही-2*** के नाम से प्रसिद्ध है। सितंबर 1944 ई. और मार्च 1945 ई. के बीच जर्मन सेना ने ऐसे कई व्ही-2 राकेट लंदन शहर की ओर प्रक्षेपित किए। इन सात महीनों के दौरान इंग्लैंड पर 1115 राकेट गिरे, जिनमें से 518 लंदन शहर पर गिरे। इन राकेटों ने कुल मिलाकर 2724 लोगों के प्राण लिए और 6000 से ऊपर लोग गंभीर रूप से हताहत हुए।

महायुद्ध में जर्मनी की पराजय के बाद उसका राकेट-केंद्र अमरीकी सेना के हाथ लगा। कई व्ही-2 राकेट अमरीका पहुँच गए। साथ में वेर्नहेर वोन ब्राउन जैसे राकेट-विशेषज्ञ भी। जर्मनी के कुछ राकेट-विशेषज्ञ सोवियत संघ के अधिकार में भी आए, परंतु सोवियत

जर्मनी का व्ही-2 राकेट : 1. फ्यूज़, 2. विध्वसक बम, 3.नियंत्रक यंत्र 4. अल्कोहल की टंकी, 5. द्रव आक्सीजन की टंकी 6. टरबाइन पंप, 7. दहन-कक्ष, 8. पंखडा (फिन)। पूल व्ही-2 रोकट की ऊँचाई 14 मीटर थी और इसके घेरे का व्यास करीब 1.7 मीटर था। ईंधन रहित खाली राकेट का वजन 8818 पौंड था, परंतु ईंधन भरे हुए उड़ान के लिए सज्ज व्ही-2 राकेट का भार 28,440 पौंड होता था, जिसमें राकेट के सिरे पर स्थापित 1654 पौंड के विध्वंसक बम का भी समावेश है। यह व्ही-2 राकेट 320 किलोमीटर की महत्तम दूरी तक मार करने में समर्थ था।

तत्कालीन जर्मन प्रचार मंत्रालय ने इस राकेट को Vergeltungswaffe Zwei (संक्षेप में V-2) नाम दिया था, जिसका अर्थ होता है–प्रतिहिंसक युद्धास्त्र नंबर दो।

संघ को उनसे विशेष लाभ नहीं हुआ। रूसी विशेषज्ञों ने राकेट के विकास की अपनी स्वतंत्र योजना बनाई थी और तदनुसार ही सोवियत संघ के आधुनिक शक्तिशाली राकेटों का निर्माण हुआ है। वेर्नहेर वोन ब्राउन जैसे राकेट-विशेषज्ञों ने भी स्वीकार किया है कि रूसी वैज्ञानिकों ने अपने शक्तिशाली राकेटों का विकास स्वतंत्र रूप से किया है।

अमरीका में व्ही-2 राकेट के आधार पर और जर्मन राकेट-विशेषज्ञों की सहायता से राकेटों पर नए सिरे से अनुसंधान होने लगा। व्ही-2 राकेट लगभग 200 किलोमीटर की ऊँचाई तक पहुँचता था। इसलिए आरंभ में ऐसे राकेटों से ऊपरी वायुमंडल के बारे में खोज-बीन होने लगी। वस्तुतः व्ही-2 एक युद्धास्त्र था; यह राकेट वैज्ञानिक अनुसंधान के लिए उपयुक्त नहीं था।

सन् 1948 ई. में अमरीका में पहली बार एक द्विस्तरीय राकेट अंतरिक्ष में भेजा गया। व्ही-2 राकेट के ऊपर एक अन्य छोटा राकेट स्थापित करने से यह द्विस्तरीय राकेट बना था। ऐसा द्विस्तरीय राकेट वैज्ञानिक यंत्रों के संपुट को 400 किलोमीटर ऊपर पहुँचा देने में समर्थ था।

इसके बाद सोवियत संघ और अमरीका में कई प्रकार के राकेट बने। ऊपरी वायुमंडल के अनुसंधान में इनका उपयोग हुआ। फिर प्रक्षेपणास्त्रों का निर्माण होने लगा। अंत में, वर्तमान सदी के छठे दशक में, शक्तिशाली राकेटों का निर्माण हुआ और 4 अक्तूबर, 1957 के दिन स्पूतनिक-1 नामक उपग्रह अंतरिक्ष में भेजा गया। अंतरिक्ष-यात्रा के युग का आरंभ हुआ।

संक्षेप में यही है राकेट के जन्म तथा विकास की कहानी। अब हम इसकी रचना पर विचार करेंगे। साथ ही, यह भी देखेंगे कि यह किस प्रकार काम करता है।

हमारे चिर-परिचित सभी वाहन केवल वायुमंडल में ही यात्रा कर सकते हैं। यहाँ तक कि जेट-विमान के इंजनों के लिए भी हवा जरूरी है। अतः स्पष्ट है कि इन वाहनों से अंतरिक्ष की यात्रा नहीं की जा सकती।

किंतु बहुतों को यह जानकर आश्चर्य होगा कि बारूद के ईंधन वाला पुराना अग्निबाण भी, एक बार प्रज्वलित होने पर, निर्वात अंतरिक्ष में यात्रा कर सकता है। कारण यह है कि बारूद के शोरे में नाइट्रेट होता है और यह पदार्थ अपने-आप जलता रह सकता है। आधुनिक भव्य राकेटों में जो द्रव होते हैं उनमें से एक होता है द्रव आक्सीजन। पेटोल या द्रव हाइड्रोजन के साथ द्रव आक्सीजन का मेल होने से उनका मिश्रण भड़क उठता है। इससे जो गैसें पैदा होती हैं वे भीषण वेग से राकेट की पेंदी के तुंड से बाहर दौड़ती हैं और उनकी ठेल के कारण राकेट आगे बढ़ता है। इस सारी प्रक्रिया में हवा आदि की कोई जरूरत नहीं पड़ती। केवल उन्हीं ईंधनों की जरूरत पड़ती है जो राकेट के भीतर की टंकियों में संचित रहते हैं। राकेटों में पेट्रोल या द्रव

हाइड्रोजन जैसे ईंधनों की टंकी अलग होती है और द्रव आक्सीजन की टंकी अलग।

धरती पर मुख्यतः वायुमंडल के आक्सीजन से प्रज्वलन की क्रियाएँ संपन्न होती हैं। राकेट की अंतरिक्ष-यात्रा के लिए, ईंधन को प्रज़्वलित रखने के लिए, द्रव आक्सीजन राकेट की टंकी में भरकर ले जाना पड़ता है। इसीलिए राकेट निर्वात अंतरिक्ष में यात्रा करने में समर्थ है। वस्तुतः पृथ्वी का वायुमंडल राकेट की उड़ान में बाधक ही बनता है। वायुमंडल की अपेक्षा निर्वात अंतरिक्ष में राकेट अधिक सुगमता से यात्रा करता है।

कई पाठकों के दिमाग में सवाल उठ सकता है कि —राकेट यदि वायुमंडल की हवा का आधार नहीं लेता तो फिर यह आगे कैसे बढ़ता है? इस सवाल का उत्तर सरल है, परंतु आरंभ में बहुतों को इसे समझने में कुछ कठिनाई होती है।

संक्षेप में उपर्युक्त सवाल का उत्तर है—न्यूटन का तीसरा नियम— **प्रत्येक क्रिया के लिए समान और विपरीत प्रतिक्रिया होती है**। एक सरल उदाहरण लीजिए। किसी बंदूक (राइफल) से जब गोली दागी जाती है तो गोली को प्रक्षेपित करने के लिए बंदूक के घोड़े द्वारा जितना बल डाला जाता है उतना ही बल, विपरीत दिशा में, उस गोली द्वारा बंदूक पर डाला जाता है। इस प्रतिक्रिया से बंदूक पीछे हटती है, जिसे हम प्रतिक्षेप (रिकॉयल) कहते हैं। बंदूक का यह प्रतिक्षेप प्रायः बंदूक धारण करनेवाले व्यक्ति के कंधे द्वारा झेला जाता है और अंत में, उसके पैरों के माध्यम से, पृथ्वी द्वारा। कंधे के अभाव में वह बंदूक, राकेट की तरह, पीछे सरकती जाएगी।

कुछ पाठक सोचेंगे कि बंदूक की गोली ठोस वस्तु है, इसलिए उसकी प्रतिक्रिया से तो बंदूक को पीछे ठेलना संभव है, परंतु गैसों की प्रतिक्रिया से राकेट को कैसे ठेला जा सकता है? निर्वात अंतरिक्ष में मात्र गैसों का जेट राकेट को किस प्रकार आगे ठेल सकता है?

अभी कोई पचास साल पहले कई ऐसे वैज्ञानिक थे जो यह मानने के लिए तैयार नहीं थे कि गैस-जेट वाले राकेट निर्वात अंतरिक्ष में यात्रा कर सकते हैं। वस्तुतः कोई भी वस्तु हो—गैस, द्रव या ठोस—है वह द्रव्य ही। बंदूक की गोली का चूर्ण बनाया जाए या गैस, यदि ये पदार्थ गोली के वेग से ही दागे जाते हैं तो बंदूक को उतना ही प्रतिक्षेप प्राप्त होगा जितना की निकल भागनेवाली ठोस गोली से प्राप्त होता है।

राकेट का प्रमुख भाग इसका दहन-कक्ष होता है। इसमें ईंधन प्रज्वलित होते हैं और उच्च ताप एवं दाब वाली गैसें पैदा होती हैं। ये गैसें दहन-कक्ष के एक खुले भाग से बाहर दौड़ती हैं। अति उच्च दाब वाले दहन-कक्ष से गैसें जब बाहर आती हैं तो वे बाहर के कम दाब वाले क्षेत्र में चारों ओर फैल

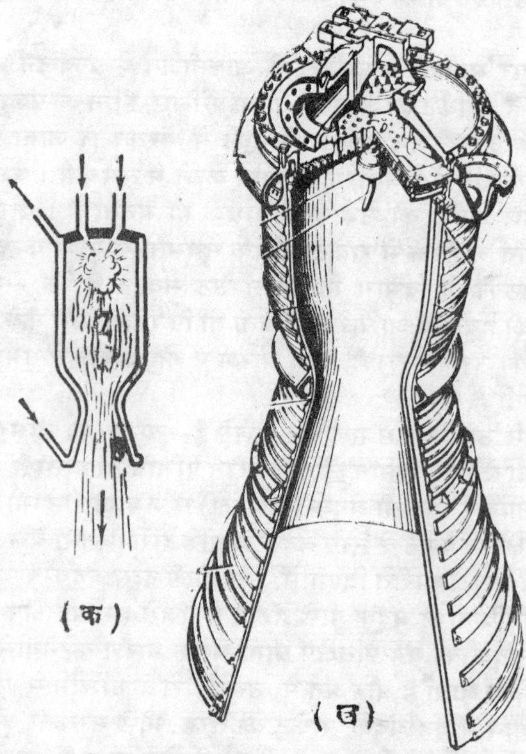

द्रव-प्रणोदक राकेट-इजन का दहन-कक्ष (प्रतिक्रिया कक्ष) : (क) आयोजन आरेख, और (ख) एक द्रव-प्रणोदक राकेट-इंजन के दहन-कक्ष का काट । 1. आक्सीकर का संभरण 2. ईंधन का संभरण, 3. शीतक निर्गमन, 4. शीतक संभरण, 5. द्रव आक्सीजन का संभरण, 6. द्रव ईंधन (कैरोसीन) के संभरण की नलिका,! 7. दहन-कक्ष, 8. जेट तुंड ।

जाती हैं । दहन-कक्ष के उस छेद के पास यदि एक तुंड जोड़ दिया जाए तो बाहर निकलने वाली गैसें ठीक पीछे की ओर ही दौड़ेंगी ।

राकेट के दहन-कक्ष में जलने वाला ईंधन ठोस हो सकता है, द्रवरूप हो सकता है और गैसीय रूप में भी हो सकता है । पुराने जमाने के राकेटों में बारूद के चूर्ण का इस्तेमाल होता था । ठोस ईंधन वाले ऐसे राकेटों की कठिनाई यह है कि एक बार शुरू करने पर फिर इन्हें बंद करना सहज संभव नहीं है । इनको नियंत्रित करना भी कठिन काम है । फिर भी ठोस ईंधन वाले राकेटों का काफी इस्तेमाल होता है । गैसीय ईंधन वाले राकेटों का भी

इस्तेमाल हुआ है, परंतु गैसाय इधन के लिए बड़े राकेट का निर्माण करना होता है। अधिक ऊँचाई तक पहुँचने के लिए द्रव ईंधन वाले राकेट ही अधिक उपयोगी सिद्ध हुए हैं।

राकेटों में अल्कोहल, कैरोसीन, पेट्रोल तथा द्रव हाइड्रोज जैसे ईंधनों का इस्तेमाल होता है। राकेट के एक हिस्से में इनमें से किसी एक ईंधन की टंकी होती है और दूसरे हिस्से में आक्सीकर (द्रव आक्सीजन) की। ये दो द्रव जब राकेट के दहन-कक्ष में पहुँचते हैं तो ये स्वयं प्रज्वलित होते हैं या प्रज्वलित किए जाते हैं। इनके जलने से दहन-कक्ष में गैसें पैदा होती हैं जो उसके तुंड के जेट के रूप में तीव्र वेग से बाहर दौड़ती हैं।

राकेट को उच्च वेग प्रदान करने के लिए, यानी दहन-कक्ष से बाहर आनेवाली गैसों के जेट को उच्च वेग प्रदान करने के लिए, यह जरूरी है कि दहन-कक्ष में बड़ी तेज रफ्तार से ईंधन तथा आक्सीकर पहुँचते रहें। आजकल के बड़े राकेटों के दहन-कक्षों में प्रति सेकंड कई टन ईंधन पहुँचाना होता है। उदाहरण के लिए, मानव को चंद्रमा पर पहुँचाने वाले तीन स्तरीय **सैटर्न-5** राकेट के निचले स्तर या खंड में कुल मिलाकर करीब 2100 टन ईंधन (कैरोसीन और द्रव आक्सीजन) होता है। यह सारा ईंधन उस खंड में दहन-कक्ष में पहुँचकर आरंभ के केवल 160 सेकंडों में जल जाता है। राकेट के उस खंड के 5 शक्तिशाली इंजन टंकियों के ईंधन को दहन-कक्ष में पहुँचाते रहते हैं।

सैद्धांतिक रूप से राकेट की संरचना काफ़ी सरल प्रतीत होती है, परंतु इसके निर्माण में अनेक कठिनाइयाँ हैं। सिद्धांत रूप से हम जानते हैं कि राकेट के दहन-कक्ष या प्रतिक्रिया कक्ष में जलने वाले द्रव जितने ही अधिक ज्वलनशील होंगे उतने ही अधिक वेग से उनकी गैसों का जेट तुंड से बाहर दौड़ेगा, यानी उतनी ही तेजी से राकेट को आगे ठेला जाएगा। अतः अक्सर सोचा जाता है कि अति ज्वलनशील ईंधन को प्राप्त करने से सारी कठिनाइयाँ सुलझ जाएँगी। परंतु वस्तुस्थिति कुछ भिन्न है। बाहर आनेवाली गैसों के जेट का वेग बहुत अधिक हो, इसके लिए जरूरी है कि राकेट के दहन-कक्ष का तापमान भी बहुत अधिक हो। लेकिन कितना अधिक?

जर्मनी के **व्ही-2** राकेटों में अल्कोहल और द्रव आक्सीजन का इस्तेमाल होता था। इन ईंधनों की पूरी रासायनिक क्षमता का उपयोग किया जाए तो इनसे करीब 15,000 किलोमीटर प्रति घंटे का निकास वेग प्राप्त किया जा सकता है। परंतु तब राकेट के दहनकक्ष में तापमान 9000° सेंटीग्रेड पर पहुँच जाएगा! इतने ऊँचे तापमान को धारण करने वाले कक्ष का निर्माण संभव नहीं है, क्योंकि फौलाद भी 1300° सेंटीग्रेड तापमान पर

पिघल जाता है। हाँ, दहन-कक्ष की दीवारों को ठंडा रखने की व्यवस्था करने पर इसके भीतर 3000° सेंटीग्रेड तक का तापमान धारण किया जा सकता है। सभी राकेटों में इस प्रकार की व्यवस्था की जाती है।

अब **सैटर्न-5** राकेट के आयामों पर थोड़ा विचार कीजिए। इस राकेट में तीन खंड होते हैं। इसके सिरे पर खड़े अपोलो-यान को मिलाकर पूरे वाहन की ऊँचाई 109 मीटर होती है। तुलना में महरौली (दिल्ली) के प्रख्यात कुतुब-मीनार की ऊँचाई सिर्फ 72.5 मीटर है। 24.6 मीटर ऊँचे अपोलो-यान को हटा दिया जाए, तो भी सैटर्न-5 राकेट की ऊँचाई कुतुब-मीनार से करीब 12 मीटर अधिक रहती है।

सैटर्न-5 के प्रथम खंड (निचले खंड) की ऊँचाई 42 मीटर होती है और इसकी गोलाई का व्यास 10 मीटर होता है (सतह पर कुतब-मीनार का व्यास 14.32 मीटर है)। इस प्रथम खंड की ईंधन की टंकी में 8,10,000 लिटर कैरोसीन और आक्सीकर की टंकी में 13,11,000 लिटर द्रव आक्सीजन होता है। ईंधन और आक्सीकर के भरे जाने पर पूरे प्रथम खंड का भार 22,42,000 किलोग्राम होता है। इनमें से केवल ईंधन और आक्सीकर का सम्मिलित भार ही 20,80,000 किलोग्राम होता है, जिसे इस खंड के पाँच शक्तिशाली इंजन 160 सेकंडों में जला डालते हैं!

सैटर्न-5 राकेट के प्रथम खंड में जो पाँच इंजन होते हैं, वे **एफ-1** इंजन कहलाते हैं। घंटी के आकार का एफ-1 इंजन दो मंजिल के मकान जितना ऊँचा और अपने आधार पर करीब 3.5 मीटर चौड़ा होता है। एक इंजन का भार 8400 किलोग्राम होता है। यह प्रति सेकंड 2700 किलोग्राम **प्रणोदक** (ईंधन और आक्सीकर, जिनके जलने से वाहन को 'प्रणोद' यानी गति मिलती है) को जलाता है, जिससे इसके दहन-कक्ष में तापमान 3315^0 सेंटीग्रेड पर पहुँच जाता है। दहन-कक्ष को बाहर से ठंडा करने की व्यवस्था रहती है, इसीलिए उसके भीतर इतने ऊँचे तापमान को धारण करना संभव है।

ऐसा यह एफ-1 इंजन 6,80,000 किलोग्राम ठेल (थ्रस्ट) पैदा करने में समर्थ होता है। अतः पाँचों इंजनों की ठेल होगी 34,00,000 किलोग्राम। निचले खंड के इन पाँच इंजनों की शक्ति से ही यान सहित पूरा राकेट ऊपर उठता है। अपोलो-यान सहित पूरे राकेट का भार करीब 30,00,000 किलोग्राम (3000 मेट्रिक टन) होता है। अर्थात्, निचले खंड के पाँचों इंजनों की सम्मिलित ठेल-क्षमता से पूरे राकेट-यान का भार थोड़ा ही कम होता है।

पाँचों एफ-1 इंजन कुल मिलाकर प्रति सेकंड 13,600 किलोग्राम (करीब 14 टन) प्रणोदक जलाते हुए बहुत ही धीमी गति से राकेट-यान को

ऊपर उठाते हैं। यह कहना बेहतर होगा कि इन इंजनों की शक्ति से उनके दहन-कक्षों में पहुँचने वाले प्रणोदक के जलने से गैसों के जो जेट बाहर दौड़ते हैं उनकी प्रतिक्रिया से राकेट-यान ऊपर उठता है। आरंभ के दस सेकंडों में राकेट-यान अपनी ऊँचाई (109 मीटर) जितना ही ऊपर उठता है, परंतु इतने ही समय में इसका 1,36,000 किलोग्राम प्रणोदक जलकर गैसों के जेट के रूप में बाहर निकल आता है, यानी आरंभ के केवल दस सेकंडों में ही राकेट-यान करीब 140 टन हल्का हो जाता है!

आगे भी वे पाँचों इंजन इसी रफ्तार से प्रणोदक जलाते जाते हैं, परंतु शनैः-शनैः राकेट का वजन घटता जाता है, इसलिए उसको अधिकाधिक गति मिलती है। यात्रारंभ के 160 सेकंड बाद प्रथम खंड का सारा प्रणोदक जल जाता है। उस समय राकेट-यान धरातल से 64 किलोमीटर ऊपर होता है और उसका वेग होता है 8850 किलोमीटर प्रति घंटा। उस स्थिति में राकेट का निचला खंड उससे अलग हो जाता है और दूसरे खंड के इंजन शुरू हो जाते हैं।

पूरे राकेट-यान का भार करीब 3000 टन होता है। इसमें से पूरे प्रथम खंड का भार ही करीब 2200 टन होता है। अतः जब प्रथम खंड अलग हो जाता है, तो शेष राकेट-यान का भार सिर्फ 800 टन रह जाता है।

राकेट का बेलनाकार दूसरा खंड 24.5 मीटर ऊँचा और उतना ही चौड़ा होता है जितना कि प्रथम खंड। इस दूसरे खंड में भी पाँच इंजन होते हैं, परंतु ये कुछ भिन्न किस्म के इंजन होते हैं। इन्हें **जे-2** इंजन कहते हैं। ये इंजन द्रव हाइड्रोजन ईंधन के लिए बनाए गए हैं। राकेट के दूसरे खंड में ईंधन द्रव हाइड्रोजन और आक्सीकर द्रव आक्सीजन होता है। द्रव आक्सीजन और द्रव हाइड्रोजन का प्रणोदक मिश्रण अत्यंत शक्तिशाली होता है—कैरोसीन तथा द्रव आक्सीजन के मिश्रण से 60 प्रतिशत अधिक शक्तिशाली। हाइड्रोजन कैरोसीन से 8 गुना हल्का होता है, परंतु यह 75 प्रतिशत अधिक ऊर्जा पैदा करता है। परंतु ईंधन के रूप में द्रव हाइड्रोजन का इस्तेमाल बड़ी ही सावधानी से करना पड़ता है। द्रव हाइड्रोजन -253^0 सेंटीग्रेड तापमान पर उबलता है और द्रव आक्सीजन -173^0 सेंटीग्रेड तापमान पर। अतः इन दोनों द्रवों को इनके क्वथनांकों से कम तापमान पर रखना होता है। सैटर्न-5 राकेट के दूसरे खंड में इन दो द्रवों के बीच में सिर्फ एक पतली चद्दर होती है। इस चद्दर में यदि छोटा सूराख हो जाए और आक्सीजन द्रव-हाइड्रोजन की टंकी में पहुँच जाए तो उसमें भयानक विस्फोट हो सकता है!

सैटर्न-5 के दूसरे खंड के पाँच जे-2 इंजन 5,00,000 किलोग्राम ठेल (थ्रस्ट) पैदा करते हैं और करीब 6 मिनटों में 441 टन प्रणोदक (द्रव हाइड्रोजन तथा द्रव आक्सीजन) जलाते हैं। परिणामतः राकेट-यान 182

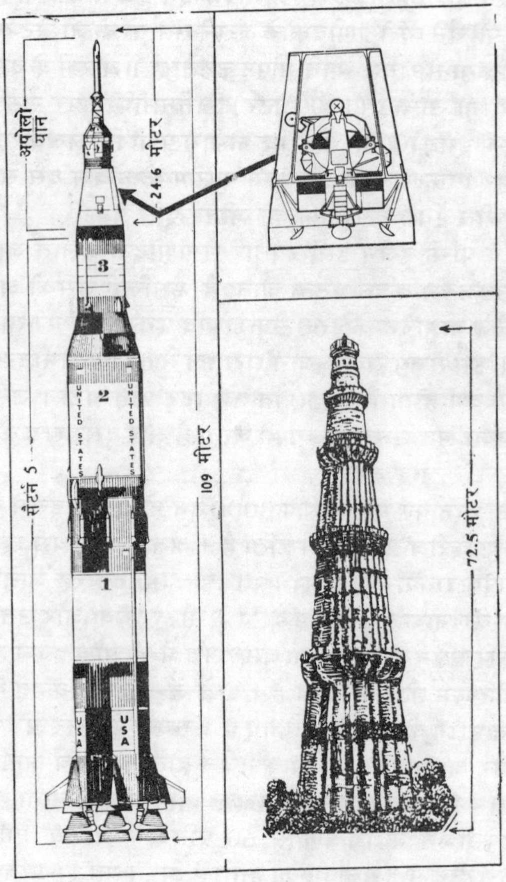

सैटर्न-5 राकेट-यान और कुतुब-मीनार ।

सैटर्न-5 राकेट के तीन खण्डों को 1, 2 व 3 से दर्शाया गया है । तीसरे खंड के ऊपर नियंत्रण यंत्रों का कक्ष होता है और उसके ऊपर अपोलो-यान को स्थापित किया जाता है । अपोलो-यान के संयोजन में नीचे की ओर वह चांद्र-मॉड्यूल (दाईं ओर ऊपर) रहता है जो अंत में चंद्रतल पर उतरता है । चांद्र-मॉड्यूल के ऊपर सेवा तथा आदेश मॉड्यूल स्थापित किए जाते हैं । सबसे ऊपर राकेट की वह मीनार रहती है जो यात्रा के आरंभिक दौर की किसी संकटकालीन स्थिति में अंतरिक्ष-यात्रियों को धरातल पर वापिस उतार सकती है ।

किलोमीटर ऊपर पहुँच जाता है और तब उसका वेग होता है लगभग 24,000 किलोमीटर प्रति घंटा या लगभग 7 किलोमीटर प्रति सेकंड। तदनंतर यह दूसरा खंड भी शेष राकेट-यान से अलग हो जाता है।

पहले हमने बताया कि किसी भी यान को पृथ्वी के ऊपर वृत्तीय कक्षा में स्थापित करने के लिए उसे कम से कम 7.9 किलोमीटर प्रति सेकंड का वेग प्रदान करना जरूरी होता है। हमने यह भी देखा है कि सैटर्न-5 राकेट के दो खंड अपना कुल लगभग 2520 टन ईंधन (प्रणोदक) खर्च कर चुके हैं, परंतु तब भी राकेट-यान को करीब 8 किलोमीटर प्रति सेंकड का वेग नहीं मिला है!

इसीलिए दूसरे खंड के अलग हो जाने पर तीसरे और अंतिम खंड का इंजन शुरू होता है। सैटर्न-5 का तीसरा खंड 17.5 मीटर ऊँचा और 118 टन भारी होता है। इस खंड में केवल एक जे-2 इंजन होता है और दूसरे खंड की तरह प्रणोदक होता है—द्रव हाइड्रोजन तथा द्रव आक्सीजन। यही एक इंजन शेष राकेट-यान को प्रति घंटे 28,000 किलोमीटर वेग तथा 185 किलोमीटर की ऊँचाई तक पहुँचा देता है। इतना वेग राकेट-यान को वृत्तीय कक्षा में स्थापित करने के लिए पर्याप्त है। अतः राकेट-यान जैसे ही कक्षा में स्थापित हो जाता है, वैसे ही तीसरे खंड का इंजन बंद हो जाता है। किंतु यह तीसरा खंड यान से अलग नहीं होता, क्योंकि आगे पुनः इस तीसरे खंड के इंजन की जरूरत पड़ती है।

धरातल से उठने के बाद केवल 12 मिनटों के भीतर ही राकेट-यान 185 किलोमीटर के ऊपर वृत्तीय कक्षा में यात्रा करने लगता है। इसी बीच राकेट के दो खंड उससे अलग हो जाते हैं और अधिकांश ईंधन जल जाता है।

राकेट-यान के वृत्तीय कक्षा में स्थापित होने के बाद यह केवल पृथ्वी के गुरुत्वाकर्षण-बल के अंतर्गत परिक्रमा करता रहता है। आगे यान को चंद्रमा की ओर जाना होता है। इसलिए दो-तीन परिक्रमाओं की अवधि में अंतरिक्ष-यात्री यान के यंत्रों तथा कलपुर्जों की जाँच-पड़ताल करते हैं। फिर उचित समय पर और सही दिशा में तीसरे खंड का वह इंजन पुनः शुरू कर दिया जाता है। इससे राकेट-यान को लगभग 39,260 किलोमीटर प्रति घंटे का वेग मिलता है। यह वेग लगभग 11 किलोमीटर प्रति सेकंड के बराबर है।

पहले हमने बताया है कि 7.9 किलोमीटर प्रति सेकंड का वेग प्रदान करने से यान या उपग्रह पृथ्वी की वृत्तीय कक्षा में स्थापित हो जाता है और इससे ऊपर करीब 11.1 किलोमीटर प्रति सेकंड तक के वेग प्रदान करने से यान को विभिन्न दीर्घवृत्तीय कक्षाओं में स्थापित किया जा सकता है। 11.2

किलोमीटर प्रति सेकंड या इससे अधिक का वेग प्रदान किया जाए, तो यान पृथ्वी के गुरुत्वाकर्षण को लाँघते हुए परवलय की कक्षा में यात्रा करने लगता है।

सैटर्न-5 के तीसरे खंड का इंजन पुनः चालू करने पर जब इसे 39,260 किलोमीटर प्रति घंटे (लगभग 11 किलोमीटर प्रति सेकंड) का वेग मिलता है तो यह वृत्तीय कक्षा से दीर्घवृत्तीय कक्षा में यात्रा करने लगता है। यद्यपि यह चंद्रमा की ओर तेजी से आगे बढ़ता है, फिर भी यह पृथ्वी के गुरुत्वीय बंधन से मुक्त नहीं होता।

सैटर्न-5 के तीसरे खंड के ऊपर 1 मीटर ऊँचे और 6.6 मीटर चौड़े एक छोटे खंड में पूरे राकेट का 'मस्तिष्क' होता है। इस मस्तिष्क में राकेट के संचालन के लिए आवश्यक सारे यंत्र-उपकरण स्थापित किए जाते हैं। इस खंड के ऊपर ही अपोलो-यान होता है।

राकेट के तीसरे खंड तथा 'मस्तिष्क' सहित अपोलो-यान जब चंद्रमा की ओर आगे बढ़ता है, तो आगे जाकर यान के संचालन-कक्ष को 180^0 में घुमाकर चंद्रयान के साथ जोड़ा जाता है। तदनंतर राकेट के तीसरे खंड तथा उसके ऊपर के 'मस्तिष्क' की उपयोगिता समाप्त हो जाती है और ये अपोलो-यान से अलग हो जाते हैं।

अपोलो-यान सहित प्रणोदकों से भरा हुआ पूरा सैटर्न-5 राकेट जब धरातल पर खड़ा था, तो उसका भार लगभग 3000 टन था। इसमें पूरे अपोलो-यान का भार लगभग 45 टन ही है। इसका अर्थ यह हुआ कि 45 टन के अपोलो-यान को दीर्घवृत्तीय कक्षा में स्थापित करने के लिए 3000 टन भार के पूरे राकेट-यान को धरातल से ऊपर भेजना होता है!

सैटर्न-5 राकेट का तीसरा खंड अपने आंशिक प्रणोदक तथा अपोलो-यान सहित करीब 185 किलोमीटर ऊपर वृत्तीय कक्षा में स्थापित हो गया था, तो उसका भार सिर्फ 135 टन था।

उपर्युक्त जानकारी से स्पष्ट होता है कि 135 टन भार के यान को वृत्तीय कक्षा में स्थापित करने के लिए और 45 टन भार के यान को दीर्घवृत्तीय कक्षा (चंद्रमा तक पहुँचाने वाली कक्षा) में स्थापित करने के लिए धरातल से ऊपर उठने वाले पूरे राकेट-यान का भार लगभग 3000 टन होना चाहिए। यह भी स्मरण रखना जरूरी है कि यह सब तीन खंडों वाले राकेट से संभव है।

ससार क प्रथम अंतरिक्ष-यात्री यूरी गगारिन ने **वोस्ताक** यान म यात्रा की थी (12 अप्रैल, 1961)। पृथ्वी की कक्षा में स्थापित हो जाने पर धरातल से इस वोस्तोक-यान की महत्तम ऊँचाई 327 किलोमीटर और न्यूनतम ऊँचाई 181 किलोमीटर थी। वोस्तोक-यान का भार 4.73 टन था।

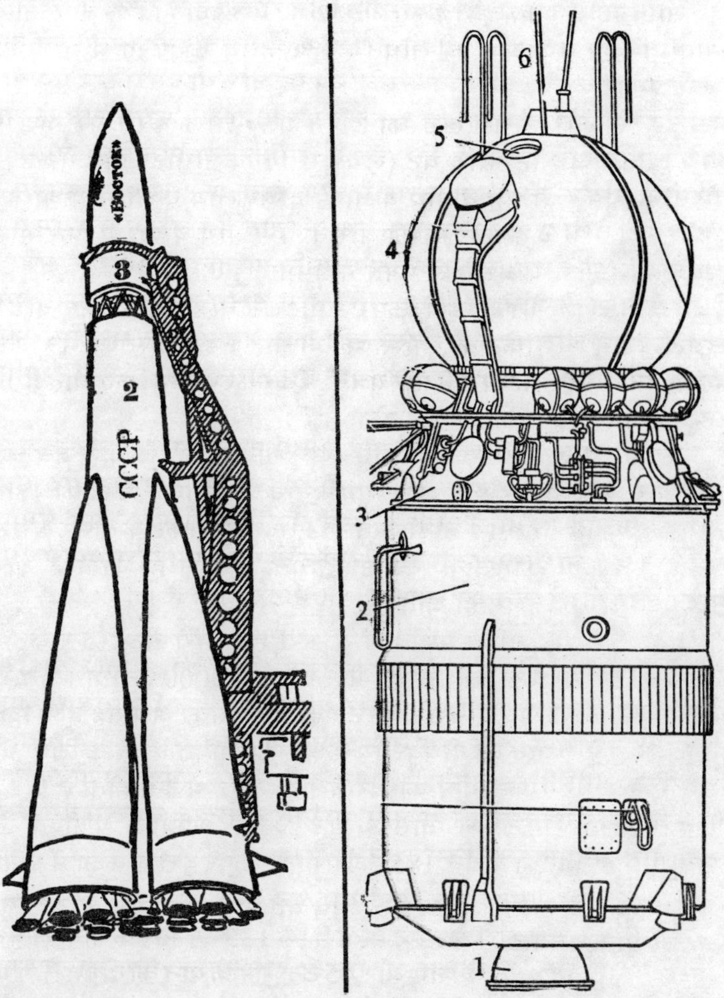

(बाईं ओर) सोवियत संघ का वोस्तोक-यान वाहक शक्तिशाली राकेट, जिसके तीन खंड क्रमशः 1, 2 व 3, से दर्शाए गए हैं। तीसरे खंड के ऊपर 'वोस्तोक' यान को स्थापित किया जाता है।

(दाईं ओर) तीसरे खंड सहित वोस्तोक-यान, जिसके प्रमुख भाग हैं : 1. तीसरे खंड के इंजन का तुंड, 2. राकेट का तीसरा खंड, 3. यंत्र-कक्ष, 4. अंतरिक्ष-यात्री का संपुट, 5. खिड़की, 6. ऐंटेना।

सोवियत संघ के ये वोस्तोक-यान जिन राकेटों द्वारा पृथ्वी की कक्षा में स्थापित किए गए थे, वे भी तीन खंडों के हैं, परंतु इनका संयोजन कुछ भिन्न प्रकार का है। वोस्तोक-राकेट का पहला तथा दूसरा खंड एकसाथ बँधे रहते हैं और तीसरा खंड इनके ऊपर होता है। प्रथम खंड के चार भाग द्वितीय खंड के चारों ओर उसके समांतर स्थापित किए जाते हैं। वोस्तोक-राकेट के प्रथम तथा द्वितीय खंड के प्रत्येक इंजन में 4 दहन-कक्ष तथा 2 या 4 नियंत्रण-कक्ष भी होते हैं। आरंभ में प्रथम तथा द्वितीय खंड के इंजनों को एकसाथ शुरू किया जाता है। प्रथम खंड का ईंधन समाप्त हो जाने पर उसके चारों भाग अलग हो जाते हैं, परंतु दूसरे खंड के इंजन चालू रहते हैं। दूसरे खंड के अलग हो जाने पर तीसरे खंड का इंजन शुरू होता है। वोस्तोक-यान इस तीसरे खंड के ऊपर स्थापित रहता है।

पूरे वोस्तोक-राकेट की ऊँचाई 38 मीटर होती है, दूसरे खंड की 28 मीटर और तीसरे खंड की 10 मीटर। प्रथम खंड के चार भाग, जिनकी ऊँचाई 19 मीटर होती है, दूसरे खंड के चारों ओर उसके समांतर जुड़े होते हैं। आधार पर वोस्तोक-राकेट के घेरे का महत्तम व्यास 10.3 मीटर और तीसरे खंड का व्यास 2.58 मीटर होता है।

राकेट की शक्ति तथा कार्यकुशलता उसके इंजनों की क्षमता तथा उसमें प्रयुक्त प्रणोदकों के गुणों पर निर्भर करती है। इंजन के तुंड से बाहर दौड़ने वाले गैस-जेट के वेग तथा इंजन की ठेल से राकेट की शक्ति निर्धारित होती है। इंजन की शक्ति तथा उसमें प्रयुक्त प्रणोदक द्वारा गैस-जेट का वेग निर्धारित हो जाए, तो फिर राकेट का महत्तम वेग केवल 'द्रव्यमान अनुपात' पर निर्भर करता है।

$$\text{द्रव्यमान अनुपात} \quad \frac{\text{ईंधन तथा यान सहित संपूर्ण राकेट का द्रव्यमान}}{\text{ईंधन के अलावा शेष राकेट-यान का द्रव्यमान}}$$

राकेट का महत्तम वेग इस 'द्रव्यमान अनुपात' पर निर्भर करता है। राकेट की टंकियों में जितना ही अधिक ईंधन भरा जाएगा उतना ही वह, ईंधन के जल जाने पर, अधिक वेग प्राप्त करेगा। परंतु राकेट में ईंधन भरे जाने की भी एक सीमा है।

आजकल के रासायनिक ईंधनों से इंजन के दहन-कक्ष के बाहर आनेवाले गैस-जेट को 3 से 4½ किलोमीटर प्रति सेकंड की गति दी जा सकती है। परंतु हम जानते हैं कि राकेट-यान को पृथ्वी की वृत्तीय कक्षा

में स्थापित करने के लिए इसे लगभग 8 किलोमीटर प्रति सेकंड के वेग पर पहुँचाना होता है। एक खंड वाले राकेट से इतना वेग प्राप्त करना संभव नहीं है। किसी एक खंड वाले राकेट को इतना वेग देना हो तो उसमें उसके संपूर्ण भार का करीब 95 प्रतिशत ईंधन (प्रणोदक) ही भरना होगा। तब उस राकेट-यान का द्रव्यमान अनुपात होगा 100/5 = 20।

उड़ान के लिए सज्ज किसी राकेट में 95 टन प्रणोदक (ईंधन तथा आक्सीकर) हो और उसके शेष अंगों (ढांचा, इंजन, यंत्र, यान, अंतरिक्ष-यात्री आदि) का भार केवल 5 टन ही हो, तो ऐसा राकेट बनाना कम-से-कम आज तो संभव नहीं है। तात्पर्य यह कि 20 द्रव्यमान अनुपातवाला एक खंडीय राकेट-यान बनाना संभव नहीं है।

किंतु तीन खंडोंवाले राकेट से यह अनुपात प्राप्त करना संभव है। पीछे सैटर्न-5 तथा अपोलो-यान की जानकारी देते समय हमने बताया है कि अंतरिक्ष-अड्डे के प्रक्षेपण मंच पर खड़े राकेट-यान का भार लगभग 3000 टन था। पहला और दूसरा खंड अलग होने पर तथा तीसरे खंड का ईंधन आंशिक रूप से खर्च हो जाने पर जब शेष राकेट-यान पृथ्वी की वृत्तीय कक्षा में स्थापित हो गया तो उसका भार था लगभग 150 टन। यहाँ द्रव्यमान अनुपात 20 है, जो यान को पृथ्वी की वृत्तीय कक्षा में स्थापित करने के लिए पर्याप्त है। अतः स्पष्ट है कि एक खंडवाले राकेट से यान को वृत्तीय कक्षा में स्थापित करना संभव नहीं है।

राकेट धरती से ऊपर उठते समय पृथ्वी के गुरुत्वाकर्षण-बल तथा हवा के कर्षण के विरोध में कार्य करता है। अतः यह जितना ही अधिक हल्का होता जाएगा, उतना ही तेजी से आगे बढ़ेगा। जिन टंकियों का ईंधन खर्च हो चुका है, उन्हें ढोते जाने में कोई लाभ नहीं है। एक खंडवाले राकेट में यही करना पड़ता है। किंतु राकेट यदि दो, तीन या चार खंडों का हो तो एक-एक करके पहले, दूसरे तथा तीसरे खंड को पीछे छोड़ा जा सकता है। फलतः अंत में अधिक द्रव्यमान-अनुपात प्राप्त होगा। अधिक द्रव्यमान- अनुपात का अर्थ है—अधिक वेग।

कभी-कभी यह पूछा जाता है कि, राकेट को धीरे-धीरे अधिकाधिक वेग देने की बजाय धरातल से ही उसे पलायन वेग क्यों नहीं दिया जा सकता? पहली बात यह है कि ऐसा संभव नहीं है। दूसरी बात यह है कि अत्यधिक वेग से राकेट को धरातल से उठाया जाए तो वायुमंडल की हवा के साथ तेजी से घर्षण होने से इसे क्षति पहुँचेगी।

कभी-कभी यह भी पूछा जाता है कि, राकेट को धीरे-धीरे ऊपर क्यों नहीं उठाया जाता? यह संभव है, परंतु ऐसे राकेट के लिए ईंधन की कल्पनातीत मात्रा आवश्यक होगी। पाठकों को स्मरण होगा कि

सैटर्न-5 राकेट आरंभ के 10 सेकंडों में सिर्फ 109 मीटर ऊपर उठता है और इस अवधि में करीब 140 टन ईंधन खर्च कर डालता है !

धरातल से ऊपर राकेट को स्थिर रखने के लिए भी ईंधन खर्च करना पड़ता है । सैटर्न-5 के प्रथम खंड के पाँच इंजन आरंभ में यदि 14 टन प्रति सेकंड से कुछ कम ईंधन खर्च करते हैं, तो वह राकेट-यान धरातल से ऊपर उठेगा ही नहीं !

शक्तिशाली सैटर्न-5 राकेट के बाद अमरीका अंतरिक्ष शटलों के निर्माण में जुट गया । 1981 से कोलंबिया, चैलेंजर, डिस्कवरी तथा अटलांटिस नामक शटलयानों की अनेक अंतरिक्ष-यात्राएँ हुईं ।

अमरीकी अंतरिक्ष-शटल 'डिस्कवरी

अंतरिक्ष शटल की सबसे बड़ी विशेषता यह है कि केवल ईंधन की एक बड़ी टंकी ही इसमें बेकार जाती है, बाकी सारी चीजें उपयोग के बाद वापस आती हैं और फिर इस्तेमाल की जा सकती हैं । एक विमान-जैसे यान में तीन राकेट-इंजन लगे होते हैं । इसके साथ जुड़ी हुई एक विशाल टंकी से इन तीन इंजनों को ईंधन मिलता है । इसके अलावा दो बूस्टर-राकेट और होते हैं ।

तीनों इंजन और दोनों बूस्टर-राकेट एक साथ प्रज्ज्वलित होकर शटलयान को ऊपर उठाते हैं । बूस्टरों का ईंधन समाप्त हो जाने पर ये

पैराशूटों से नीचे समुद्र में आ गिरते हैं। इनका फिर से इस्तेमाल हो सकता है। शटलयान जब कक्षा में मुड़ जाता है, तो ईंधन की टंकी भी नीचे गिर जाती है।

इसके बाद शटलयान कक्षा में परिक्रमा करता है। वापसी यात्रा वायुमंडल में मुक्त रूप से होती है; एक विमान की तरह शटलयान हवाई पट्टी पर उतरता है। इस शटलयान का पुनः-पुनः उपयोग किया जा सकता है।

अंतरिक्ष में पहुँचनेवाले अमरीकी शटल की लंबाई करीब 37 मीटर और ऊँचाई 17 मीटर है। राकेटों सहित पूरा यान धरती से उठता है तो इसका कुल भार करीब 20 लाख किलो रहता है, और धरती पर वापस आने पर यह केवल 80 हजार किलो रह जाता है। अंतरिक्ष शटल के **माल कक्ष** (कार्गो बे) में करीब 30 हजार किलो माल ढोया जा सकता है। यह यान लगभग 800 किलोमीटर की ऊँचाई पर यात्रा कर सकता है।

चैलेंजर शटलयान 28 जनवरी, 1986 को अंतरिक्ष अड्डे से उठने के 73 सेकंड बाद ही विस्फोटित हो गया था। उसमें सवार सात अंतरिक्ष-यात्रियों की मृत्यु हो गई।

ढाई साल बाद सितंबर 1988 में अमरीका ने डिस्कवरी शटलयान का पुनः सफल परीक्षण किया। इस बीच सोवियत संघ ने भी अपना एक शटल अंतरिक्षयान (बुरान) बना लिया है। सोवियत संघ ने 'एनर्जिया' नामक एक अधिक शक्तिशाली राकेट भी बना लिया है।

यहाँ हमने राकेट की रचना तथा संचालन का थोड़ा-सा सैद्धांतिक विवेचन किया है। वस्तुतः बड़े राकेटों के निर्माण में इंजीनियरी तथा टेक्नालॉजी की अनगिनत समस्याएँ हैं।

अब तक हमने ऐसे ही राकेटों की चर्चा की है जिनमें रासायनिक ईंधनों का इस्तेमाल होता है। परंतु नाभिकीय ऊर्जा से चल सकनेवाले राकेटों पर भी खोज-कार्य हो रहा है। रासायनिक ईंधनों से चलनेवाले राकेटों की अपनी सीमाएँ हैं। सुदूर अंतरिक्ष की यात्राओं के लिए मानव को अधिक तीव्रगामी राकेटों का निर्माण करना ही होगा। आगे, भविष्य की अंतरिक्ष-यात्राओं पर विचार करते समय, हम भविष्य के राकेटों पर भी थोड़ा विचार करेंगे।

पार्थिव अंतरिक्ष की यात्रा

हमने देखा है कि यदि किसी राकेट-यान को करीब 8 किलोमीटर प्रति सेकंड का वेग प्रदान किया जाए तो वह वृत्ताकार कक्षा में पृथ्वी की परिक्रमा करने लग जाएगा। 8 से करीब 11 किलोमीटर प्रति सेकंड तक का वेग प्रदान किया जाए तो वही यान दीर्घवृत्ताकार कक्षाओं में पृथ्वी की परिक्रमाएँ करेगा।

प्रस्तुत प्रकरण में हमें ऐसे ही उपग्रहों या अंतरिक्ष-यानों पर विचार करना है जो वृत्तीय या दीर्घवृत्तीय कक्षाओं में पृथ्वी की परिक्रमाएँ करते हैं। चंद्रमा तक पहुँचनेवाला यान भी दीर्घवृत्तीय कक्षा में ही यात्रा करता है, परंतु चंद्रयात्रा की विस्तृत चर्चा हम आगे करेंगे। यहाँ हम देखेंगे कि कृत्रिम उपग्रह किस प्रकार पृथ्वी की परिक्रमाएँ करते हैं और इनकी उपयोगिता क्या है। हम यह भी देखेंगे कि मानव-युक्त यान किस प्रकार पृथ्वी की परिक्रमाएँ करते हैं और इन यानों में अंतरिक्ष-यात्रियों को किन परिस्थितियों का सामना करना पड़ता है।

अब पृथ्वी के ऊपर अंतरिक्ष में स्थायी प्रयोगशालाएँ या स्टेशन स्थापित करने के प्रयास जारी हैं। अंतरिक्ष के गहन अनुसंधान या भविष्य की अंतरिक्ष-यात्राओं की दृष्टि से इन स्थायी स्टेशनों का बड़ा महत्त्व है। वस्तुतः पृथ्वी के समीप के अंतरिक्ष में वैज्ञानिक उपकरणों से सज्ज उपग्रहों को स्थापित करने से ही अधिक लाभ हुआ है। और, अंतरिक्ष-यात्रा के युग का आरंभ भी इसी प्रयास से हुआ है।

दूसरे महायुद्ध के बाद राकेटों से ऊपरी वायुमंडल का अनुसंधान शुरू हो गया था। ये राकेट दो-तीन सौ किलोमीटर ऊपर उठते थे, परंतु चंद मिनटों के बाद ही धरातल पर लौट आते। ऐसे राकेटों से ऊपरी वायुमंडल के बारे में विस्तृत एवं ठोस जानकारी प्राप्त करना संभव नहीं था। वैज्ञानिक उपकरणों से युक्त कोई उपग्रह कक्षा में स्थापित करने से ही ऊपरी वायुमंडल के बारे में कुछ अधिक जानकारी प्राप्त करना संभव था। वैज्ञानिक सन् 1950 के आसपास से कृत्रिम उपग्रहों को कक्षाओं में स्थापित करने के बारे में सोचने लगे।

कुछ समय बाद **अंतर्राष्ट्रीय भूभौतिकीय वर्ष** (1957-1958 ई.) की योजना बनी। इस योजना का उद्देश्य था—पृथ्वी का व्यापक वैज्ञानिक अध्ययन करना। और इसमें संसार के अनेक देश भाग ले रहे थे। सन् 1955 में पहले सोवियत संघ ने (15 अप्रैल को) और तदनंतर अमरीका ने (29 जुलाई को) घोषणा की कि वे इस योजना के अंतर्गत अंतरिक्ष में उपग्रह स्थापित करेंगे।

आरंभ में सोवियत संघ की घोषणा को बहुतों ने विशेष महत्त्व नहीं

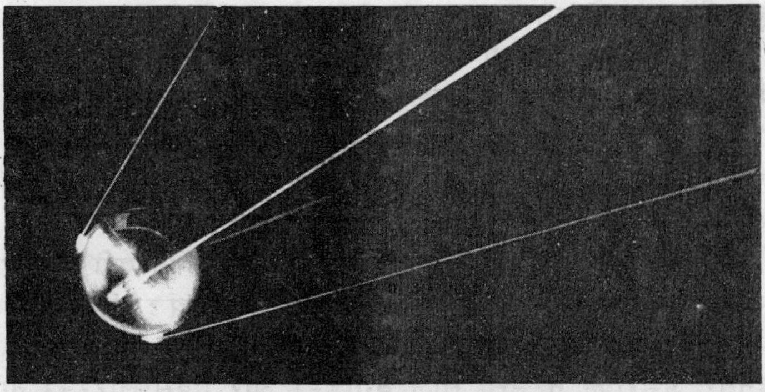

मानव-निर्मित पहला कृत्रिम उपग्रह : स्पूतनिक-1

दिया। अमरीकी घोषणा के बाद उन्होंने अपनी याजना को पुनः दोहराया, तो भी बहुतों को इस बात में संदेह था कि सोवियत वैज्ञानिक 1957-58 ई. में कोई उपग्रह अंतरिक्ष में भेज पाएँगे। परंतु 4 अक्तूबर, 1957 को सोवियत रूस ने **स्पूतनिक-1** उपग्रह को पृथ्वी की कक्षा में स्थापित किया तो सारा संसार चकित रह गया।

स्पूतनिक-1 की अंतरिक्ष-यात्रा मानव जाति के इतिहास में एक अभूतपूर्व घटना थी। सोवियत-संघ और अमरीका ने प्रक्षेपणास्त्रों का निर्माण कर लिया था। बहुस्तरीय राकेट भी ऊपर अंतरिक्ष में भेजे जाते थे। परंतु किसी पिंड को लगभग 8 किलोमीटर प्रति सेकंड का वेग प्रदान करके उसे पृथ्वी के चारों ओर की कक्षा में स्थापित करना अब पहली बार संभव हुआ था।

स्पूतनिक-1 एक वैज्ञानिक उपग्रह था। वस्तुतः रूसी भाषा के 'स्पूतनिक' शब्द का अर्थ ही है 'उपग्रह' या 'सहयात्री'। स्पूतनिक-1 एल्यूमीनियम की मिश्र धातु से तैयार किया हुआ 58 सेंटीमीटर व्यास का और 83.6 किलोग्राम भार का एक गोला था। इसकी सतह को खूब पॉलिश किया गया था, ताकि यह चमके और इसे धरती से देखा जा सके। गोले के

भीतर वैज्ञानिक उपकरण स्थापित किए गए थे और इसमें विद्युत-शक्ति के स्रोत की भी व्यवस्था थी। इसमें ट्रांसमीटर स्थापित किए गए थे और गोले की सतह के साथ चार लंबी ऐंटेनाएँ जुड़ी हुई थीं।

स्पूतनिक-1 की कक्षा का सर्वोच्च बिंदु धरातल से 947 किलोमीटर ऊपर और निम्नोच्च बिंदु 228 किलोमीटर ऊपर था। यह उपग्रह 96 मिनटों में पृथ्वी की एक परिक्रमा पूरी कर लेता था। इस प्रथम उपग्रह ने 92 दिनों तक पृथ्वी की 1400 परिक्रमाएँ कीं और इस बीच लगभग 6,00,00,000 किलोमीटर की यात्रा की। अंत में यह उपग्रह वायुमंडल की घनी परतों में उतर आया और नष्ट हो गया। इस प्रथम उपग्रह से वायुमंडल की ऊपरी परतों के बारे में नई वैज्ञानिक जानकारी मिली और कृत्रिम उपग्रहों की गतियों के बारे में भी नए सूक्ष्म नियम मालूम हुए।

स्पूतनिक-2 में लाइका नामक कुतिया को अंतरिक्ष में भेजा गया था, यह हम पहले बता चुके हैं। यह उपग्रह करीब आधे टन का था। इसकी कक्षा की ऊँचाई भी अधिक थी।

सोवियत संघ के इन दो उपग्रहों के बाद ही 1 फरवरी, 1958 को अमरीका को **एक्सप्लोरर-1** नामक राकेट के ऊपरी खंड सहित करीब 14 किलोग्राम भार का उपग्रह कक्षा में स्थापित करने में सफलता मिली। तदनंतर अमरीका ने उसी साल वैंगार्ड-1 और एक्सप्लोरर-3 नामक उपग्रह कक्षा में स्थापित किए। फिर 15 मई को सोवियत संघ ने **स्पूतनिक-3** को कक्षा में स्थापित किया। यह उपग्रह एक प्रकार की स्वनियंत्रित वैज्ञानिक प्रयोगशाला ही था। 3.57 मीटर लंबे और 1327 किलोग्राम भार के उस उपग्रह में 12 वैज्ञानिक उपकरण स्थापित किए गए थे, जिनका सम्मिलित भार 968 किलोग्राम था। इसमें ट्रांसमीटर भी स्थापित किया गया था।

सन् 1957-58 ई. में अंतरिक्ष में भेजे गए सोवियत संघ और अमरीका के उपग्रहों से ऊपरी वायुमंडल के बारे में अनेक नई बातों की जानकारी मिली। पहले यह समझा जाता था कि चार-पाँच सौ किलोमीटर की ऊँचाई के आयन-मंडल के परे वायुमंडल समाप्त हो जाता है। परंतु इन आरंभिक उपग्रहों के परीक्षणों से पता चला कि वायुमंडल हजारों किलोमीटर की ऊँचाई तक फैला हुआ है। इतना ही नहीं, हजारों किलोमीटर के ऊपर विकिरणों के नए मंडलों का भी पता चला। पृथ्वी के चुंबकीय क्षेत्र में सूर्य-विकिरण के प्रोटोन तथा इलेक्ट्रान फँस जाते हैं, इसलिए इन विकिरण-मंडलों का जन्म होता है। आगे वैज्ञानिक उपग्रहों की सहायता से ऊपरी वायुमंडल के बारे में और भी अधिक बातों की जानकारी मिली।

सोवियत संघ के स्पूतनिक कज़ाकिस्तान के **बैकोनूर** नामक अंतरिक्ष-अड्डे से छोड़े गए हैं। यूरी गगारिन का वोस्तोक-यान भी इसी स्थान से छोड़ा

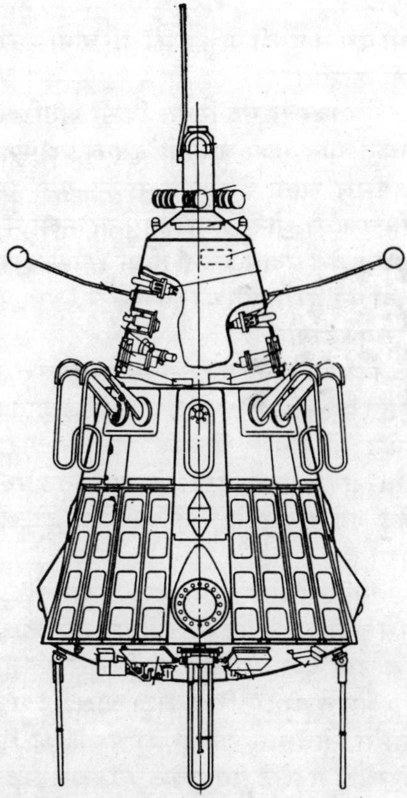

(बाईं ओर) अमरीका का प्रथम उपग्रह एक्सप्लोरर-1
(दाईं ओर) सोवियत संघ का तीसरा उपग्रह स्पूतनिक-3

गया था। सोवियत रूस द्वारा शुक्र और मंगल ग्रह की ओर भेजे गए मानव-रहित अंतरिक्ष-यान भी इसी अंतरिक्ष-अड्डे से ऊपर भेजे गए थे। भारत के आर्यभट, दो भास्कर तथा आई. आर. एस.-1 ए उपग्रह भी इसी सोवियत अंतरिक्ष-अड्डे से छोड़े गए। आरंभ के तीनों सोवियत स्पूतनिकों की कक्षाएँ पृथ्वी के विषुववृत्त के साथ करीब 65^0 का कोण बनाती थीं। अमरीका के **केप कैनेडी** अंतरिक्ष-अड्डे से प्रक्षेपित राकेट-यान विषुववृत्त के साथ प्रायः 35^0 का कोण बनाते हैं।

हमारी पृथ्वी अपनी धुरी पर परिक्रमा करती है—पश्चिम से पूर्व की ओर। अतः विषुववृत्त पर इसकी गति होती है 1675 किलोमीटर प्रति घंटा, यानी लगभग आधा किलोमीटर प्रति सेंकड। विषुववृत्त पर खड़ा व्यक्ति

इसी वेग से पृथ्वी के केंद्र की परिक्रमा करता होता है, परंतु वह इसे अनुभव नहीं करता।

विषुववृत्त पर स्थित किसी अंतरिक्ष-अड्डे से पूर्व की ओर यदि कोई राकेट-यान भेजा जाए तो उसकी प्रेक्षपण गति को पृथ्वी की यह धुरी-गति भी मिल जाती है। यदि राकेट-यान धुरी-गति की विपरीत दिशा में, पश्चिम की ओर छोड़ा जाए, तो कक्षा में स्थापित करने के लिए उसे कुछ अधिक वेग प्रदान करना होगा। यही कारण है कि प्रायः सभी राकेट-यान, पृथ्वी की धुरी-गति का लाभ उठाते हुए, पूर्व, पूर्व-उत्तर या पूर्व-दक्षिण की ओर छोड़े जाते हैं।

अमरीका के राकेट-यान विषुववृत्त के साथ लगभग 35^0 का कोण बनाते हुए दक्षिण-पूर्व की ओर छोड़े जाते हैं। इसका एक प्रमुख कारण है। राकेट के प्रथम दो खंड धरातल पर आ गिरते हैं। अमरीका का अंतरिक्ष-अड्डा फ्लोरिडा के समुद्र-तट पर है, इसलिए दक्षिण-पूर्व की ओर छोड़े गए राकेट-यान के आरंभिक दो खंड अतलांतिक महासागर में आ गिरते हैं।

सोवियत संघ के बैकोनूर स्थान से उत्तर-पूर्व की ओर, विषुववृत्त के साथ करीब 65^0 का कोण बनाते हुए, छोड़े गए राकेट-यान के आरंभिक दो खंड उसी देश की भूमि पर गिर सकते हैं।

भारत का अंतरिक्ष-अड्डा आंध्र प्रदेश के तटीय द्वीप श्री हरिकोटा में है। यहाँ से छोड़े गए राकेटों को पृथ्वी की धुरी-गति भी मिल जाती है। श्री हरिकोटा से छोड़े गए राकेट के निचले खंड बंगाल की खाड़ी में आ गिरते हैं।

उपग्रहों की कक्षाओं के बारे में एक प्रमुख तथ्य यह है कि इनके समतल पृथ्वी के केंद्र से गुजरते हैं, यानी सभी उपग्रह वृहद् वृत्तों में पृथ्वी की परिक्रमाएँ करते हैं। दूसरी बात यह है कि उपग्रहों की कक्षाओं के समतल खगोल के तारों के सापेक्ष लगभग स्थिर रहते हैं। जैसे, सोवियत संघ के बैकोनूर स्थान से विषुववृत्त के साथ 65^0 का कोण बनाते हुए उत्तर-पूर्व की ओर छोड़ा गया उपग्रह उसी स्थिर समतल में और लगभग उसी स्थिर झुकाव के साथ पृथ्वी की परिक्रमा करता रहेगा। परंत पृथ्वी अपनी धुरी पर परिक्रमा करती रहती है, इसलिए 24 घंटों में उस उपग्रह का पथ धरातल पर एक प्रकार का जाल-सा फैला देगा। चूँकि उपग्रह की कक्षा विषुववृत्त के साथ 65^0 का कोण बनाती है, इसलिए विषुववृत्त के 65 अक्षांश ऊपर और नीचे के स्थानों से ही सिर के ऊपर उस उपग्रह को देख पाना संभव होगा।

कक्षा में स्थापित उपग्रह के साथ संचार-संबंध बनाए रखना होता है, इसलिए भी सोच-समझकर ही उपग्रहों की कक्षाएँ निर्धारित की जाती हैं। विषुववृत्त के साथ 65^0 का कोण बनाते हुए परिक्रमा करनेवाले उपग्रहों के

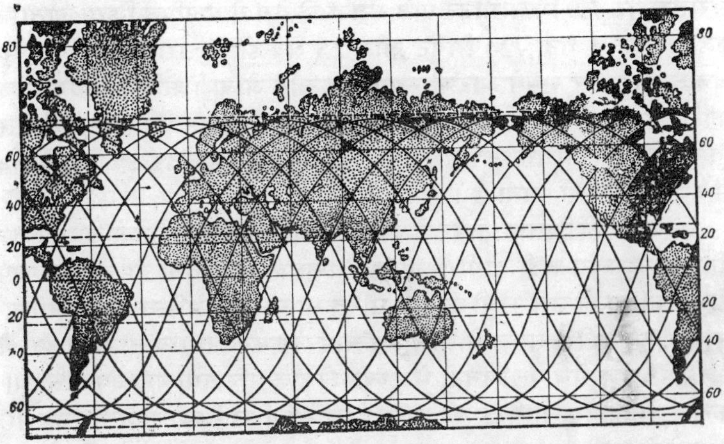

सोवियत संघ के आरंभिक स्पूतनिकों की कक्षाओं के प्रक्षेपों का धरातल पर फैला हुआ जाल।

साथ सोवियत संघ की भूमि से सुविधापूर्वक रेडियो-संबंध स्थापित किया जा सकता है।

विषुववृत्त के साथ 90° का कोण बनाते हुए, यानी दोनों ध्रुवों पर से यात्रा करने वाले उपग्रह भी छोड़े जाते हैं। भारत का **आई. आर. एस.** उपग्रह ऐसी ध्रुवीय कक्षा में ही स्थापित किया गया है। ऐसे उपग्रहों को पृथ्वी के सभी स्थानों से देखा जा सकता है। विपरीत, यदि कोई राकेट-यान विषुववृत्त पर स्थित किसी स्थान से ठीक पूर्व की ओर छोड़ा जाता है, तो उसे केवल विषुववृत्त पर स्थित स्थानों से ही सिर के ऊपर देखा जा सकेगा। अतः विषुववृत्त से पूर्व की ओर राकेट-यान छोड़ने में सुविधा होने पर भी उससे अधिक लाभ नहीं है। विषुववृत्त के साथ कम-अधिक झुकाव होने पर ही कक्षा में स्थापित यान के साथ अधिक स्थानों से संपर्क स्थापित किया जा सकता है।

हमारे देश में केरल राज्य के **थुंबा** स्थान से राकेट ऊपर वायुमंडल में प्रक्षेपित किए जाते हैं। यह स्थान चुंबकीय विषुववृत्त के काफी समीप और करीब 8 उत्तरी अक्षांश पर यानी भौगोलिक विषुववृत्त के कछ ऊपर है। इस स्थान से प्रक्षेपित राकेटों को कुछ आसानी से कक्षाओं में स्थापित किया जा सकता है। इसके अलावा, चुंबकीय विषुववृत्त के ऊपर प्रक्षेपित वैज्ञानिक राकेटों से ऊपरी वायुमंडल के बारे में कुछ विशेष जानकारी मिलती है। थुंबा के इस अंतरिक्ष-अड्डे को 1968 में संयुक्तराष्ट्र संघ के सदस्य देशों के उपयोग के लिए समर्पित कर दिया गया।

यदि हमारी पृथ्वी के ऊपर वायुमंडल न होता और तब किसी उपग्रह को

धरातल पर 7.9 किलोमीटर प्रति सेकंड के वेग से प्रक्षेपित किया जाता, तो वह उपग्रह 1 घंटा, 24 मिनट और 25 सेकंडों में धरातल का एक पूरा चक्कर लगाकर अपने आरंभ-स्थान पर लौट आता। लेकिन वायुमंडल के कारण ऐसा संभव नहीं है। हमें सर्वप्रथम राकेट-यान को करीब सौ किलोमीटर से अधिक ऊपर भेजना पड़ता है और तदनंतर उपग्रह को कक्षा में स्थापित किया जाता है।

उपग्रह को जितना ऊपर ले जाकर कक्षा में स्थापित किया जाए, उतनी ही उसकी कक्षा बड़ी होगी। उपग्रह धरातल से जितना ही अधिक ऊपर होगा, उतना ही उसे पृथ्वी की एक परिक्रमा करने में अधिक समय लगेगा। स्पूतनिक-1 की धरातल से औसत ऊँचाई लगभग 600 किलोमीटर थी और वह उपग्रह करीब 96 मिनटों में पृथ्वी की एक परिक्रमा पूरी कर लेता था। करीब 1000 किलोमीटर की ऊँचाई पर स्थापित किया गया उपग्रह 105 मिनटों में पृथ्वी का एक चक्कर लगा लेता है। धरातल से 6378 किलोमीटर (या पृथ्वी के केंद्र से 12,756 किलोमीटर) की ऊँचाई पर स्थापित किए गए उपग्रह को पृथ्वी की एक परिक्रमा पूरी करने में 3 घंटे और 59 मिनट लगेंगे।

कोई उपग्रह यदि धरातल से 13,000 किलोमीटर ऊपर की कक्षा में स्थापित किया गया है तो उसका परिक्रमा-काल होगा 7 घंटे और 30 मिनट। हमारा चंद्रमा भी एक उपग्रह ही है—निसर्ग-निर्मित उपग्रह। पृथ्वी से इसकी औसत दूरी 3,84,400 किलोमीटर है और यह करीब 27 दिन, 7 घंटे और 43 मिनटों में पृथ्वी की एक परिक्रमा पूरी कर लेता है। हम यह भी जानते हैं कि चंद्रमा लगभग इतने ही समय में अपनी धुरी पर एक चक्कर लगा लेता है और इसीलिए इसका केवल एक ही गोलार्द्ध सतत पृथ्वी की ओर रहता है।

ऊपर हमने देखा है कि धरालत से 13,000 किलोमीटर की ऊँचाई पर स्थापित उपग्रह का परिक्रमा-काल 7 घंटे, 30 मिनट होता है और करीब 3,84,000 किलोमीटर की ऊँचाई से पृथ्वी की परिक्रमा करनेवाले उपग्रह (चंद्रमा) का परिक्रमा-काल लगभग 27 दिन 8 घंटे है (देखिए चित्र, पृष्ठ 35)। अतः चंद्रमा से काफ़ी कम ऊँचाई पर, किंतु 13 हजार किलोमीटर से अधिक ऊँचाई पर, एक ऐसी कक्षा अवश्य है जिसमें स्थापित किया गया उपग्रह ठीक 24 घंटों में पृथ्वी की एक परिक्रमा पूरी कर लेगा। वह कक्षा धरातल से 35,800 किलोमीटर ऊपर होगी।

हमारी पृथ्वी अपनी काल्पनिक धुरी पर 24 घंटों में एक परिक्रमा पूरी कर लेती है। अब कल्पना कीजिए कि पृथ्वी के विषुववृत्त के ऊपर 35,800 किलोमीटर की ऊँचाई पर एक उपग्रह स्थापित किया गया है। वह उपग्रह 24

घंटों में पृथ्वी की एक परिक्रमा पूरी करता है, इसलिए विषुववृत्त के किसी भी एक स्थान पर खड़ा व्यक्ति उस उपग्रह को आकाश। में सदैव स्थिर ही देखेगा।

वस्तुत: वह उपग्रह स्थिर नहीं होता। पृथ्वी के साथ हम इसके केंद्र की 24 घंटों में एक परिक्रमा पूरी करते हैं और वह उपग्रह भी पृथ्वी के केंद्र की 24 घंटों में ही एक परिक्रमा पूरी करता है, इसलिए वह हमें आकाश में स्थिर दिखाई देता है। अन्यथा वह उपग्रह स्थिर नहीं होता, वह करीब 3 किलोमीटर प्रति सेंकड के वेग से पृथ्वी की परिक्रमा करता रहता है।

पहले हम बता चुके हैं कि किसी भी उपग्रह को धरातल के समीप की कक्षा में स्थापित करने के लिए उसे करीब 8 किलोमीटर प्रति सेकंड का वेग प्रदान करना होता है। और, वायुमंडल के अभाव में वह उपग्रह उसी वेग से पृथ्वी की परिक्रमा करता रह सकता है। अधिक ऊँचाई पर पृथ्वी का गुरुत्वाकर्षण घटता जाता है, इसलिए कक्षा-वेग भी कम-कम होता जाता है। 10,000 किलोमीटर ऊँची कक्षा में स्थापित किए गए उपग्रह का कक्षा-वेग होता है 5 किलोमीटर प्रति सेकंड, करीब 36,000 किलोमीटर की ऊँचाई पर (24 घंटे के परिक्रमा-कालवाली कक्षा में) उपग्रह का कक्षा-वेग होता है करीब 3 किलोमीटर प्रति सेकंड और धरातल से करीब 3,84,000 किलोमीटर की ऊँचाई पर उपग्रह (चंद्रमा) का कक्षा-वेग है लगभग1 किलोमीटर प्रति सेकंड।

उपर्युक्त विवेचन से स्पष्ट होता है कि करीब 36,000 किलोमीटर ऊपर की कक्षा में स्थापित कोई उपग्रह हमें भले ही स्थिर दिखाई दे, परंतु उसका कक्षा-वेग करीब 3 किलोमीटर प्रति सेकंड होता है। ऐसे उपग्रह का पृथ्वी-परिक्रमा-काल और पृथ्वी का धुरी-भ्रमण-काल समान (24 घंटे) है, इसलिए ऐसी कक्षा को **समकालिक (सिन्क्रोनस)** या **भूस्थिर कक्षा** कहते हैं। समकालिक कक्षाओं में स्थापित किए गए सक्रिय उपग्रह संचार के लिए बड़े उपयोगी हैं। समकालिक कक्षा में तीन उपयुक्त स्थानों पर स्थापित किए गए तीन सक्रिय उपग्रहों से पूरे भूमंडल के साथ संपर्क स्थापित किया जा सकता है। इसके अलावा, क्षेत्र-विशेष में एक समकालिक उपग्रह से पूरे 24 घंटों तक संचार-सेवा चालू रखी जा सकती है।

समकालिक या भूस्थिर कक्षा में संसार के अनेक देशों ने अपने उपग्रह स्थापित किए हैं। भारत का पहला संचार उपग्रह **एप्पल** और बाद में **इन्सैट** उपग्रह 36,000 कि. मी. ऊपर की भूस्थिर कक्षा में ही स्थापित किए गए हैं।

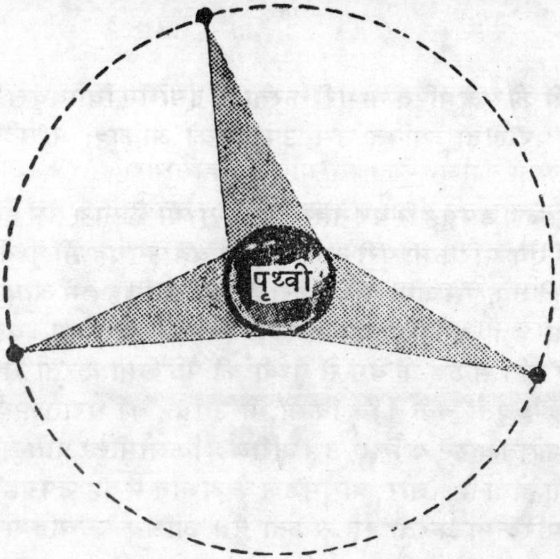

धरातल से करीब 36,000 किलोमीटर ऊपर की समकालिक कक्षा में स्थापित किए गए तीन सक्रिय उपग्रहों से लगभग पूरे भूमंडल के साथ संचार-संबंध स्थापित किया जा सकता है।

संचार उपग्रह

रेडियो-तरंगें करीब सौ किलोमीटर ऊपर के आयन-मंडल से टकराकर धरातल पर लौटती रहती हैं। लेकिन सूक्ष्म-तरंगें (माइक्रोवेव) आयन-मंडल को पार कर जाती हैं। सूक्ष्म-तरंगों की संचार क्षमता अधिक होती है, इसलिए टेलीविजन-प्रसारण में इनका उपयोग होता है। ये तरंगें भी सीधी रेखा में दौड़ती हैं।

सूक्ष्म-तरंगों को, रेडियो-तरंगों की तरह, ऊपर प्रसारित किया जाए तो ये आयन-मंडल को लाँघकर अंतरिक्ष में पहुँच जाएँगी। किसी ऊँची मीनार से यदि उन्हें क्षितिज की ओर प्रसारित किया जाए तो पृथ्वी की वक्रता के कारण कुछ दूरी के बाद ये धरातल से टकराएँगी या आगे सीधी रेखा में दौड़कर अंतरिक्ष में पहुँच जाएँगी। करीब पचास-साठ किलोमीटर की दूरी पर ऐसी तरंगों को एक अन्य मीनार द्वारा ग्रहण करके पुनः इन्हें क्षितिज की ओर मोड़ा जाए और मीनारें खड़ी करने का यह सिलसिला बना रहे, तभी सूक्ष्म-तरंगों से दूर तक संचार संबंध स्थापित किए जा सकते हैं या टेलीविजन प्रोग्राम भेजे जा सकते हैं।

ठोस धरातल पर ऐसी मीनारें खड़ी करना संभव है और की भी जा सकती हैं। परंतु महासागरों पर सूक्ष्म-तरंगों के प्रसारण के लिए ऐसी मीनारें खड़ी करना संभव नहीं है। यूरोप और अमरीका के साथ माइक्रोवेव संचार संबंध स्थापित करने के लिए अतलांतिक महासागर में करीब 650

किलोमीटर ऊँची एक मीनार स्थापित करनी पड़ेगी । परंतु ऐसी मीनार का निर्माण संभव नहीं है ।

अब कल्पना कीजिए कि अतलांतिक महासागर के ऊपर, करीब 650 किलोमीटर ऊँचाई की कक्षा में एक उपग्रह स्थापित किया जाता है । उस उपग्रह में सूक्ष्म-तरंगों को ग्रहण करने और उन्हें पुनः प्रसारित करने के उपकरण स्थापित किए गए हैं, तो वह उपग्रह मीनार का काम कर सकता है । अतः संचार-साधन के रूप में कक्षा में स्थापित उपग्रहों की उपयोगिता स्पष्ट है ।

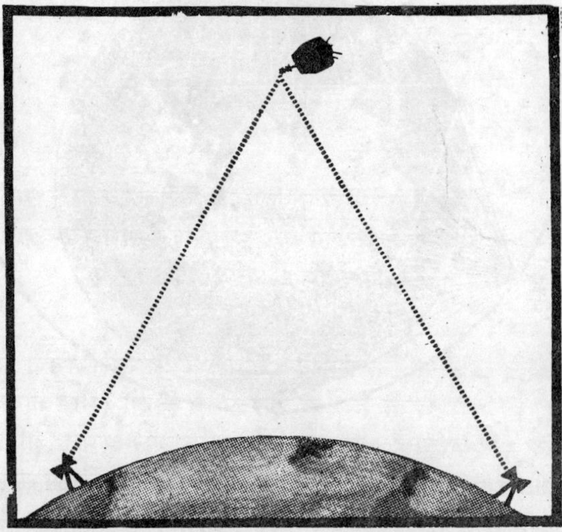

पार्थिव कक्षा में स्थापित सक्रिय उपग्रह : एक क्रांतिकारी संचार-साधन ।

जिस उपग्रह की कक्षा जितनी ही ऊँची होगी, उतनी ही अधिक देर तक उसे धरातल से देखा जा सकता है । साथ ही, अधिक ऊँचाईवाले उपग्रह से पृथ्वी की अधिक सतह को देखा जा सकता है । यदि कोई उपग्रह 200 किलोमीटर की ऊँचाई पर परिक्रमा कर रहा है तो वह धरातल के करीब 1400 किलोमीटर अर्धव्यासवाले घेरे को देख पाएगा, या उतनी ऊँचाई पर स्थित उपग्रह को धरातल के एक स्थान से लगभग 7 मिनट तक देखा जा सकता है ।

उपग्रह यदि 500 किलोमीटर की ऊँचाई पर है तो उसे धरातल के 4900 किलोमीटर व्यासवाले घेरे से देखा जा सकता है और एक स्थान पर खड़ा व्यक्ति उसे करीब 11 मिनट तक आकाश में देख सकता है । 2000 किलोमीटर की ऊँचाई पर स्थापित उपग्रह को 9000 किलोमीटर व्यास के

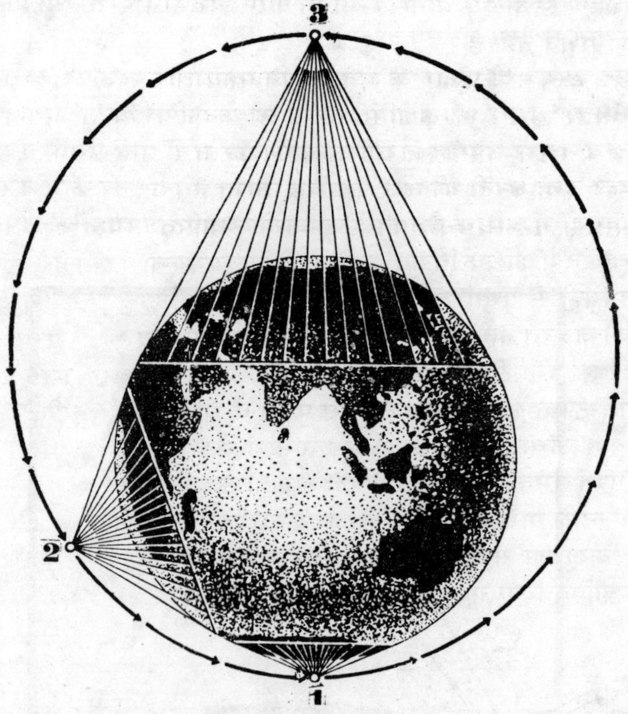

अधिक ऊँचाई पर स्थापित उपग्रह धरातल के अधिक क्षेत्र के साथ सम्पर्क स्थापत कर सकता है 1. धरातल से 500 किलोमीटर ऊपर, 2. धरातल से 2000 किलोमीटर ऊपर, तथा 3. धरातल से 7000 किलोमीटर ऊपर।

घेरे से देखा जा सकता है और एक स्थान पर खड़ा व्यक्ति ऐसे उपग्रह को करीब 25 मिनट तक देख सकता है।

अतः स्पष्ट है कि जिस उपग्रह की कक्षा जितनी ऊँची होगी, उसे उतनी अधिक देर तक आकाश में देखा जा सकेगा या एक स्थान से उसके साथ उतनी ही अधिक देर तक संचार-संबंध स्थापित किया जा सकेगा। ऊँची कक्षा में स्थापित उपग्रह धरातल के अधिक क्षेत्र के साथ संचार-संबंध स्थापित कर सकता है।

समकालिक या भूस्थिर कक्षा में स्थापित संचार उपग्रहों की चर्चा हम पहले कर चुके हैं। समकालिक कक्षाएँ धरातल से करीब 36,000 किलोमीटर ऊपर होती हैं और ऐसी कक्षाओं में स्थापित उपग्रह 24 घंटों में पृथ्वी की एक परिक्रमा पूरी करते हैं। ऐसे समकालिक उपग्रह पृथ्वी के एक

स्थान से आकाश में स्थिर दिखाई देते हैं, यानी इन्हें रात-दिन चौबीसों घंटे एक ही स्थान से देखा जा सकता है।

संचार उपग्रह दो प्रकार के होते हैं—निष्क्रिय और सक्रिय। **निष्क्रिय संचार उपग्रह** धरातल से प्रक्षेपित तरंगों को केवल परावर्तित करता है। परंतु **सक्रिय संचार उपग्रह** तरंगों को ग्रहण करता है, उन्हें प्रवर्धित करता है और फिर उन्हें धरती की ओर प्रसारित करता है। जाहिर है कि सक्रिय संचार उपग्रहों में अधिक वैज्ञानिक उपकरण स्थापित करने पड़ते हैं और इनके संचालन में अधिक विद्युत-शक्ति की आवश्यकता पड़ती है। सक्रिय संचार उपग्रहों से प्रसारित तरंगों को ग्रहण करने के लिए शक्तिशाली साधनों की जरूरत नहीं पड़ती, परंतु ऐसे उपग्रहों में यदि थोड़ी खराबी आ जाए, तो फिर इन्हें ठीक करना संभव नहीं है—कम-से-कम आज।

संचार उपग्रहों के माध्यम से सारी पृथ्वी के साथ सपंर्क स्थापित करने के लिए कम ऊँचाई की कक्षाओं में एकसाथ कई उपग्रह स्थापित करने पड़ते हैं, परंतु समकालिक कक्षा में यदि तीन ही संचार उपग्रह स्थापित किए जाएँ तो उनके माध्यम से लगभग सारे धरातल के साथ संचार-संबंध स्थापित किया जा सकता है। अब तक समकालिक कक्षाओं में अनेक उपग्रह स्थापित किए गए हैं।

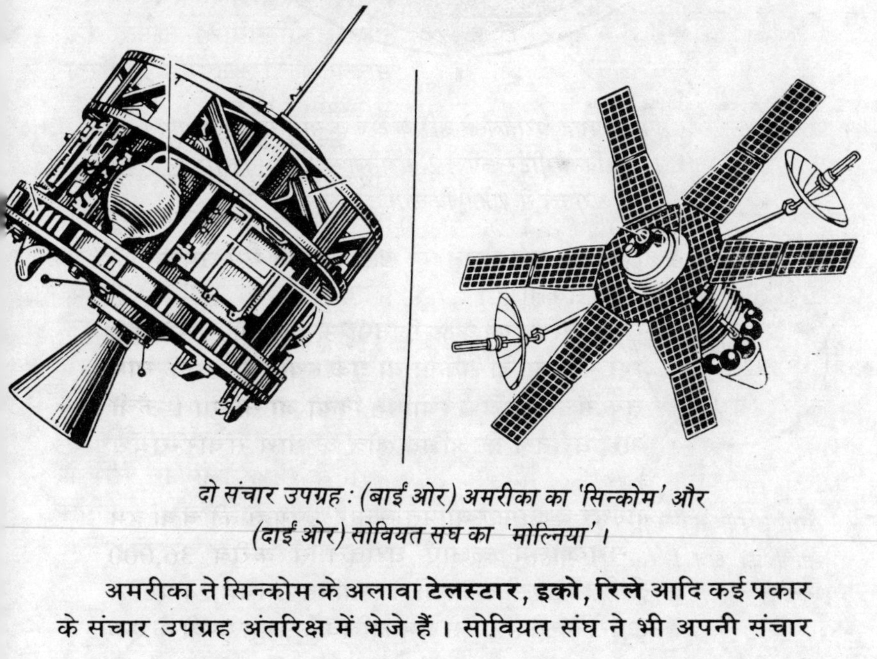

दो संचार उपग्रह : (बाईं ओर) अमरीका का 'सिन्कोम' और (दाईं ओर) सोवियत संघ का 'मोल्निया'।

अमरीका ने सिन्कोम के अलावा **टेलस्टार, इको, रिले** आदि कई प्रकार के संचार उपग्रह अंतरिक्ष में भेजे हैं। सोवियत संघ ने भी अपनी संचार

सुविधा के लिए **मोल्निया-1** नामक उपग्रह कक्षा में स्थापित किए हैं। इन उपग्रहों की सहायता से सोवियत संघ के विभिन्न स्थानों के साथ टेलीफोन तथा रेडियो संबंध स्थापित किए जाते हैं और सारे सोवियत संघ में ही नहीं बल्कि यूरोप तथा एशिया के कुछ देशों तक टेलीविजन प्रोग्राम भेजना भी संभव है।

मोल्निया-1 एक सक्रिय संचार उपग्रह है। इसमें 40 वाट का ट्रांसमीटर स्थापित किया गया है। मोल्निया-1 की कक्षा अत्यंत दीर्घवृत्ताकार है और विषुववृत्त के साथ करीब 65^0 का कोण बनाती है। इस कक्षा का निम्नोच्च बिंदु धरातल के सिर्फ 548 किलोमीटर ऊपर और सर्वोच्च बिंदु 39,957 किलोमीटर ऊपर रहता है। इसका सर्वोच्च बिंदु उत्तरी गोलार्द्ध यानी सोवियत संघ के ऊपर रहता है। यह उपग्रह करीब 12 घंटों में पृथ्वी की एक परिक्रमा पूरी कर लेता है, परंतु यह अधिक समय तक उत्तरी गोलार्द्ध के ऊपर रहता है इसीलिए इस सक्रिय उपग्रह के माध्यम से सोवियत संघ के विभिन्न स्थलों के साथ प्रतिदिन करीब 9 घंटे संचार-संबंध स्थापित करना संभव है। सोवियत संघ ने मोल्निया-1 नामक कई सक्रिय संचार-उपग्रह अंतरिक्ष में स्थापित किए हैं।

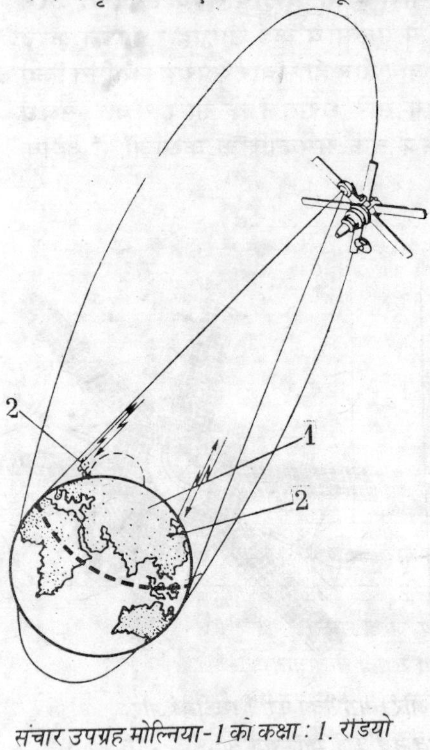

संचार उपग्रह मोल्निया-1 की कक्षा : 1. रेडियो संपर्क का क्षेत्र (सीमा को खंडित रेखा से दर्शाया गया है), 2. धरती के रेडियो स्टेशन।

संचार-साधन के रूप में उपग्रहों का उपयोग मुश्किल से तीन दशक पहले शुरू हुआ। लेकिन इसी बीच इस साधन ने काफ़ी प्रगति कर ली है। संचार उपग्रहों से रेडियो एवं टेलीविजन प्रसारण में बड़ी सुविधा है। उपयुक्त कक्षाओं में स्थापित संचार उपग्रहों से संसार के सभी देशों के साथ टेलीफोन, रेडियो या टेलीविजन संबंध स्थापित किए जा रहे हैं। संचार के क्षेत्र में यह एक नई क्रांति है।

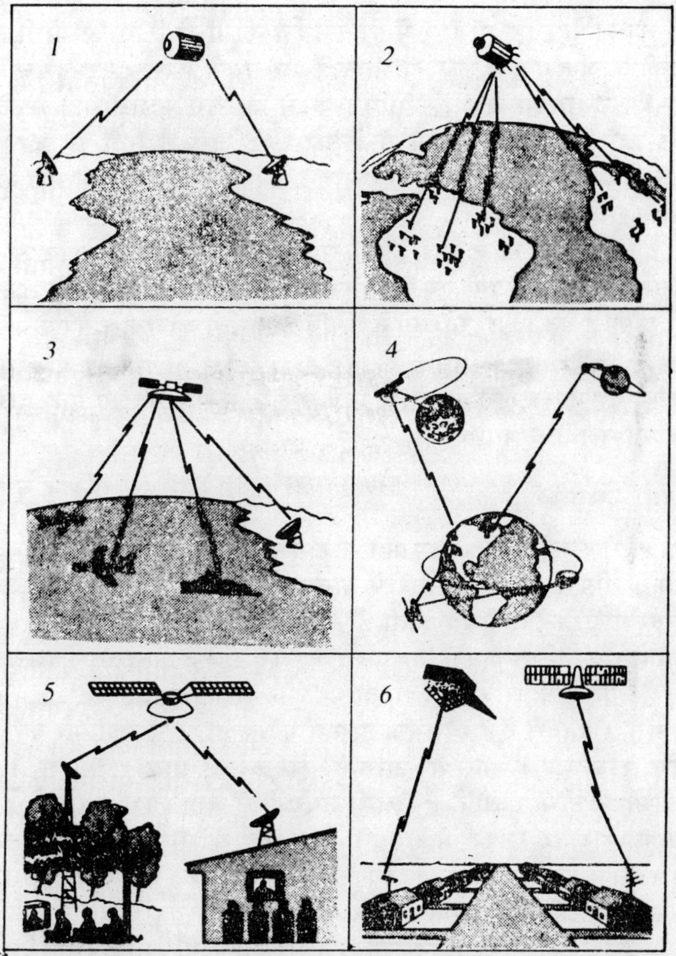

उपग्रहों से सारी पृथ्वी पर विकसित संचार-व्यवस्था का जाल फैलाना संभव है : 1. दो महाखंडों के दो स्थानों के बीच संचारण, 2. कई देशों के अपेक्षाकृत छोटे टर्मिनल संचारण के लिए अपने को संचार उपग्रह के साथ 'जोड़' सकते हैं, 3. जहाजों और हवाई जहाजों को उपग्रहों के साथ 'जोड़कर' हवाई तथा समुद्री यातायात को अधिक सुरक्षित बनाया जा सकता है, 4. पार्थिव कक्षा में रिले उपग्रह स्थापित करने पर अंतरिक्ष-यानों के साथ संपर्क स्थापित करने के लिए दुनिया-भर में कई ट्रैकिंग स्टेशन स्थापित करने की जरूरत नहीं रहेगी। चंद्र तथा ग्रहों की परिक्रमा करनेवाले रिले स्टेशन संचार-व्यवस्था को सतत चालू रखेंगे, 5. सामुदायिक टेलीविजन प्रोग्राम को सक्रिय उपग्रह स्कूलों तथा दूर-दूर के देहातों तक पहुँचाएँगे, 6. घरों में ध्वनि तथा टेलीविजन का सीधे प्रसारण।

संचार उपग्रह भविष्य में किन-किन कार्यों के लिए उपयोगी होंगे, इसकी आज हम पूरी कल्पना भी नहीं कर सकते। आज दूर-दूर के देशों के साथ टेलीफोन संबंध स्थापित करने के लिए महासागरों में केबल बिछे हुए हैं। परतु भविष्य में इनकी कोई जरूरत नहीं रह जाएगी। सूक्ष्म-तरंगों को धरातल की ओर मोड़ने के लिए बहुत सारे मीनारों की भी जरूरत नहीं रहेगी।

टेलीग्राफ की खोज कोई डेढ़ सौ साल पहले हुई और टेलीफोन की कोई सौ साल पहले। रेडियो एवं टेलीविजन प्रसारण को अभी अस्सी साल भी नहीं हुए हैं। इन संचार साधनों ने संसार के मानवों को एक-दूसरे के अधिक नजदीक ला दिया है। भविष्य में अधिकांश संचार साधनों का भार सक्रिय उपग्रह ग्रहण कर लेंगे तो संसार के देश और उनके निवासी एक-दूसरे के और भी नजदीक आएँगे।

मौसमी उपग्रह

कक्षाओं में स्थापित जिन उपग्रहों से वायुमंडल के बादलों की रचना तथा पृथ्वी के ताप-विकिरण के बारे में जानकारी प्राप्त करके मौसम के बारे में भविष्यवाणी करना संभव होता है, उन्हें मौसमी उपग्रह कहते हैं। ऐसे उपग्रहों में स्थापित कैमरों से बादलों के स्वरूप के टेलीविजन-चित्र उतारे जाते हैं और उन्हें सुविधा से धरती की ओर भेजा जाता है।

सन् 1960 से ऐसे मौसमी उपग्रहों को कक्षाओं में स्थापित करने के प्रयोग शुरू हुए। मौसमी उपग्रहों की कक्षाएँ प्रायः 500 से 1200 किलोमीटर ऊँची होती हैं। मौसमी उपग्रहों से बड़ा लाभ हुआ है। पहले यंत्रयुक्त गुब्बारे ऊपर भेजे जाते थे। अब ये मौसमी उपग्रह ऊपरी वायुमंडल के बारे में निरंतर जानकारी भेजते रह सकते हैं। अब हमें सागरों में उठने वाले भीषण तूफानों के बारे में पहले से जानकारी मिल सकती है।

अमरीका ने **टाइरोस, निंबुस** आदि श्रृंखला के मौसमी उपग्रह कक्षाओं में स्थापित किए हैं। सोवियत संघ के **मोल्निया** तथा **कास्मोस** श्रृंखला के अनेक उपग्रह मौसम के बारे में जानकारी देते रहते हैं। इस समय संसार के अनेक देश मौसम के बारे में प्राप्त जानकारी का आदान-प्रदान करते रहते हैं। बहुत जल्दी मौसमी उपग्रहों की सहायता से सारे भूमंडल के बारे में मौसमी जानकारी प्राप्त करने का एक जाल-सा बिछ जाएगा।

भूस्थिर कक्षा (36,000 कि.मी. ऊपर) में स्थापित भारत के **इन्सैट** उपग्रह संचार-व्यवस्था (रेडियो तथा टेलीविजन प्रसारण) स्थापित करने के अलावा मौसम के बारे में भी जानकारी देते हैं।

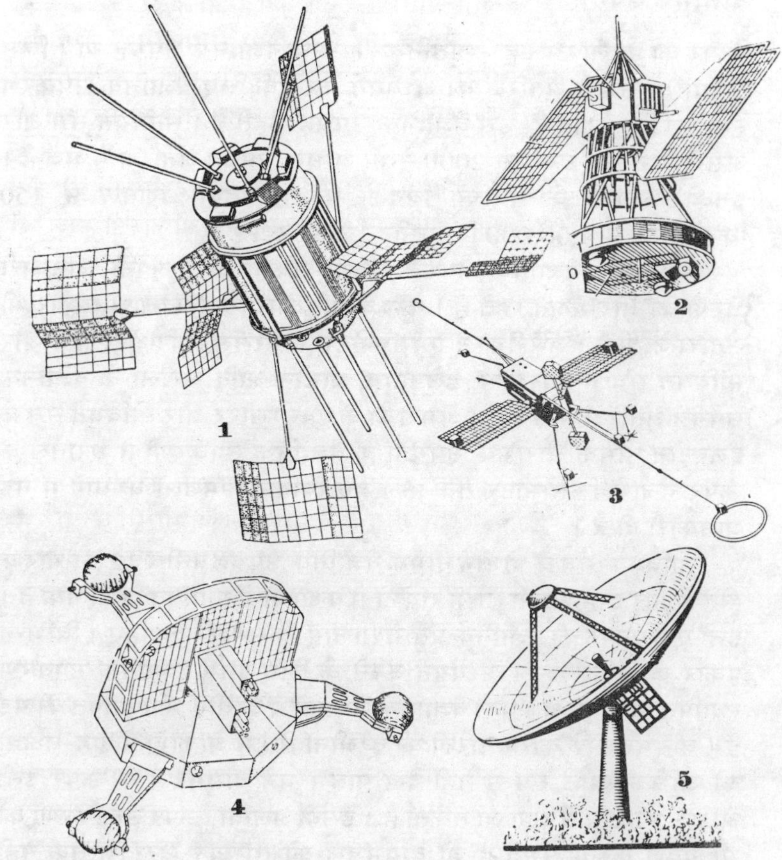

मौसमी तथा वैज्ञानिक उपग्रह और उनके साथ रेडियो संचार-संबंध स्थापित करने के लिए धरातल-केंद्र की एक प्रकार की ऐंटेना : 1. वैज्ञानिक उपग्रह इलेक्ट्रोन-1 (सोवियत संघ)। एक ही राकेट-यान से दो इलेक्ट्रोन उपग्रह दो भिन्न कक्षाओं में स्थापित किए गए थे। इनसे पृथ्वी के विकिरण-मंडलों तथा चुंबकीय क्षेत्र के बारे में महत्वपूर्ण जानकारी मिली। 2. मौसमी उपग्रह निंबुस (अमरीका)। 3. वैज्ञानिक उपग्रह ओ. जी. ओ.-2 (अमरीका)। 4. वैज्ञानिक उपग्रह ओ. एस. ओ. (अमरीका), जिसे सूर्य के विकिरण का अध्ययन करने के लिए क़क्षा में स्थापित किया गया था। 5. कक्षाओं में स्थापित उपग्रहों के साथ रेडियो संचार के लिए धरती के केंद्र की एक कास्सेग्रियन युगल-परावर्तक ऐंटेना। ऐसी ऐंटेना से उपग्रहों की ओर शक्तिशाली रेडियो संकेत भेजे जाते हैं और उनसे प्रसारित क्षीण संकेतों को ग्रहण किया जाता है।

वैज्ञानिक उपग्रह

संसार का पहला उपग्रह—स्पूतनिक-1—एक वैज्ञानिक उपग्रह था। जिस उपग्रह में ऊपरी अंतरिक्ष का अध्ययन करने के लिए वैज्ञानिक उपकरण स्थापित किए जाते हैं, उसे वैज्ञानिक उपग्रह कहते हैं। सोवियत संघ और अमरीका ने अब तक ऐसे 2000 से भी अधिक उपग्रह अंतरिक्ष में भेजे हैं। इनकी कक्षाओं के सर्वोच्च बिंदुओं की ऊँचाइयाँ धरातल से 150 किलोमीटर से 4,00,000 किलोमीटर ऊपर रही हैं।

अधिकांश वैज्ञानिक उपग्रह रेडियो-संकेतों द्वारा अपनी जानकारी धरती की ओर भेजते रहते हैं। कुछ वैज्ञानिक उपग्रहों को धरातल पर भी उतारा जाता है। अमरीका ने **एक्सप्लोरर, पेगासस** आदि श्रृंखला के और सोवियत संघ ने **कास्मोस, इलेक्ट्रोन, प्रोटोन** आदि श्रृंखला के वैज्ञानिक उपग्रह अंतरिक्ष में भेजे हैं। अमरीका के एक्सप्लोरर और सोवियत संघ के इलेक्ट्रोन नामक आरंभिक उपग्रहों के वैज्ञानिक उपकरणों ने धरातल के ऊपर हजारों किलोमीटर तक फैले हुए विकिरण-मंडलों के बारे में नई जानकारी दी है।

सोवियत-संघ के **प्रोटोन** नामक वैज्ञानिक उपग्रह करीब 12 टन भार के होते हैं और इन्हें शक्तिशाली राकेटों से कक्षाओं में स्थापित किया गया है। इन्हें एक प्रकार की वैज्ञानिक प्रयोगशालाएँ ही समझना चाहिए। विभिन्न प्रकार के विकिरण का अध्ययन करने के लिए इनमें वैज्ञानिक उपकरण स्थापित किए गए थे। कुछ वैज्ञानिक उपग्रहों में दूरबीनें भी स्थापित की गई हैं। वायुमंडल के कारण धरती की दूरबीनों से हम आकाश के ग्रह-नक्षत्रों को अधिक स्पष्ट रूप से नहीं देख पाते। घने वायुमंडल के ऊपर इन्हें अधिक स्पष्टता से देखा जा सकता है। इसके अलावा, ऊपर उन किरणों को भी ग्रहण करना संभव है जो वायुमंडल को लाँघकर धरातल तक नहीं पहुँचतीं।

भारत का पहला उपग्रह **आर्यभट** एक वैज्ञानिक उपग्रह ही था। भारतीय वैज्ञानिकों द्वारा निर्मित इस उपग्रह को सोवियत संघ से 19 अप्रैल, 1975 को अंतरिक्ष में भेजा गया था। इसका भार 369 किलोग्राम था। इसकी कक्षा की महत्तम ऊँचाई 623 कि.मी. और न्यूनतम ऊँचाई 564 कि.मी. थी।

अब ऊपरी कक्षा में स्थायी प्रयोगशालाएँ स्थापित करने के भी प्रयास जारी हैं। ऐसे अंतरिक्ष स्टेशनों का निर्माण हुआ है जिनमें आदमी रह सकते हैं। परंतु आरंभ में वैज्ञानिक उपग्रहों ने ही ऊपरी वायुमंडल के बारे में हमें जानकारी दी है। इन वैज्ञानिक उपग्रहों से जानकारी प्राप्त करने के बाद ही

आदमी को अंतरिक्ष में भेजना संभव हुआ है। अब हमें देखना है कि आदमी को अंतरिक्ष में किन-किन परिस्थितियों का सामना करना पड़ता है।

अंतरिक्ष में मानव

आदमी का जन्म विकास की प्रक्रिया के अंतर्गत धरातल के वातावरण में हुआ है। धरातल की भौतिक परिस्थितियों ने आदमी को बनाया है। पिछले करीब बीस लाख साल से आदमी इस धरती पर विचरण करता आया है। आदमी का शरीर तथा मस्तिष्क इस धरती की भौतिक परिस्थितियों के अनुकूल बना है।

बाहर अंतरिक्ष में भौतिक परिस्थितियाँ भिन्न हैं। तापमान भिन्न है। हवा अत्यंत विरल है या बिल्कुल नहीं है। पानी या खाद्य सामग्री उपलब्ध नहीं है। उल्कापात, विकिरण आदि का खतरा है। और भी कई खतरे हैं।

बाह्य अंतरिक्ष में आदमी के विचरण के लिए कौन-सी प्रतिकूल परिस्थितियाँ हैं, पिछली सदी तक के वैज्ञानिकों को इसकी विशेष जानकारी नहीं थी। परंतु वर्तमान सदी के पूर्वार्ध में अंतरिक्ष की भौतिक परिस्थितियों के बारे में बहुत सारी बातों की जानकारी मिली। फिर धरती की प्रयोगशालाओं में अंतरिक्ष की वैसी प्रतिकूल परिस्थितियों का निर्माण शुरू हुआ और तदनुसार अंतरिक्षयात्रियों का प्रशिक्षण भी।

आदमी के लिए ऑक्सीजन प्राणवायु है। ऑक्सीजन के बिना आदमी चार-पाँच मिनट से अधिक समय तक जीवित नहीं रह सकता। यह ऑक्सीजन हम हवा से ग्रहण करते रहते हैं। ऑक्सीजन ग्रहण करते हैं और कार्बन-डाइऑक्साइड छोड़ते रहते हैं। जैसे-जैसे हम ऊपर जाते हैं, वैसे-वैसे हवा विरल होती जाती है। इसलिए पर्वतारोहियों को भी अपने साथ ऑक्सीजन के छोटे सिलिंडर ले जाने पड़ते हैं। अंतरिक्ष में ऑक्सीजन की व्यवस्था परमावश्यक है।

अंतरिक्ष-यात्रियों के लिए अंतरिक्ष-यानों के कक्षों में जो कृत्रिम वातावरण तैयार किया जाता है उसमें आवश्यक ऑक्सीजन की मात्रा मौजूद रहती है। प्रति दिन प्रति व्यक्ति करीब एक किलोग्राम ऑक्सीजन की आवश्यकता होती है, इसलिए चंद दिनों की अंतरिक्ष-यात्रा के लिए ऑक्सीजन को ले जाने में कोई कठिनाई नहीं है।

चंद्रमा पर वायुमंडल नहीं है। ग्रहों पर कम-अधिक मात्रा में वायुमंडल है, किंतु उनमें ऑक्सीजन नहीं है और यदि है भी तो नगण्य। इसलिए अंतरिक्ष-यात्रा में सर्वत्र ऑक्सीजन की व्यवस्था करनी ही होगी।

आदमी ऑक्सीजन को ग्रहण करके कार्बन-डाइऑक्साइड को छोड़ता है, इसलिए अंतरिक्ष-यानों में इस विषैली कार्बन-डाइऑक्साइड गैस के

अवशोषण की व्यवस्था की जाती है। हम यह भी जानते हैं कि वनस्पति कार्बन-डाइऑक्साइड को ग्रहण करती है और ऑक्सीजन छोड़ती है। अतः दीर्घकालीन यात्राओं के लिए अंतरिक्ष-यानों में विशेष प्रकार की वनस्पति के उत्पादन की व्यवस्था की जाए तो यह ऑक्सीजन का त्याग और कार्बन-डाइऑक्साइड का अवशोषण करती रह सकती है। ऐसी वनस्पति का अंतरिक्ष-यात्रियों के भोजन के लिए भी इस्तेमाल हो सकता है। इस दिशा में अनुसंधान जारी है।

समुद्र-सतह पर हवा का दाब प्रति वर्ग-सेंटीमीटर करीब 1 किलोग्राम होता है और इसमें 21 प्रतिशत ऑक्सीजन तथा 78 प्रतिशत नाइट्रोजन होती है। अंतरिक्ष-यानों के सीलबंद कक्षों में तथा अंतरिक्ष-यात्रियों के विशेष पहनावों के भीतर साँस लेने के लिए ऑक्सीजन का उचित प्रबंध किया जाता है। सोवियत रूस के अंतरिक्ष- यानों के कक्षों में अक्सर धरातल के वायुमंडल-जैसा वातावरण (21 प्रतिशत ऑक्सीजन) तैयार किया जाता है। अमरीकी अंतरिक्ष-यानों में या अंतरिक्ष-सूटों में प्रायः विशुद्ध ऑक्सीजन की व्यवस्था की जाती है। इन दोनों प्रकार की व्यवस्थाओं के अपने कुछ गुण-दोष हैं।

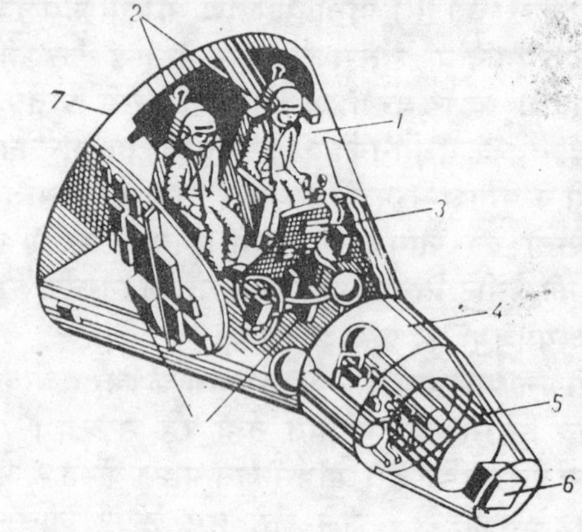

ज़ेमिनी अंतरिक्ष-यान के धरातल पर लौटने वाले संपुट का आरेख : 1. सीलबंद संपुट, 2. अंतरिक्ष-यात्रियों के आसन, 3. यंत्र-उपकरण पट्ट, 4. नियंत्रण-योजना कक्ष, 5. पैराशूट पेटिका, 6. यंत्र-उपकरण, 7. ऊष्मा कवच।

आदमी के शरीर का तापमान 37^0 सेंटीग्रेड रहता है, परंतु उसका शरीर ऐसा बना है कि वह इससे काफ़ी न्यून-अधिक तापमान में भी जीवित रह सकता है। शरीर के अवयवों को कार्यक्षम रखने के लिए अंतरिक्ष-यान के कक्ष में करीब 25^0 सेंटीग्रेड तापमान की व्यवस्था करनी होती है। अंतरिक्ष-यात्री के सूट के भीतर तापमान नियंत्रित रहे, तो अंतरिक्ष-यान के कक्ष में तापमान की न्यूनाधिक सीमा को बढ़ाया भी जा सकता है। अंतरिक्ष-यान के भीतर के यंत्र तथा अंतरिक्ष-यात्रियों के बदन भी उष्णता पैदा करते हैं। इस उष्णता को बाहर निकालने की उचित व्यवस्था करनी पड़ती है।

धरातल पर या वायुमंडल में हम देखते हैं कि धूप और उसके समीप की छाया के तापमानों में विशेष अंतर नहीं होता। कारण यह है कि यहाँ हवा के अणु-परमाणु ऊष्मा के वाहक होते हैं। अंतरिक्ष में हवा नहीं है, इसलिए वहाँ 'तापमान' की स्थिति कुछ भिन्न है। वहाँ अंतरिक्ष-यान के जिस भाग पर सूर्य की किरणें पड़ती हैं उस तरफ की सतह का तापमान बहुत ऊँचा होगा, परंतु छाया वाले भाग की सतह का तापमान अत्यधिक कम होगा। तापमान की इन चरम स्थितियों से अंतरिक्ष-यान तथा अंतरिक्ष-यात्री की सुरक्षा के उपाय खोज लिए गए हैं।

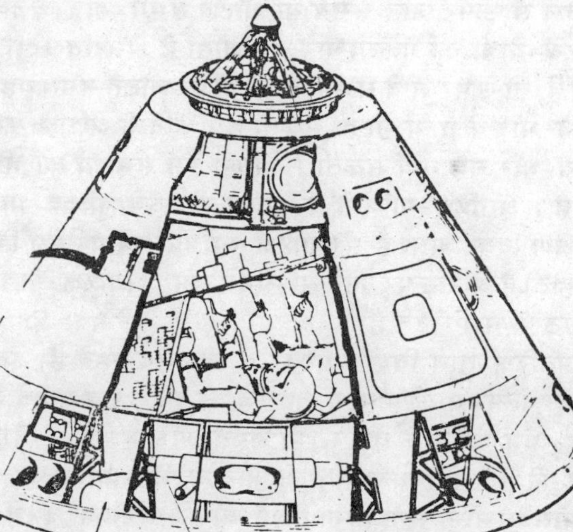

अपोलो-यान का आदेश-मॉड्यूल (मातृयान)। अपोलो-यान की चंद्रयात्राओं के बाद केवल यही 'मातृयान' अंतरिक्ष-यात्रियों को लेकर वायुमंडल से होकर प्रशांत महासागर में उतरता रहा है। इसके उतरते समय अंतरिक्षयात्री पीठ के बल लेटे रहते हैं।

अंतरिक्ष-यान जब धरातल पर लौटने लगता है तो उसे ऊष्मा की विकट परिस्थितियों का सामना करना पड़ता है। हम जानते हैं कि धरती की ओर दौड़ने वाले लघु उल्कापिंड वायु- मंडल में ही जलकर राख हो जाते हैं। वृत्तीय कक्षा में पृथ्वी की परिक्रमा करने वाले यान करीब 8 किलोमीटर प्रति सेकंड के वेग से वायुमंडल में उतरते हैं और चंद्रयात्रा से लौटने वाले अंतरिक्ष-यान करीब 11.2 किलोमीटर प्रति सेकंड (करीब 40,000 किलोमीटर प्रति घंटा) के वेग से वायुमंडल में उतरते हैं। अतः वायुमंडल के साथ घर्षण होने से यान की दीवारों का तापमान हजारों डिग्री पर पहुँच जाता है। परंतु यान की सुरक्षा के उपाय खोज लिए गए हैं।

धरती की ओर लौटते समय यान का जो भाग सामने रहता है, वह वायुयान की तरह नुकीला नहीं रहता, बल्कि गोल या चपटा रहता है। यान के सामने शक्तिशाली आघात-तरंगें पैदा होती हैं, इसीलिए यान को यह आकार दिया जाता है। ये आघात-तरंगें यान के कवच की काफी रक्षा करती हैं। इसके अलावा यान की दीवारों पर विशेष प्रकार के लेप लगाए जाते हैं, जो अत्यधिक उष्णता में धीरे-धीरे गलते रहते हैं।

अंतरिक्ष-यात्री को गुरुत्व की विभिन्न स्थितियों से गुजरना पड़ता है। धरातल से ऊपर जाते समय या लौटते समय, यान के त्वरण के कारण, अंतरिक्ष-यात्री का गुरुत्वभार बढ़ जाता है। धरातल पर गुरुत्व-भार 1 रहता है, तो ऊपर जाते समय या धरती पर लौटते समय यह 5 या 10 या 15 गुरुत्व-भार के तुल्य भी हो सकता है। आदमी अधिक समय तक अधिक गुरुत्व-भार सह नहीं सकता। लेकिन इस समस्या को भी हल कर लिया गया है। अंतरिक्ष-यात्रियों को पहले ही ऊँचे गुरुत्व-भार को सहने का प्रशिक्षण दिया जाता है। अंतरिक्ष-यात्रियों की कुर्सियाँ विशेष प्रकार की बनी होती हैं और ऊपर जाते या लौटते समय अंतरिक्ष-यात्री अपनी कुर्सियों पर पीठ के बल लेटते हैं।

अंतरिक्ष-यान विशेष प्रकार से सीलबंद रहते हैं, इसलिए राकेट के उत्थान के समय की भीषण आवाज को भी वे सह सकते हैं। आगे जाकर राकेट-यान ध्वनि के वेग से भी बहुत अधिक वेग से दौड़ता है, इसलिए राकेट की पेंदी से निकलने वाली आवाज पीछे ही रह जाती है।

प्रायः सभी ने सुना होगा कि पृथ्वी की परिक्रमा करने वाले यान में या चंद्र की ओर अग्रसर यान में बैठे हुए अंतरिक्ष-यात्री भार-रहित अवस्था में रहते हैं। अंतरिक्ष-यात्राओं में यह भार-रहित स्थिति क्यों पैदा होती है, इसे बहुत-से लोग नहीं समझ पाते। इसका एक कारण है। धरती पर हम 'भार' और 'गुरुत्व' को प्रायः एक ही अर्थ में लेते हैं। वस्तुतः ये दो अलग-अलग सत्ताएँ हैं। भार एक बल है, जो सामान्यतः गुरुत्व द्वारा पैदा होता है। किसी चीज का आधार न हो तो इस बल का हम अनुभव नहीं कर सकते। आपके पैरों को धरातल का आधार न हो और आप मुक्त रूप से 'गिर' रहे हों, तो आप भी भार-रहित स्थिति का अनुभव करेंगे।

राकेट-यान जब ऊपर जाता है या धरती पर उतरता है तभी, त्वरण के कारण, अंतरिक्ष-यात्रियों का गुरुत्व-भार बढ़ जाता है। अन्य स्थितियों में राकेट-यान सदैव 'गिरता' ही रहता है—फिर यह चंद्र की ओर गिरे या पृथ्वी की ओर या किसी अन्य ग्रह अथवा तारे की ओर। पहले हम बता चुके हैं कि अंतरिक्ष-यान का पृथ्वी-परिक्रमा करना एक प्रकार से मुक्त रूप से गिरना ही है। इसलिए पृथ्वी-परिक्रमा करने वाले यान में बैठे हुए अंतरिक्ष-यात्री

भार-रहित स्थिति में रहते हैं । यान के मुक्त रूप से गिरने की दिशा चद्रमा की ओर हो सकती है या किसी ग्रह की ओर हो सकती है। इन सभी परिस्थितियों में अंतरिक्ष-यात्री भार-रहित अवस्था में ही रहेंगे ।

वृत्तीय कक्षाओं में पृथ्वी की परिक्रमा करनेवाली अंतरिक्ष-प्रयोग-शालाओं में भार-रहितता की स्थिति रहती है, इसलिए अंतरिक्ष-यात्रियो को अनेक कठिनाइयों का सामना करना पड़ता है ।

धरती की प्रयोगशालाओं में या वायुयानों में स्वल्पावधि के लिए ही शून्य-गुरुत्व (भार-रहित अवस्था) या उच्च गुरुत्व-भार की परिस्थितियों का निर्माण किया जा सकता है । अंतरिक्ष की ऐसी दीर्घकालीन परिस्थितियों का अंतरिक्ष-यात्रियों पर क्या प्रभाव पड़ेगा, इसे सशरीर अंतरिक्ष में जाकर ही जाना जा सकता था । इसलिए सबसे पहले कुत्तों को अंतरिक्ष में भेजा गया था । जब यह सिद्ध हो गया कि कुत्ता या बंदर-जैसे प्राणी गुरुत्व-भार की विविध परिस्थितियों में जीवित रह सकते हैं, तभी आदमी को अंतरिक्ष में भेजने का प्रोग्राम बना ।

यूरी गगारिन पहले व्यक्ति थे जिन्होंने 12 अप्रैल, 1961 के दिन 'वोस्तोक' नामक यान में करीब ढाई सौ किलोमीटर की औसत ऊँचाई पर लगभग 90 मिनट की भार-रहित अवस्था में पृथ्वी की एक परिक्रमा पूरी की और वे धरातल पर सकुशल लौट आए । सिद्ध हो गया कि पार्थिव अंतरिक्ष की परिस्थतियों को आदमी सह सकता है ।

यूरी गगारिन

गगारिन के बाद सोवियत संघ और अमरीका के अनेक यात्री अंतरिक्ष की यात्राएँ करके लौटे । अब तक की अंतरिक्ष-यात्राओं से सिद्ध हो गया है कि करीब एक साल तक आदमी अंतरिक्ष की भार-रहित अवस्था में रह सकता है, यद्यपि इसमें कई दिक्कतें हैं । परंतु निकट भविष्य में इन दिक्कतों के हल भी खोज लिए जाएँगे । दो अंतरिक्ष-यानों को एक लंबे तार द्वारा एक-दूसरे के साथ जोड़ा जाए और वे एक केंद्र की परिक्रमा करते रहें तो कृत्रिम गुरुत्व-भार का निर्माण किया जा सकता है ।

चद्रमा का आरंभिक अन्वेषण हो चुका है । चंद्रमा पर स्थायी अड्डा बनाने में अभी काफ़ी समय लगेगा । इस बीच पार्थिव कक्षाओं में स्थायी

प्रयोगशालाएँ या स्टेशन स्थापित करने के प्रयत्न जारी हैं । दरअसल, अभी इन्हीं का अधिक महत्व है—पृथ्वी के अध्ययन के लिए और भविष्य की अंतर्ग्रहीय यात्राओं के लिए भी ।

धरती से भेजे गए मानव-रहित अंतरिक्ष-यान हमारे दो पड़ोसी ग्रहों शुक्र तथा मंगल तक पहुँच गए हैं । अब तक के अनुसंधानों से पता चला है कि शुक्र ग्रह पर मानव के लिए अनुकूल भौतिक परिस्थितियाँ नहीं हैं । दूसरी ओर, मंगल पर कुछ अनुकूल परिस्थितियाँ हैं और मंगल के बारे में हमारे मन में कुतूहल भी अधिक है । इसलिए अधिक संभावना यही है कि अंतरिक्ष-यात्रा में आदमी का अगला कदम मंगल ग्रह पर ही पड़ेगा ।

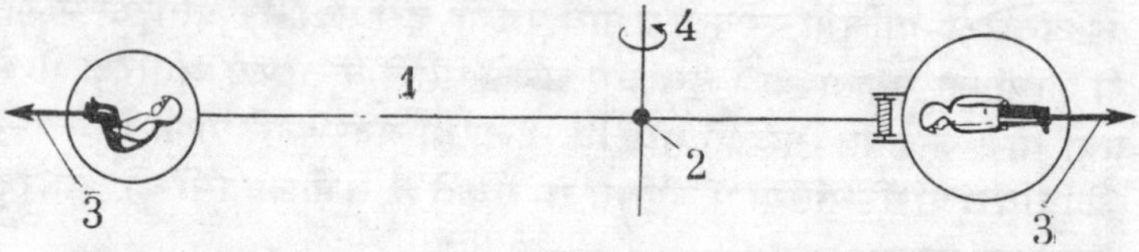

अंतरिक्ष में कृत्रिम गुरुत्व का निर्माण : 1. रस्सी या तार, 2. सर्वद्रव्यमान केंद्र, 3. कृत्रिम गुरुत्व की दिशा, 4. घूर्णन ।

वर्तमान साधनों से मंगल ग्रह तक पहुँचने में लगभग छह महीने लगते हैं । इतना ही समय वहाँ से लौटने में लगेगा । इतना समय भी उस समय लगता है जब मंगल ग्रह हर दो साल बाद पृथ्वी के नजदीक आता है (मंगल ग्रह हर पंद्रह या सत्रह साल बाद पृथ्वी के सर्वाधिक निकट आता है) । अतः यदि छह महीने की यात्रा के बाद कुछ यात्री मंगल पर उतरते हैं, तो भी उन्हें वहाँ करीब डेढ़ साल तक रहना होगा । तदनंतर ही वे पृथ्वी-मंगल की न्यूनतम दूरी का लाभ उठाकर पुनः छह महीने की यात्रा के बाद पृथ्वी पर लौट सकते हैं ।

दो साल काफ़ी लंबा समय होता है । चार-पाँच अंतरिक्ष-यात्रियों के लिए भी धरती से पानी, ऑक्सीजन, भोजन-सामग्री आदि आवश्यक सारी चीज़ें ले जाना संभव न होगा । लेकिन इस समस्या को सुलझाने के प्रयत्न भी जारी हैं ।

मंगल ग्रह के परे अनगिनत लघुग्रहों का क्षेत्र है और उनके परे सौर-मंडल का सबसे बड़ा ग्रह बृहस्पति सूर्य की परिक्रमा कर रहा है । आरंभ में प्रायः सभी वैज्ञानिक सोचते थे कि ब्रह्मांड-किरणों जैसा खतरनाक विकिरण और छोटे-छोटे अनगिनत उल्का-पिंड अंतरिक्ष-यात्राओं में बड़े बाधक सिद्ध होंगे । इनका खतरा अब भी है, परंतु उतना नहीं जितना कि सोचा गया था । इसी प्रकार, अनेक अंतरिक्ष-वैज्ञानिकों का मत था कि छोटे-छोटे हजारों लघुग्रहों के क्षेत्र से निकलकर बृहस्पति तथा आगे

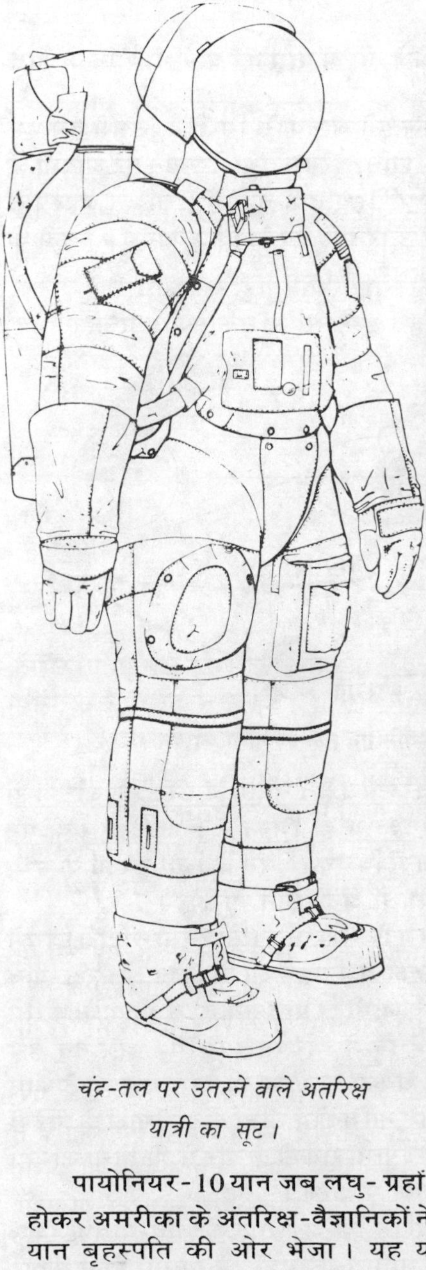

चंद्र-तल पर उतरने वाले अंतरिक्ष यात्री का सूट।

के ग्रहों तक पहुँचना संभव न होगा। लेकिन अब स्पष्ट हो गया है कि यह भी कोई बड़ा खतरा नहीं है।

अमरीका के मानव-रहित **पायोनियर**-10 नामक यान ने अपनी यात्रा मार्च, 1972 में शुरू की थी। नाभिकीय ऊर्जा से संचालित इस यान ने मंगल की दूरी पार की और यह लघुग्रहों के क्षेत्र में उतरा। इसने इस 'खतरनाक' क्षेत्र को भी पार कर लिया और दिसंबर 1973 में यह बृहस्पति के आगे पहुँच गया। योजना के अनुसार यह यान सौर-मंडल की सीमा को पार करके बाहर निकल गया है। पृथ्वी से भेजी गई इतनी दूरी तक पहुँचने-वाली यह पहली चीज है। इस यान के साथ एक प्लेट जुड़ी हुई है, जिस पर नर-नारी की नग्न आकृतियाँ उत्कीर्ण हैं। साथ ही, सांकेतिक रेखाओं से यह स्पष्ट करने का प्रयत्न किया गया है कि ब्रह्मांड में हमारी पृथ्वी का स्थान कहाँ है। यह सब इसलिए कि यह यान किसी तारे के किसी ग्रह के किन्हीं बुद्धिमान प्राणियों के हाथ लगता है तो वे समझ जाएँ कि यह चीज कहाँ से आई है और किस प्रकार के प्राणियों ने भेजी है!

पायोनियर-10 यान जब लघु- ग्रहों के क्षेत्र को लाँघ गया तो उत्साहित होकर अमरीका के अंतरिक्ष-वैज्ञानिकों ने उसी साल **पायोनियर**-11 नामक यान बृहस्पति की ओर भेजा। यह यान बृहस्पति के समीप (लगभग 1,40,000 किलोमीटर की दूरी) से आगे बढ़कर शनि की कक्षा को पार

कर गया है। पायोनियर के बाद भेजे गए दो **वायजर** यान भी शनि के आगे पहुँच गए हैं।

आज तक के अनुसंधानों से जितनी जानकारी मिली है, उससे हम इस नतीजे पर पहुँचते हैं कि बृहस्पति, शनि, यूरेनस तथा नेपच्यून पर आदमी के उतरने के लिए अनुकूल भौतिक परिस्थितियाँ नहीं हैं। लेकिन बृहस्पति तथा शनि के उपग्रहों (चंद्रों) पर उतरने के प्रयत्न किए जाएँगे। प्लूटो के बारे में हमारी जानकारी काफ़ी अधूरी है।

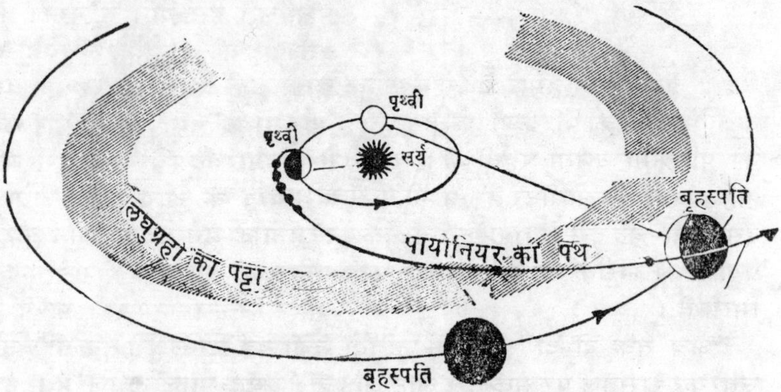

पायोनियर यान की बृहस्पति ग्रह तक की यात्रा का पथ।

मानव पार्थिव परिस्थितियों की उपज है। बाह्य अंतरिक्ष की और अन्य ग्रहों की भौतिक परिस्थितियाँ निश्चय ही भिन्न हैं। इसलिए ग्रहों पर उतरने के लिए या बाह्य अंतरिक्ष में विचरण करने के लिए सुरक्षा के सभी साधन खोजने ही होंगे। इस दिशा में अनुसंधान जारी है।

सौर-मंडल के बाहर सबसे नजदीक का तारा (प्रोक्सिमा-सेंटौरी) हमसे करीब 4 प्रकाश-वर्ष दूर है। इसका अर्थ यह हुआ कि कोई अंतरिक्ष-यान यदि प्रकाश के वेग (3,00,000 किलोमीटर प्रति सेकंड) से भी यात्रा करता है, तो उसे उस तारे के समीप पहुँचने में चार साल लगेंगे। अब तक हम रासायनिक ईंधनों से चलने वाले राकेट-यानों का ही इस्तेमाल करते आए हैं। परंतु राकेट के संचालन के लिए नाभिकीय ऊर्जा के इस्तेमाल के बारे में प्रयोग जारी हैं। अन्य किस्म के तीव्रगामी राकेटों के बारे में भी सोचा जा रहा है। इनकी चर्चा हम अंतिम प्रकरण में करेंगे।

अब सबसे पहले हम यही देखेंगे कि अब तक की चंद्र-यात्राएँ किस प्रकार संपन्न हुई हैं और निकट भविष्य की ग्रहों की यात्राएँ किस प्रकार संपन्न होंगी।

चंद्र-यात्रा

चंद्रमा आकाश में हमारे सबसे नजदीक का पिंड है। यह एक दीर्घवृत्तीय कक्षा में पृथ्वी की परिक्रमा करता रहता है और पृथ्वी-चंद्र की यह जोड़ी सूर्य की परिक्रमा करती रहती है। पृथ्वी से चंद्रमा की औसत दूरी सिर्फ 38 44 00 किलोमीटर है। पृथ्वी के सर्वाधिक निकट आनेवाला शुक्र ग्रह इस पृथ्वी-चंद्र दूरी से 100 गुना अधिक दूर रह जाता है। अतः चंद्र-यात्रा के प्रयासों को अधिक महत्व दिया जाना स्वाभाविक था और इसमें सफलता भी मिली है।

अब तक दो-दो अंतरिक्ष-यात्रियों की छह टोलियाँ चंद्र-तल पर उतरकर धरातल पर सकुशल लौट आई हैं। अनेक अंतरिक्ष-यात्री चंद्रमा की निकट से परिक्रमा करके लौटे हैं। अंतरिक्ष-यात्रियों द्वारा या स्वचालित यंत्रों द्वारा चंद्रमा की कई किलोग्राम मिट्टी तथा चट्टानें धरती पर लाई गई हैं। चंद्रतल पर कई वैज्ञानिक यंत्र-उपकरण स्थापित किए गए हैं। चंद्र की सतह के लाखों चित्र उतारे गए हैं। चंद्र की जिस लगभग आधी सतह को पृथ्वी से देख पाना कदापि संभव नहीं हुआ है, उसके भी चित्र उतारे गए हैं। चंद्रतल पर स्वचालित गाड़ियाँ भी उतारी गई हैं।

चंद्र के आरंभिक अन्वेषण का दौर पूरा हो गया है। अब निकट भविष्य में चंद्रतल पर स्थायी बस्ती बसाने के प्रयत्न होंगे। न केवल पृथ्वी के अध्ययन के लिए बल्कि बाहय अंतरिक्ष के अध्ययन के लिए तथा ग्रहों की यात्राओं के लिए चंद्रतल के इस स्थायी अड्डे का बड़ा महत्व होगा। अतः यह जानना जरूरी है कि चंद्रयात्रा वस्तुतः कैसे संपन्न होती है। आगे हम अपोलो-11 की ऐतिहासिक यात्रा का वास्तविक विवरण देंगे। लेकिन उसके पहले के प्रयासों पर भी दृष्टिपात कर लेना उपयोगी होगा।

पहले हम बता चुके हैं कि किसी भी यान को वृत्तीय कक्षा में स्थापित करने के लिए उसे लगभग 8 किलोमीटर प्रति सेकंड का वेग प्रदान करना होता है। इस वेग को यदि हम 11.1 किलोमीटर प्रति सेकंड तक बढ़ाते जाएँ तो यह यान विभिन्न दीर्घवृत्तीय कक्षाओं में परिक्रमा करने लगेगा। उस

यान को यदि 11.2 किलोमीटर प्रति सेकंड का आरंभिक वेग प्रदान किया जाए तो वह पृथ्वी के गुरुत्वाकर्षण-बल को गौण बनाकर परवलय की कक्षा में आगे बढ़ेगा और अंत में सूर्य के प्रभाव के अंतर्गत एक दीर्घवृत्त की कक्षा में उसकी परिक्रमा करने लगेगा, यानी वह यान सौर-मंडल का एक कृत्रिम ग्रह बन जाएगा। 11.2 किलोमीटर प्रति सेकंड के वेग को हम 'पलायन वेग' कहते हैं।

किसी यान को चंद्रमा तक पहुँचाने के लिए उसे पलायन वेग प्रदान करने की जरूरत नहीं है। यान को लगभग 11.1 किलोमीटर प्रति सेकंड का वेग प्रदान करने से वह ऐसी दीर्घवृत्तीय कक्षा में यात्रा करता है, जिसका धरातल से महत्तम दूरी का बिंदु चंद्रमा से भी कुछ अधिक दूर रहता है (देखिए चित्र, पृष्ठ 40)। अतः 11.1 किलोमीटर प्रति सेकंड के वेग से भेजा गया यान या तो चंद्रमा से सीधा जा टकराएगा या दीर्घवृत्त में यात्रा करता हुआ उसके समीप से गुजरेगा। पृथ्वी से भेजा गया कोई भी यान अपने-आप चंद्र की कक्षा में स्थापित न हो सकेगा, क्योंकि यान जब चंद्रमा के समीप पहुँचता है तो उसका वेग काफ़ी रहता है। पश्चगामी राकेटों से उस यान का वेग कम करने पर ही उसे चंद्र की कक्षा में स्थापित किया जा सकता है। इस तथ्य को स्मरण रखना जरूरी है।

पृथ्वी से चंद्र तक की यात्रा का समय राकेट-यान को दिए जाने वाले वेग पर निर्भर करता है। आवश्यक न्यूनतम वेग से भेजा गया राकेट-यान पाँच दिन की यात्रा के बाद चंद्रमा के पास पहुँचेगा, किंतु इस वेग को थोड़ा-सा भी बढ़ाया जाए तो डेढ़ दिन में भी यान चंद्रमा तक पहुँच जाता है। यहाँ यह स्मरण रखना जरूरी है कि धरातल से राकेट-यान को धीरे-धीरे ऊपर उठाया जाता है। वायुमंडल के साथ घर्षण होकर राकेट-यान नष्ट न हो जाए और अंतरिक्ष-यात्रियों पर बढ़ते गुरुत्व का अधिक बोझ न पड़े, इसीलिए राकेट-यान को धीरे-धीरे ऊपर उठाया जाता है। चंद मिनटों के बाद यह राकेट-यान ढाई-तीन सौ किलोमीटर ऊपर पहुँच जाता है, तभी इसे चंद्रमा या ग्रहों की ओर मोड़ा जाता है। तब उतनी ऊँचाई पर चंद्रयान को 11 किलोमीटर प्रति सेकंड का वेग प्रदान करने की जरूरत नहीं रह जाती।

और एक बात। हम देखते हैं कि रेलगाड़ी, मोटरगाड़ी, वायुयान, जहाज आदि वाहनों के इंजन, इन्हें गतिमान रखने के लिए, सदैव चालू रखने पड़ते हैं। इनके इंजन बंद कर देने पर ये थोड़ी दूरी तक आगे बढ़ेंगे, परंतु अंत में घर्षण के कारण स्थिर हो जाएंगे। परंतु राकेट-यान की स्थिति भिन्न है। राकेट-यान को एक बार कक्षीय वेग (लगभग 8 किलोमीटर प्रति सेकंड) प्राप्त हो जाए तो यह पार्थिव कक्षा में परिक्रमा करने लगता है और

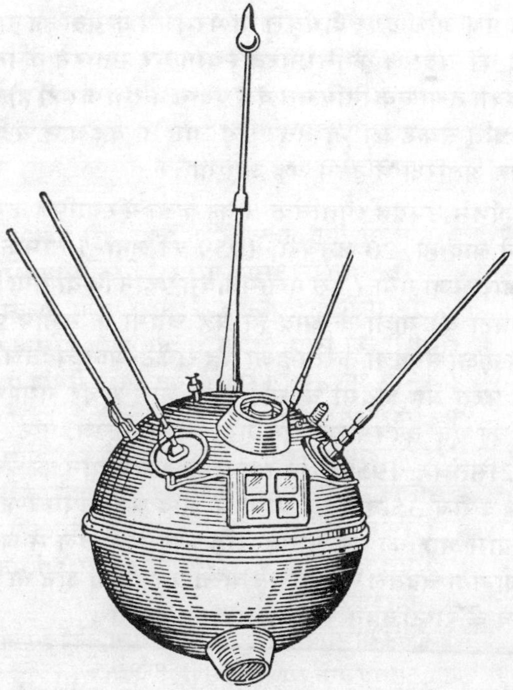

संसार का पहला कृत्रिम ग्रह लूना-1

तब राकेट-इंजनों की कोई उपयोगिता नहीं रह जाती, इन्हें बंद कर देना पड़ता है। इसी प्रकार, राकेट-यान को जब चंद्रमा तक पहुँचने के लिए आवश्यक वेग प्रदान कर दिया जाता है तो उसके इंजन बंद कर दिए जाते हैं। आगे वह राकेट-यान अपने-आप काफ़ी दूर तक क्रमशः घटते वेग से यात्रा करता रहता है। ग्रहों की ओर यात्रा करने वाले राकेट-यानों का भी यही हाल है। इन्हें एक बार पलायन वेग मिल जाने पर आगे वे सूर्य के आकर्षण के अंतर्गत दीर्घ- वृत्तीय कक्षा में यात्रा करते रहेंगे, जैसे कि सौर-मंडल के ग्रह सूर्य की परिक्रमा करते रहते हैं। इंजनों के बंद किए जाने पर राकेट- यान जब मुक्त रूप से यात्रा करते हैं, तो उनकी गतियों पर न्यूटन के गुरुत्वाकर्षण-सिद्धांत पर आधारित खगोलीय यांत्रिकी के नियम लागू होते हैं।

पृथ्वी के समीप की वृत्तीय कक्षा से जब राकेट- यान को चंद्रमा की ओर भेजा जाता है तो कई बातों का ध्यान रखना होता है। चंद्रमा स्थिर नहीं बल्कि पृथ्वी की सतत परिक्रमा करता रहता है। इसका व्यास सिर्फ 3476

किलोमीटर है और पृथ्वी से इसकी दूरी है लगभग चार लाख किलोमीटर। चंद्रयान का पथ आधिकतर दीर्घवृत्त या परवलय के वक्र का होता है। अतः राकेट-यान को चंद्रतल के निर्धारित स्थान पर उतारने के लिए उसे एक निश्चित दिशा तथा एक निश्चित वेग प्रदान करना जरूरी होता है। वेग में कुछ मीटर प्रति सेकंड का भी अंतर पड़ जाए तो वह यान चंद्रतल पर नहीं पहुँचेगा, वह अंतरिक्ष में आगे बढ़ जाएगा।

प्रथम कृत्रिम उपग्रह स्पूतनिक-1 को कक्षा में स्थापित करने के करीब चौदह महीने बाद ही, 20 जनवरी, 1959 को **लूना**-1 नामक राकेट-यान चंद्रमा की ओर भेजा गया। इसे पलायन वेग प्रदान किया गया था, इसलिए करीब 35 घंटों की यात्रा के बाद ही यह चंद्रमा के समीप पहुँच गया। परवलय की कक्षा में यात्रा करता हुआ यह राकेट-यान चंद्रतल से भी टकरा सकता था, परंतु यह चंद्रमा के समीप से आगे गुजर गया और अंत में सौर-मंडल का एक कृत्रिम ग्रह बन गया (देखिए चित्र, पृष्ठ 33)।

फिर 12 सितंबर, 1959 के दिन **लूना**-2 नामक यान को चंद्रमा की ओर भेजा गया। करीब 35 घंटों की यात्रा के बाद यंत्र-उपकरणों सहित कुल 390 किलोग्राम भार का यह मानव-रहित यान चंद्रतल से जा टकराया। पृथ्वी से भेजा गया चंद्रतल पर पहुँचने वाला यह पहला यान था। इस यान ने सोवियत संघ के राष्ट्रचिह्न को चंद्रतल पर उतारा।

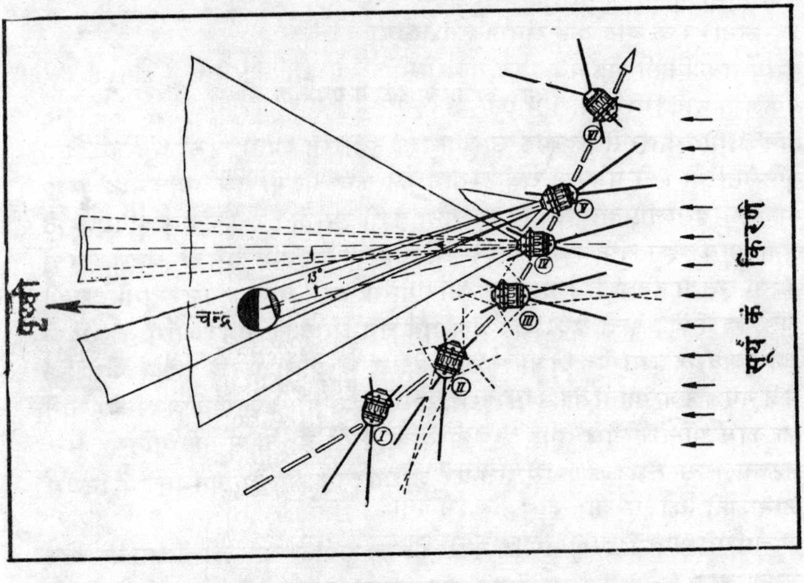

लूना-3 ने पहली बार चंद्रमा के अदृश्य गोलार्द्ध के चित्र उतारे।

चंद्र के अन्वेषण के इतिहास में **लूना**-3 की यात्रा बड़े महत्व की रही। टेलीविजन कैमरों तथा अन्य वैज्ञानिक उपकरणों से सज्ज यह मानव-रहित यान 4 अक्तूबर, 1959 को छोड़ा गया था। चंद्रमा के पीछे जाकर इस यान के कैमरों ने पहली बार चंद्र के अदृश्य गोलार्द्ध के चित्र उतारे और उन्हें पृथ्वी पर भेजा।

हम जानते हैं कि चंद्रमा जितने समय (27 दिन, 7 घंटे, 43 मिनट और 11.5 सेकंड) में पृथ्वी की एक परिक्रमा पूरी करता है, उतने ही समय में अपनी धुरी पर एक चक्कर लगा लेता है। परिणामतः चंद्रमा के केवल एक ही गोलार्द्ध को पृथ्वी से देखा जा सकता है। हम पृथ्वी से चंद्रमा की अधिक से अधिक 59 प्रतिशत सतह ही देख सकते हैं। चंद्र की 41 प्रतिशत सतह हमसे सदैव अदृश्य रही है। लूना-3 ने जब पहली बार इस अदृश्य सतह के चित्र उतारे, तभी मानव-इतिहास में पहली बार जानकारी मिली कि चंद्रमा की दूसरी ओर क्या है। इस अदृश्य चंद्रतल पर भी 'समुद्र' हैं, पर्वत हैं, गड्ढे हैं। चंद्र के दृश्य गोलार्द्ध के पृष्ठ-लक्षणों को काफ़ी पहले विभिन्न वैज्ञानिकों के नाम दिए गए थे। सोवियत अंतरिक्ष-वैज्ञानिकों ने चंद्र के अदृश्य गोलार्द्ध के पृष्ठ-लक्षणों (गड्ढों, पहाड़ों आदि) को देश-विदेश के प्रख्यात वैज्ञानिकों के नाम दिए। इनमें से तीन पृष्ठ-लक्षणों को जगदीश बसु, मेघनाद साहा तथा होमी भाभा के नाम दिए गए हैं।

लूना-3 के बाद कई लूना-यान चंद्रमा की ओर भेजे गए। परंतु लंबे समय तक किसी भी चंद्र-यान को धीमी रफ्तार से चंद्रतल पर उतरने में सफलता नहीं मिली थी। पहली बार सोवियत संघ का स्वचालित **लूना**-9 यान धीमी रफ्तार से चंद्रतल पर उतरा (3 फरवरी, 1966)। यह एक महान सफलता थी। लूना-9 में टेलीविजन तथा रेडियो उपकरण स्थापित किए गए थे। इसलिए चंद्रतल पर उतरकर लूना-9 ने वहाँ से चित्र भी भेजे। लूना-9 की इस सफलता से सिद्ध हो गया कि चंद्रतल पर आदमी को या स्वचालित वाहन को उतारा जा सकता है।

इस बीच अमरीका ने भी अपने स्वचालित यान चंद्रमा की ओर भेजे। रेंजर, सर्वेयर तथा लूनर-आर्बिटर श्रृंखला के अमरीकी यान चंद्रमा की ओर भेजे गए। रेंजर यानों का काम था—चंद्रतल के चित्र उतारना। सर्वेयर यानों का काम था—धीमी रफ्तार से चंद्रतल पर उतरना, चंद्रतल की मिट्टी को उठाना, इस मिट्टी की रायायनिक रचना की परीक्षा करना तथा इस जानकारी को पृथ्वी की ओर भेजना। **सर्वेयर**-1 नामक अमरीकी स्वचालित यान लूना-9 के चार महीने बाद धीमी रफ्तार से चंद्रतल पर उतरा था।

पहले हम बता चुके हैं कि पृथ्वी से भेजा गया और चंद्रमा के समीप

पहुँचा हुआ कोई भी राकेट-यान मात्र चंद्रमा के गुरुत्वाकर्षण से उसका कृत्रिम 'उपग्रह' नहीं बन सकता। चंद्रमा के समीप पहुँचने पर पश्चगामी राकेट से उस यान की गति धीमी करने के बाद ही वह चंद्रमा की परिक्रमा कर सकता है। लूना-9 यान धीमी रफ्तार से चंद्रतल पर उतरा था, परंतु वह चंद्रमा की परिक्रमा करने के बाद नहीं बल्कि सीधे ही पश्चगामी राकेट की सहायता से चंद्रतल पर उतरा था। सफलतापूर्वक चंद्रमा की परिक्रमा करनेवाला पहला यान था—**लूना**- 10। 31 मार्च, 1966 को छोड़े गए इस यान ने चंद्र के समीप पहुँचकर पश्चगामी राकेट से अपनी गति धीमी कर ली और यह चंद्र की परिक्रमा करने लगा। इसने चंद्र के कुल 460 चक्कर लगाए और चंद्रतल के बारे में बहुत सारी उपयोगी जानकारी धरती की ओर भेजी।

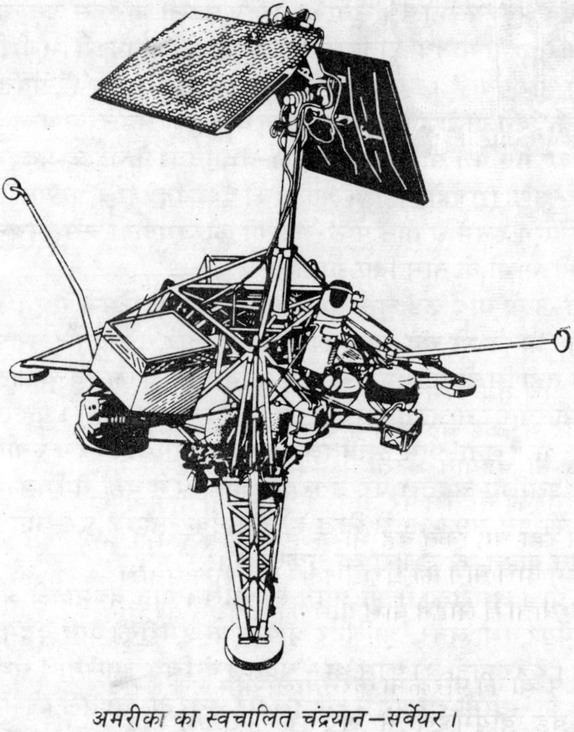

अमरीका का स्वचालित चंद्रयान—सर्वेयर।

लूना-10 के बाद और भी कुछ लूना-यान चंद्रमा की ओर भेजे गए। **लूना**-13 धीमी रफ्तार से चंद्रतल पर उतरा (24 दिसंबर, 1966)। इस यान के यंत्र-उपकरणों ने चंद्रतल की मिट्टी का परीक्षण किया और यह जानकारी धरती की ओर भेजी। **लूना**-14 ने पृथ्वी और चंद्र की सापेक्ष

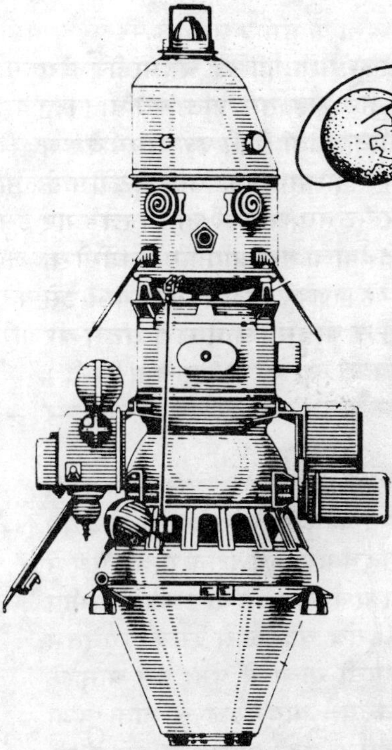

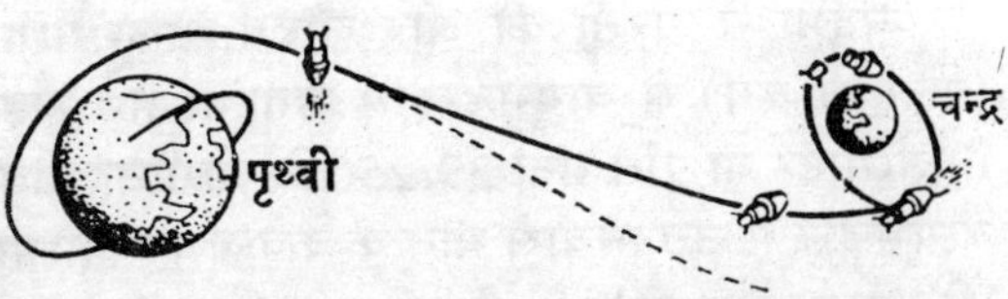

स्वचालित स्टेशन लूना-10 (बाएँ) और उसका चंद्र तक का यात्रापथ (ऊपर)।

द्रव्यराशियों के बारे में सूक्ष्म आँकड़े प्राप्त किए। इस बीच अमरीका के **लूनर-आर्बिटर** नामक यानों ने चंद्रतल के बढ़िया चित्र उतारे। इन चित्रों से वैज्ञानिकों को चंद्रतल की रचना के बारे में अधिक स्पष्ट जानकारी मिली। इन चित्रों की सहायता से चंद्रतल के उन स्थानों का चुनाव करने में भी आसानी हुई जहाँ आगे अमरीकी अंतरिक्ष-यात्रियों को उतारने की योजनाएँ बन रही थीं।

अब तक अमरीका तथा सोवियत संघ ने अनेक चंद्रयान चंद्रतल पर उतारे थे, कई चंद्रयानों ने चंद्रमा की परिक्रमाएँ भी की थीं, किंतु इनमें से कोई भी चंद्रयान धरती पर सकुशल लौटकर नहीं आया था। अमरीका आदमी को चंद्रतल पर उतारने की अपनी योजना (अपोलो प्रोग्राम) को आगे बढ़ा रहा था, किंतु वह भी अभी तक सिद्ध नहीं कर पाया था कि चंद्रमा से लौटने वाले यान को धरातल पर सकुशल उतारा जा सकता है। दरअसल, चंद्र-यात्रा से लौटने वाले यान को धरातल पर उतारने में अनेक कठिनाइयाँ हैं।

पृथ्वी की परिक्रमा करनेवाला यान जब धरातल पर उतरने को होता है तो वह वायुमंडल में लगभग 8 किलोमीटर प्रति सेकंड (28,800 किलोमीटर प्रति घंटे) के वेग से उतरता है। ऐसे समय वायुमंडल के साथ घर्षण के कारण यान के बाहय कवच का तापमान 8000^0 सेंटीग्रड पर पहुँच जाता है। परंतु इस समस्या को सुलझा लिया गया था क्योंकि इस बीच अमरीका और सोवियत संघ के अनेक अंतरिक्ष-यात्री पृथ्वी के चक्कर

लगाकर धरातल पर लौट आए थे।

चंद्रमा से धरती की ओर लौटने वाला यान द्वितीय ब्रह्मांडीय वेग (पलायन वेग) से वायुमंडल में उतरता है। यह वेग प्रति सेकंड 11.2 किलोमीटर या प्रति घंटा 39,250 किलोमीटर होता है। इतने उच्च वेग से वायुमंडल में उतरनेवाले यान के कवच का तापमान $10{,}000^0$ सेंटीग्रेड के भी ऊपर पहुँच जाता है और यान के भीतर बैठ हुए यात्रियों का गुरुत्व-भार भी बहुत अधिक बढ़ जाता है। चंद्र से लौटनेवाला यान यदि सीधे खड़ी रेखा में वायुमंडल में उतरता है तो उल्का की तरह जलकर राख हो जाएगा। इसे एक विशेष कोण से और विशेष विधियों से वायुमंडल में से धरातल पर उतारना होता है। इसमें भी सर्वप्रथम सोवियत संघ को ही सफलता मिली। सोवियत संघ के जोंद-5 और जोंद-6 नामक यान चंद्रमा का चक्कर लगाकर धरातल पर उतर आए।

जोंद-5 को 15 सितंबर, 1968 को ऊपर भेजा गया। पहले इसने पृथ्वी का चक्कर लगाया और तदनंतर यह चंद्रमा की ओर आगे बढ़ा। जब यह यान पृथ्वी से 3,25,000 किलोमीटर दूर पहुँच गया, तो इसके यात्रा-पथ में कुछ संशोधन किया गया। तीन दिन की यात्रा के बाद यह यान चंद्र के समीप पहुँचा और इसने चंद्र का चक्कर लगाया। तब चंद्रतल से इसकी न्यूनतम दूरी 1950 किलोमीटर रह गई थी। वापसी यात्रा में पुनः इस यान के यात्रा-पथ में संशोधन किया गया, ताकि यह वायुमंडल से होता हुआ धरातल के पूर्व-निर्धारित स्थान पर सकुशल उतर आए। पैराशूटों की सहायता से जोंद-5 हिंद महासागर में उतरा। पहले इसे जहाज द्वारा बंबई लाया गया और वहाँ से विमान द्वारा मास्को ले जाया गया। जोंद-5 के वैज्ञानिक उपकरणों ने चंद्रमा के समीप के अंतरिक्ष के बारे में नई जानकारी प्राप्त की।

जोंद-5 के करीब दो महीने बाद जोंद-6 को चंद्रमा की ओर भेजा गया। इस यान की चंद्र-यात्रा भी लगभग जोंद-5 जैसी ही रही, किंतु इस यान को विशेष तरीके से धरातल पर उतारा गया। इसी कारण यह यान सोवियत संघ में ठोस धरातल पर उतरा। वापसी यात्रा में दो बार इसके यात्रा-पथ में संशोधन किया गया। वायुमंडल में उतरते समय पहले यह कुछ-कुछ ग्लाइडर की तरह उतरा। परिणाम स्वरूप वायुमंडल में उतरते समय इसका 11.2 किलोमीटर प्रति सेकंड का जो वेग था वह सिर्फ 7.8 किलोमीटर प्रति सेकंड (कक्षीय वेग) रह गया। वायुमंडल की ठेल ने जोंद-6 के वेग को कम किया था। वायुमंडल के साथ टकराकर यान पुनः कुछ ऊपर उछल गया, परंतु इसका वेग कम हो गया था। पुनः यह वायुमंडल में उतरा और पुनः इसका वेग कम हो गया। करीब 7.5 किलोमीटर ऊपर इसके

पैराशूट खुले और यान धीमी रफ्तार से धरातल पर उतर आया।

चंद्रयान को इस प्रकार धरातल पर उतारने में अनेक कठिनाइयाँ हैं। एक विशेष कोण से ही इस प्रकार यान को वायुमंडल में उतारा जा सकता है। इस कोण में थोड़ा भी अंतर पड़ जाए, तो यान पुनः बाह्य अंतरिक्ष में निकल जा सकता है या वायुमंडल में सीधे उतरकर जलकर राख हो सकता है। अतः जोंद-6 को सकुशल धरातल पर उतारने में सफलता मिली, तो सभी को लगा कि चंद्रयात्रा की एक बहुत बड़ी कठिनाई सुलझ गई है। बहुतों को लगा कि अब सोवियत संघ ही अपने अंतरिक्ष-यात्रियों को सबसे पहले चंद्रतल पर उतारेगा।

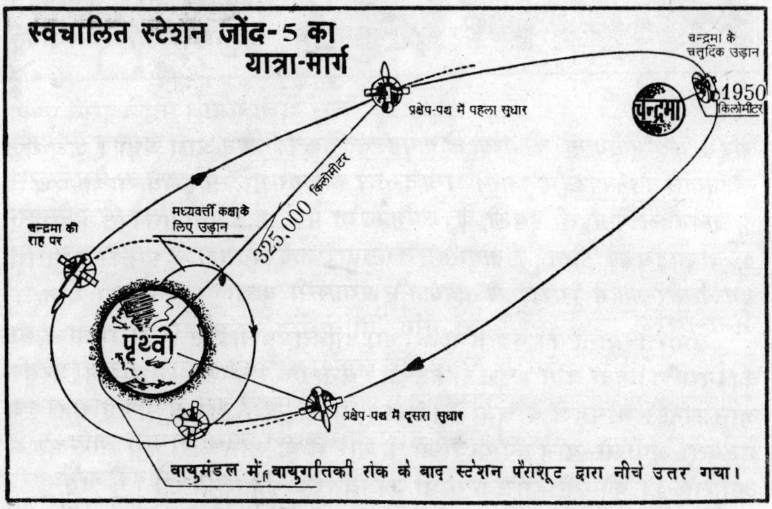

वायुमंडल में वायुगति की रोक के बाद स्टेशन पैराशूट द्वारा नीचे उतर गया।

आज हम जानते हैं कि **अपोलो**-11 के दो अंतरिक्ष-यात्रियों को, 21 जुलाई 1969 ई. को, चंद्रतल पर उतरने में सफलता मिली। आदमी को चंद्रतल पर उतारकर धरती पर वापस लाना अमरीका के लिए राष्ट्रीय सम्मान का प्रश्न बन गया था। आदमी को चंद्रतल पर उतारने के लिए ही अपोलो-यानों का प्रोग्राम अस्तित्व में आया था और इसके लिए अरबों-खरबों डालर खर्च किए गए। अंत में सफलता भी मिली। अपोलो-यानों ने कुल बारह यात्रियों को चंद्रतल पर उतारा है और यह यान उन्हें धरातल पर वापस लाए हैं। इसलिए अब हम आपोलो-यानों की चंद्रयात्रा पर विचार करेंगे।

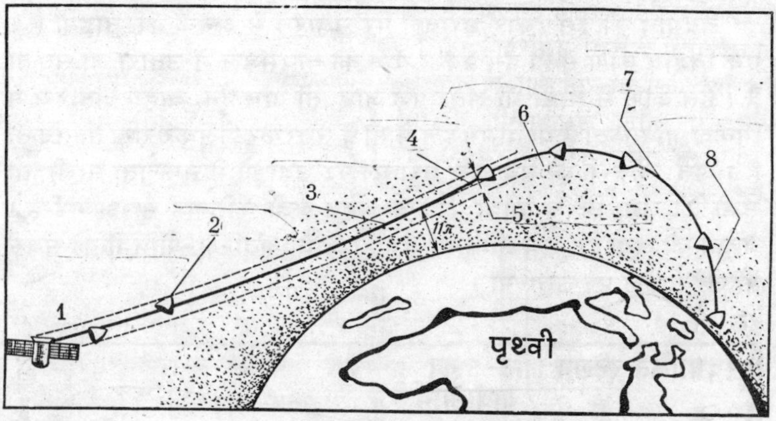

जोंद-6 के 'मातृयान' की पृथ्वी के वायुमंडल में वापसी यात्रा : 1. धरातल पर वापस लौटनेवाले यंत्र-संपुट (मातृयान) का जोंद-6 से पृथक्करण, 2. मातृयान का स्थिरीकरण, 3. वायुमंडल में पहली डुबकी, 4. कर्षण-रहित पथ, 5. वापसी यात्रा का गलियारा, 6. वायुमंडल की 'सीमा', 7. वायुमंडल के 'ऊपर' प्राक्षेपिक यात्रा, 8. वायुमंडल में दूसरी डुबकी और अंत में पैराशूट की सहायता से धरातल पर वापसी।

अपोलो-यानों की चंद्रयात्रा के लिए शक्तिशाली **सैटर्न**-5 नामक राकेट का निर्माण किया गया। इस राकेट की रचना एवं संचालन के बारे में विस्तृत जानकारी हम पहले दे चुके हैं (देखिए, पृष्ठ 58-62)। इसलिए यहाँ हम मुख्यतः अपोलो-यान की यात्राओं के बारे में ही जानकारी देंगे और अंत में अपोलो-11 की ऐतिहासिक यात्रा का विवरण प्रस्तुत करेंगे।

चंद्रयात्रा के लिए सज्ज अपोलो-यान सहित पूरे सैटर्न-5 राकेट की ऊँचाई 109 मीटर होती है। इनमें सबसे ऊपर स्थापित अपोलो-यान की ऊँचाई सिर्फ 24.6 मीटर होती है। अपोलो-यान सहित ईंधनों से भरे हुए पूरे सैटर्न-5 राकेट यान का भार 3000 टन होता है। इनमें इंजनों और ईंधनों सहित पूरे अपोलो-यान का भार सिर्फ करीब 44 टन ही होता है।

अपोलो-यान के दो प्रमुख भाग होते हैं, जिन्हें मॉड्यूल कहते हैं और जो एक-दूसरे से जुड़े रहते हैं। एक भाग **आदेश तथा सेवा मॉड्यूल** कहलाता है और इसमें तीन अंतरिक्ष-यात्रियों के लिए स्थान की व्यवस्था रहती है। दूसरे भाग को **चांद्र-मॉड्यूल** कहते हैं और दो अंतरिक्ष-यात्री इसकी सहायता से चंद्रतल पर उतरते हैं और पुनः ऊपर उठते हैं। ऊपर उठकर यह चांद्र-मॉड्यूल, आदेश तथा सेवा मॉड्यूल के साथ जुड़ जाता है और तदनंतर तीनों यात्री पृथ्वी की ओर लौटते हैं। धरातल पर तीनों अंतरिक्ष-यात्रियों सहित सिर्फ आदेश मॉड्यूल ही लौटता है और इसका भार

होता है केवल 5.6 टन। स्मरण रहे कि अपोलो-यान सहित सैटर्न-5 राकेट जब चंद्रयात्रा के लिए अंतरिक्ष-अड्डे से उठा, तो उसका वजन 3000 टन था; किंतु तीन अंतरिक्ष-यात्रियों को लेकर जो आदेश मॉड्यूल चंद्रयात्रा के बाद धरातल पर लौटा, उसका भार केवल5.6 टन था!

अपोलो-यान तथा सैटर्न-5 राकेट के परीक्षण 1967 ई० से शुरू हुए। नवंबर 1967 में सैटर्न-5 की सहायता से अपोलो-4 को पार्थिव कक्षा में स्थापित किया गया और इसके 11 किलोमीटर प्रति सेकंड के वेग से धरातल पर उतरने के बारे में प्रयोग किया गया। जनवरी 1968 में मानव रहित अपोलो-5 को पार्थिव कक्षा में स्थापित किया गया और चांद्र-भ्रमण मॉड्यूल के बारे में परीक्षण किए गए।

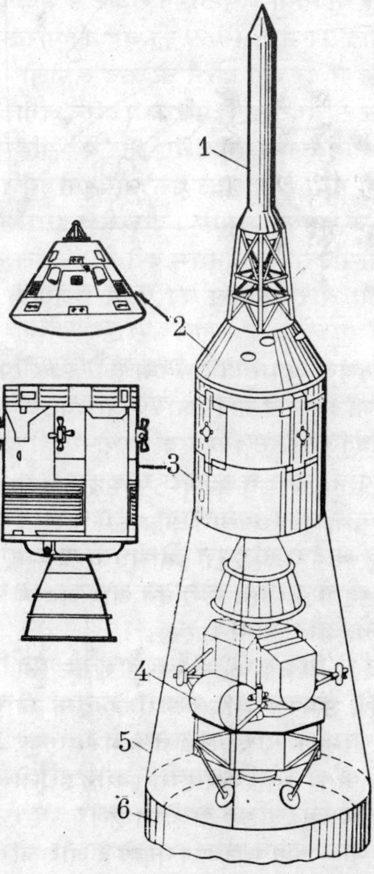

अपोला-8 की यात्रा बड़ी महत्वपूर्ण रही। इस यात्रा ने अमरीका के चंद्र-यात्रा प्रोग्राम को एकाएक काफ़ी आगे पहुँचा दिया। अपोलो-8 को सैटर्न-5 राकेट से 21 दिसंबर, 1968 को चंद्रमा की ओर भेजा गया। इस यान में तीन अंतरिक्षयात्री थे—बोरमैंन, लॉवेल और ऐंडर्स। तीन दिन की यात्रा के बाद यह यान चंद्रमा के समीप पहुँचा और इसने चंद्र की परिक्रमा शुरू कर दी। परिक्रमा-पथ में कुछ दुरुस्तियाँ करने के बाद इस यान ने चंद्रतल से 113

अपोलो अंतरिक्षयान: 1. यात्रा क आरांभक दौर में उत्पन्न संकटकालीन स्थिति में अंतरिक्षयात्रियों को धरती पर वापस लाने की राकेट-इंजन व्यवस्था (मीनार), 2. पूरी चंद्रयात्रा के बाद अंतरिक्षयात्रियों को लेकर धरती पर वापिस लानेवाला आदेश-मॉड्यूल, 3. राकेट-इंजन से युक्त सेवा-मॉड्यूल, 4. चांद्र-मॉड्यूल, 5. अपोलो-यान को सैटर्न-5 राकेट के साथ जोड़नेवाला खोल, 6. राकेट का ऊपरी सिरा।

किलोमीटर की ऊँचाई पर लगभग वृत्तीय कक्षा में चंद्र के दस चक्कर लगाए। तदनंतर अपोलो-8 उन अंतरिक्ष-यात्रियों को लेकर सकुशल 'प्रशांत महासागर में उतर आया। अपोलो-9 के यात्रियों ने 10 दिन की अंतरिक्ष-यात्रा की और चांद्र- मॉड्यूल का परीक्षण किया।

अपोलो-10 ने इसमें बैठे हुए तीन अमरीकी अंतरिक्षयात्रियों को चंद्रतल के और अधिक नजदीक पहुँचा दिया। सैटर्न-5 राकेट से भेजे गए इस यान ने तीन दिन की यात्रा के बाद 21 मई, 1969 को चंद्र की परिक्रमा शुरू कर दी। चंद्र-परिक्रमा के पथ में दुरुस्ती करने के बाद अपोलो-10 जब करीब 112 किलोमीटर के ऊपर से चंद्रतल की परिक्रमा करने लगा, तो तीन में से दो अंतरिक्ष-यात्री चांद्र- माड्यूल में पहुँच गए और यह मॉड्यूल सेवा व आदेश मॉड्यूल से अलग हो गया। तदनंतर इस चांद्र-मॉड्यूल ने दीर्घवृत्तीय कक्षा में 8 घंटों तक चंद्र के चक्कर लगाए। इस बीच इसमें बैठे हुए दो अंतरिक्षयात्रियों ने 15 किलोमीटर की न्यूनतम दूरी से चंद्रतल का अवलोकन किया। मानव ने पहली बार चंद्रतल का इतने नजदीक से अवलोकन किया।

अपोलो-10 का चांद्रभ्रमण मॉड्यूल अपने दो यात्रियों को लेकर फिर ऊपर उठा और उस सेवा व आदेश मॉड्यूल से जा मिला जो अधिक ऊँचाई से चंद्र की परिक्रमा कर रहा था और जिसमें उनका एक साथी-यात्री बैठा हुआ था। चांद्र-मॉड्यूल के वे दो यात्री सेवा व आदेश मॉड्यूल में पहुँच गए। चांद्र-मॉड्यूल को अलग करके छोड़ दिया गया। तदनंतर तीनों यात्रियों सहित अपोलो-10 के सेवा व आदेश मॉड्यूल की वापसी यात्रा शुरू हुई। आठ दिन की यात्रा के बाद उन तीनों यात्रियों को लेकर अपोलो-10 का आदेश मॉड्यूल प्रशांत महासागर में उतर आया।

अपोलो-10 की सफल चंद्रयात्रा के बाद सभी को विश्वास हो गया कि अब जल्दी ही अंतरिक्षयात्रियों को चंद्रतल पर उतारा जाएगा। वह ऐतिहासिक दिन दो महीने बाद ही आया। भारतीय समय के अनुसार 21 जुलाई, 1969 के दिन **अपोलो**-11 के दो अंतरिक्षयात्री—आर्मस्ट्रांग और एल्ड्रिन—चंद्रतल पर उतरे। मानव के चिरसंचित स्वप्न साकार हुए।

अपोलो-यानों को चंद्रमा की ओर भेजने वाले शक्तिशाली राकेट सैटर्न-5 की जानकारी हम पहले दे चुके हैं। अपोलो-11 की चंद्रयात्रा को समझने के लिए पाठक यदि उस जानकारी को पुनः एक बार दोहरा ले तो उपयोगी होगा।

अपोलो-11 की यात्रा अमरीका के केप-केनेडी अंतरिक्ष-अड्डे से भारतीय समय के अनुसार 16 जुलाई, 1969 को सायंकाल 7.02 बजे शुरू हुई। अपोलो-यान के तीन अंतरिक्षयात्री थे—**नील आर्मस्ट्रांग** (कमांडर),

माइकेल कॉलिन्स और **एडविन एल्ड्रिन** ।

उड़ान के लिए सज्ज पूरे राकेट-यान का भार करीब 3000 टन था। सर्वप्रथम राकेट के निचले खंड के पाँच इंजन शुरू हुए। इन्होंने प्रति सेकंड 13.6 टन प्रणोदक (ईंधन और आक्सीकर) जलाना शुरू कर दिया। आरंभ के 10 सेकंडों में इस प्रथम खंड का 136 टन प्रणोदक जलकर गैसों के जेट के रूप में बाहर निकल आया। किंतु इन दस सेकंडों में राकेट-यान धरातल से उतना ही ऊपर उठा, जितनी कि इसकी ऊँचाई है (109 मीटर)।

तदनंतर प्रति सेकंड करीब 14 टन प्रणोदक खर्च करते हुए राकेट-यान ने तेजी से त्वरण प्राप्त करते हुए ध्वनि के वेग (करीब 338 मीटर प्रति सेकंड) का अतिक्रमण किया। राकेट-इंजनों की भीषण गर्जना पीछे रहने लगी। अंतरिक्षयात्री इस संत्रास से मुक्त हुए।

यात्रारंभ के ढाई मिनट बाद यह राकेट-यान 64 किलोमीटर की ऊँचाई पर पहुँचा और इसको 8850 किलोमीटर प्रति सेकंड की गति मिली। सैटर्न-5 राकेट के प्रथम खंड का कार्य पूरा हुआ। इसका सारा प्रणोदक खर्च हो गया। अतः यह खंड राकेट-यान से अलग हो गया और वायुमंडल से होता हुआ अतलांतिक महासागर में आ गिरा। प्रणोदक सहित इस प्रथम खंड का भार करीब 2250 टन था। इस प्रकार जब प्रथम खंड अलग हो गया, तो शेष राकेट-यान का भार करीब तीन-चौथाई रह गया।

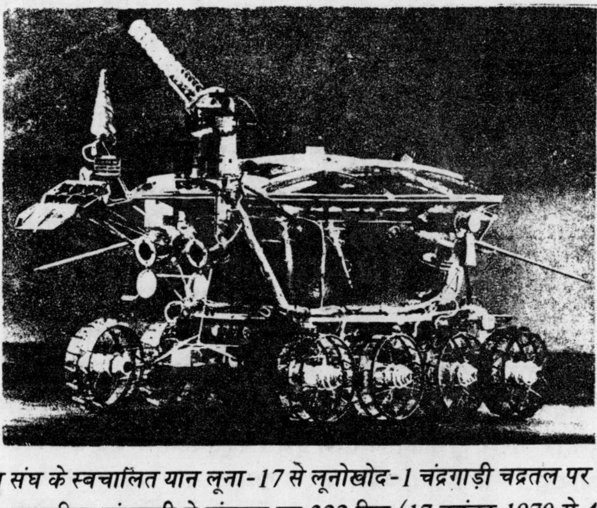

सोवियत संघ के स्वचालित यान लूना-17 से लूनोखोद-1 चंद्रगाड़ी चद्रतल पर उतर रही है। इस स्वचालित चंद्रगाड़ी ने चंद्रतल पर 322 दिन (17 नवंबर 1970 से 4 अक्तूबर 1971) तक कार्य किया और कुल 10,540 मीटर का चक्कर लगाया। लूनोंखोद-2 गाड़ी 16 जनवरी 1973 को चंद्रतल पर उतारी गई थी।

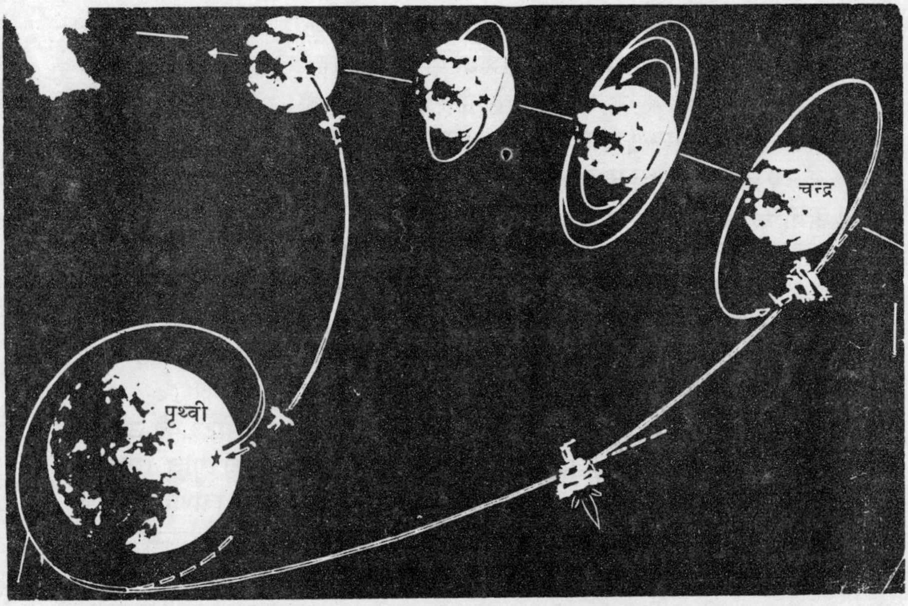

अंतरिक्ष-यान का पृथ्वी से चंद्र तक और चंद्र से पृथ्वी तक का यात्रा-पथ

राकेट-यान के दूसरे खंड के इंजन शुरू हो जाते हैं। राकेट-यान एक खूबसूरत वक्र में अतलांतिक महासागर के ऊपर अफ्रीका की ओर मुड़ता है। राकेट-यान के सिरे पर, अपोलो यान के ऊपरी हिस्से में, एक 'मीनार' होती है। यात्रा के आरंभिक दौर में यदि कोई संकट उपस्थित होता है तो तीनों अंतरिक्ष-यात्री इस मीनार की मदद से धरातल पर उतर सकते हैं। परंतु राकेट-यान जब 96 किलोमीटर ऊपर पहुँच गया, तो इस मीनार की कोई उपयोगिता नहीं रह गई और यह राकेट-यान से अलग होकर धरातल पर आ गिरी।

राकेट के दूसरे खंड के इंजनों ने करीब छह मिनट तक कार्य किया, राकेट-यान 183 किलोमीटर की ऊँचाई पर पहुँचा और इसे लगभग 24,000 किलोमीटर प्रति घंटा या करीब 7 किलोमीटर प्रति सेकंड का वेग मिला। तदनंतर यह दूसरा खंड भी शेष राकेट-यान से अलग हो गया।

तदनंतर तीसरे खंड का अकेला इंजन शुरू हुआ। इस इंजन ने करीब 2 मिनट और 45 सेकंड तक काम करके राकेट-यान को धरातल से लगभग 185 किलोमीटर ऊपर की वृत्तीय कक्षा में स्थापित किया। राकेट-यान को 28,000 किलोमीटर प्रति सेकंड का वेग मिला। यह सब यात्रारंभ के सिर्फ 12 मिनट बाद ही हो गया। राकेट-यान ने जब वृत्तीय कक्षा में पृथ्वी की

परिक्रमा शुरू कर दी, तो राकेट-इंजन को चालू रखने की कोई जरूरत नहीं रह गई। अतः राकेट के तीसरे खंड के इंजन को बंद कर दिया गया। परंतु राकेट ने इस तीसरे खंड को अपोलो-यान से अलग नहीं किया, क्योंकि आगे की यात्रा के लिए इसकी पुनः जरूरत थी।

पहले हम बता चुके हैं कि कोई भी यान जब वृत्तीय कक्षा में पृथ्वी की परिक्रमा करता है, तो उसे गतिमान रखने के लिए किसी प्रकार के बल की जरूरत नहीं होती। वस्तुतः वह यान वृत्तीय कक्षा में पृथ्वी पर 'गिरता' रहता है। और जब कोई यान मुक्त रूप से पृथ्वी पर गिरने की अवस्था में रहता है तो उसमें बैठे हुए यात्री भार-रहित स्थिति में रहते हैं। अपोलो-11 के अंतरिक्षयात्रियों ने जब करीब 185 किलोमीटर ऊपर पृथ्वी की परिक्रमा शुरू कर दी तो वे भी भार-रहित अवस्था में थे।

चंद्रमा पृथ्वी से करीब चार लाख किलोमीटर दूर है। अपोलो-यान अब तक 185 किलोमीटर की ऊँचाई तक ही पहुँचा था। इसलिए आगे की लंबी यात्रा के लिए यान में बैठ हुए यात्री यान के कल-पुरजों की जाँच-पड़ताल करते रहे। करीब ढाई घंटे तक पृथ्वी की परिक्रमाएँ करने के बाद अपोलो-यान के साथ जुड़े हुए तीसरे खंड के राकेट-इंजन को पुनः शुरू कर दिया गया। इस इंजन ने 5 मिनट और 47 सेकंड तक काम करके करीब 45 टन भार के अपोलो-यान को एक निश्चित दिशा में 38,792 किलोमीटर प्रति घंटे का वेग प्रदान किया। अब अपोलो-यान सूर्य के शक्तिशाली गुरुत्वाकर्षण के अंतर्गत मुक्त रूप से चंद्रमा की ओर आगे बढ़ा।

आगे अंतरिक्षयात्रियों को एक कठिन कार्य करना था। अपोलो-सैटर्न-5 राकेट-यान जब धरातल से ऊपर उठता है, तो राकेट के तीसरे खंड के ऊपर एक खोल में चांद्र-भ्रमण यान बंद रहता है। इस चांद्र-यान के ऊपर सेवा-मॉड्यूल रहता है और उसके ऊपर आदेश-मॉड्यूल (देखिए चित्र, पृ. 103)। अपोलो-यान जब चंद्रमा की ओर आगे बढ़ता है तो सबसे पहले चांद्र-भ्रमण यान को उसके खोल से बाहर निकालना होता है और इसे आदेश-मॉड्यूल के साथ जोड़ना होता है। इस क्रिया के लिए सेवा व आदेश-मॉड्यूल को 180^0 में घुमाना पड़ता है। अपोलो-10 की यात्रा में भी यह सब करना पड़ा था। इस बार अपोलो-11 के अंतरिक्ष-यात्रियों ने भी इस क्रिया को पूरा किया। अपोलो-यान चंद्रमा की ओर आगे बढ़ा। अब राकेट के तीसरे खंड की कोई उपयोगिता नहीं रह गई थी। चांद्र-भ्रमण मॉड्यूल के खाली खोल को लेकर यह अपोलो-यान से अलग हो गया।

इसके बाद अंतरिक्षयात्रियों ने अपने भारी अंतरिक्ष-सूट उतार दिए और हलके कपड़े पहन लिए। अपोलो-11 यान का पृथ्वी के केंद्रों के साथ बराबर संपर्क बना रहा। आरंभ के 24 घंटों में अपोलो-यान ने करीब दो लाख

अपोलो-11 की ऐतिहासिक चंद्रयात्रा के तान अंतरिक्षयात्री आर्मस्ट्रांग, कॉलिन्स और एल्ड्रिन।

किलोमीटर की यात्रा पूरी की। यान जब 2,40,000 किलोमीटर की दूरी पर पहुँचा तो अंतरिक्षयात्रियों ने वहाँ से पृथ्वी की ओर रंगीन टेलीविजन प्रोग्राम प्रसारित किया, जिसे धरती पर लाखों लोगों ने देखा।

चंद्रमा की ओर करीब तीन दिन की मुक्त यात्रा के बाद अपोलो-11 यान चंद्रमा के समीप पहुँच गया। हमने देखा है कि अपोलो-यान पार्थिव कक्षा से जब चंद्रमा की ओर आगे बढ़ा था, तो उसका वेग (पलायन वेग) प्रति घंटे करीब 39 हजार किलोमीटर था। इस वेग से दौड़ने वाला यान पार्थिव कक्षा से बाहर निकलकर सूर्य के आकर्षण के अंतर्गत यात्रा करने लगता है। इसका मतलब यह नहीं है कि उस यान पर पृथ्वी का गुरुत्वाकर्षण या खिचाव पूर्णतः समाप्त हो जाता है। वस्तुतः कोई भी यान जब पलायन वेग से यात्रा करने लगता है, तो उस पर पृथ्वी की अपेक्षा सूर्य का गुरुत्वाकर्षण बल अधिक पड़ता है। फलतः वह यान एक ग्रह की तरह सूर्य की परिक्रमा करने लगता है।

अपोलो-11 यान ने जब पलायन वेग से यात्रा शुरू कर दी, तो उस पर पृथ्वी का खिचाव शून्य नहीं हुआ। यह खिचाव मौजूद रहा और इसने धीरे-धीरे अपोलो-11 यान के वेग को घटाया। अपोलो-यान जब पृथ्वी से

1,28,000 किलोमीटर दूर पहुँच गया, तो यान का वेग लगभग 7600 किलोमीटर प्रति घंटे रह गया था। अपोलो-यान पृथ्वी से जब साढ़े तीन लाख किलोमीटर की दूरी पर पहुँच गया, तो इसका वेग सिर्फ 3400 किलोमीटर प्रति घंटे रह गया।

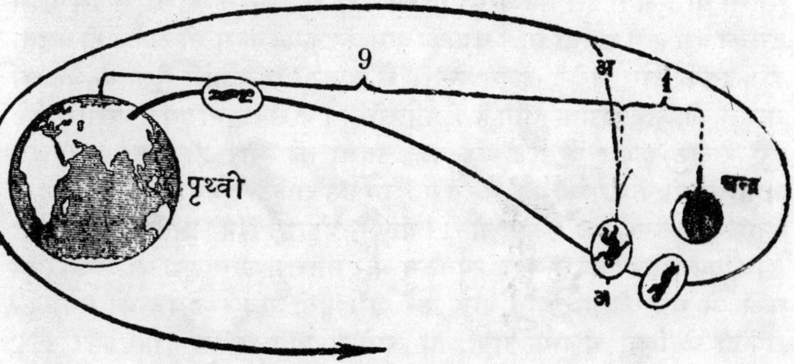

पृथ्वी और चंद्र के बीच का समगुरुत्वीय बिंदुपथ (अ)।

पृथ्वी से चंद्रमा की औसत दूरी 3,84,400 किलोमीटर है। पृथ्वी चंद्रम से करीब 81 गुना भारी है। अतः न्यूटन के गुरुत्वाकर्षण-सिद्धांत से स्पष्ट है कि इन दो पिंडों के बीच पृथ्वी का गुरुत्वाकर्षण अधिक होगा। इस सिद्धांत से यह भी स्पष्ट है कि पृथ्वी व चंद्र के बीच एक ऐसा स्थान होगा जहाँ पृथ्वी और चंद्रमा का गुरुत्वाकर्षण समान होगा। ऐसे समगुरुत्वीय बिंदुओं की सतह पृथ्वी से 3,46,079 किलोमीटर की दूरी पर और चंद्रमा से 38,321 किलोमीटर की दूरी पर रहेगी। इन दूरियों में 9 : 1 का अनुपात है।

बहुत-से लोग समझते हैं कि यान जब चंद्र और पृथ्वी के बीच के इस समगुरुत्वीय बिंदु पर पहुँचता है, तो पृथ्वी का गुरुत्वाकर्षण 'शून्य' हो जाता है। परंतु बात ऐसी नहीं है। उस दूरी पर पहुँचने के बाद पृथ्वी और चंद्र के गुरुत्वाकर्षण-बल बराबर हो जाते हैं। उसके आगे की यात्रा में पृथ्वी का गुरुत्वाकर्षण कम होता जाता है और चंद्र का गुरुत्वाकर्षण बढ़ता जाता है। इसी कारण आगे पुनः यान का वेग बढ़ जाता है।

अपोलो-11 यान जब चंद्रमा के समीप पहुँचा तो उसका वेग करीब 9000 किलोमीटर प्रति घंटा था।

चंद्रमा पृथ्वी से काफी छोटा है, इसलिए चंद्रमा के संदर्भ में कक्षीय वेग तथा पलायन वेग भी काफी कम होगा। पृथ्वी के समीप जब किसी यान को करीब 28,000 किलोमीटर प्रति घंटे का वेग प्राप्त होता है तो वह मुक्त रूप

से पृथ्वी की परिक्रमा करने लग जाता है। लेकिन यही यान जब चंद्र के समीप पहुँचता है तो लगभग 5800 किलोमीटर प्रति घंटे का वेग मिल जाने से ही यह करीब 112 किलोमीटर की ऊँचाई से चंद्रमा की परिक्रमा करने लग जाएगा।

अपोलो-11 यान चंद्रमा के समीप 9000 किलोमीटर प्रति घंटे के वेग से पहुँचा था। अतः इसे चंद्र के समीप की कक्षा में उतारने के लिए सबसे पहले इसका वेग कम करना था। वेग को कम करने का काम भी राकेट ही करता है। इसके लिए राकेट-इंजन के तुंड से बाहर दौड़नेवाली गैसों के जेट को सामने की ओर दागना होता है। अपोलो-11 के सेवा-मॉड्यूल के साथ जुड़े हुए राकेट-इंजन के तुंड का मुँह चंद्रमा की ओर ही था। इसलिए अपोलो-11 के वेग को कम करने के लिए इस राकेट-इंजन को छह मिनट के लिए चालू रखा गया। अपोलो-11 यान ने चंद्रतल से 112 किलोमीटर और 314 किलोमीटर की क्रमशः न्यूनतम और महत्तम ऊँचाइयों की दीर्घवृत्तीय कक्षा में चंद्र की परिक्रमा शुरू कर दी। इसी राकेट-इंजन को पुनः 17 सेकंडों के लिए चलाया गया, तो अपोलो-यान करीब 100 और 122 किलोमीटर की क्रमशः न्यूनतम एवं महत्तम ऊँचाइयों से चंद्रतल की परिक्रमा करने लगा।

अपोलो-यान ने चंद्रमा के दस चक्कर लगाए। इस बीच अंतरिक्ष-यात्रियों ने विश्राम किया। तदनंतर आर्मस्ट्रांग और एल्ड्रिन ने अपने सूट पहन लिए और वे एक सुरंग के रास्ते रेंगते-रेंगते चांद्र-मॉड्यूल में पहुँच गए। चार घंटे की जाँच-पड़ताल के बाद उन दो अंतरिक्षयात्रियों ने चांद्र-मॉड्यूल को मातृयान (सेवा व आदेश मॉड्यूल) से अलग कर लिया। तीसरे अंतरिक्षयात्री कॉलिन्स मातृयान में रह गए और ऊपर से चंद्रमा की परिक्रमा करते रहे।

फिर आर्मस्ट्रांग व एल्ड्रिन ने 30 सेकंडों के लिए चांद्र-मॉड्यूल के पश्चगामी राकेट शुरू किए। इससे चांद्र-मॉड्यूल की दीर्घवृत्तीय कक्षा और छोटी हो गई। चंद्रतल से इस कक्षा का सबसे नजदीक का बिंदु सिर्फ 15 किलोमीटर ऊपर था। अपोलो-11 की यहाँ तक की यात्रा अपोलो-10 जैसी रही। अपोलो-10 का चांद्र-मॉड्यूल भी इतना नीचे उतर गया था।

इसके आगे पुनः चांद्र-मॉड्यूल के पश्चगामी राकेटों को शुरू किया गया और आर्मस्ट्रांग ने इसका संचालन अपने हाथ में लेकर चांद्र-मॉड्यूल (ईगल) को धीरे-धीरे चंद्रतल पर उतारा। चांद्र-मॉड्यूल चंद्रमा के 'शांत सागर' के एक खड्ड के किनारे के पास उतरा। कुछ मिनट बाद एल्ड्रिन और आर्मस्ट्रांग ने चांद्रयान की खिड़की से चंद्रतल को देखा। उन्होंने आसपास छोटे-बड़े भूरे पत्थर देखे, खड्ड देखे और करीब दो किलोमीटर की दूरी पर

एक पहाड़ी भी देखी ।

यान के चंद्रतल पर उतरने के बाद अंतरिक्ष-यात्रियों ने भोजन किया और वे चंद्रतल पर उतरने की तैयारी करने लगे । उन्होंने अपने सूट पहने । पीठ पर आक्सीजन आदि का बक्सा बाँधा । चांद्र-मॉड्यूल के चंद्रतल पर उतरने के करीब साढ़े छह घंटे बाद भारतीय समय के अनुसार 21 जुलाई 1969 को प्रातः काल 8 बजकर 26 मिनट पर पहले नील आर्मस्ट्रांग चंद्रतल पर उतरे । बीस मिनट बाद एल्ड्रिन चंद्रतल पर उतरे ।

मानव-जाति के इतिहास में पहली बार दो आदमी चंद्रमा पर उतरे थे । आर्मस्ट्रांग चंद्रतल पर लगभग दो घंटे और तेरह मिनट तक रहे । एल्ड्रिन कुछ समय तक रहे । इस बीच उन दो अंतरिक्ष-यात्रियों ने चांद्र-मॉड्यूल से 30 मीटर दूर तक घेरे में अनेक प्रयोग किए । वे चंद्रतल पर चले, दौड़े और कूदे भी । उन्होंने चंद्रतल पर टेलीविजन कैमरा स्थापित किया, भूकंपमापी यंत्र स्थापित किया । उन्होंने चंद्रतल पर लेसर किरणों को परावर्तित करने वाला उपकरण भी स्थापित किया । और भी कुछ उपकरण स्थापित किए । बहुत सारे चित्र उतारे । इस बीच उन्होंने चंद्रतल की करीब 28 किलोग्राम मिट्टी एवं चट्टानें जमा कीं और उन्हें बक्सों में बंद करके अपने चांद्र-मॉड्यूल में पहुँचाया ।

आर्मस्ट्रांग तथा एल्ड्रिन सहित चांद्र-मॉड्यूल चंद्रतल पर कुल मिलाकर 21 घंटे और 13 मिनट रहा । तदनंतर चांद्र-मॉड्यूल को ऊपर उठाया गया । इस समय यदि चांद्र-मॉड्यूल का राकेट-इंजन काम न कर पाता, तो वे दोनों यात्री चंद्रतल पर ही रह जाते ! परंतु चांद्र-मॉड्यूल के निचले हिस्से को मंच बनाकर ऊपरी हिस्सा ठीक से ऊपर उठा । ऊपर मातृयान चंद्रमा की परिक्रमा कर रहा था और उसमें अंतरिक्ष-यात्री कॉलिन्स बैठे हुए थे । अंत में चांद्र-मॉड्यूल मातृयान से जाकर मिल गया । आर्मस्ट्रांग व एल्ड्रिन मातृयान में पहुँच गए । तदनंतर उस ऐतिहासिक चांद्र-मॉड्यूल (ईगल) को अलग कर दिया गया, जिसकी मदद से दो अंतरिक्षयात्री पहली बार चंद्रतल पर उतरे थे । चंद्रयात्रा में इसी प्रकार अनुपयोगी बोझ को त्यागना पड़ता है । अंतरिक्षयात्री चंद्रतल पर कैमरे आदि कीमती उपकरण छोड़ आए थे ।

अपोलो-11 की वापसी यात्रा शुरू हुई, जो अपोलो-10 जैसी ही थी । 24 जुलाई, 1969 को भारतीय समय के अनुसार रात्रि को 10-20 बजे तीनों अंतरिक्षयात्री सकुशल प्रशांत महासागर में उतर आए ।

अपोलो -11 की सफल चंद्रयात्रा के बाद इसी श्रृंखला के अंतर्गत पाँच और चंद्रयात्राएँ संपन्न हुई हैं । अब तक कुल बारह अंतरिक्षयात्री चंद्रतल पर उतर चुके हैं । ये अंतरिक्षयात्री चंद्रतल के विभिन्न स्थानों पर उतरे ।

चंद्रमा पर भविष्य की बस्ती।

इन्होंने अधिकाधिक दूरी तथा अधिकाधिक समय तक चंद्रतल का गहराई से अध्ययन किया। चंद्रतल पर चंद्रगाड़ियाँ भी चलाईं। ये अंतरिक्षयात्री चंद्रतल से बहुत सारी मिट्टी व चट्टानें धरती पर ले आए हैं। इन्होंने हमें चंद्रमा के बारे में नई जानकारी दी है।

अमरीका का चंद्रयात्रा का अपोलो-प्रोग्राम समाप्त हो गया है। परंतु सोवियत संघ का चंद्र संबंधी अध्ययन जारी है। उनके मानव-रहित चांद्रयान चंद्रतल की मिट्टी धरातल पर ले आए हैं। सोवियत संघ का कोई अंतरिक्षयात्री अभी तक चंद्रतल पर नहीं उतरा है, परंतु उनके कई अंतरिक्षयात्री चंद्रमा की परिक्रमा करके लौटे हैं। इसके अलावा, सोवियत संघ ने **लूनोखोद** नामक दो चांद्र-गाड़ियाँ चंद्रतल पर उतारी हैं। ये स्वचालित गाड़ियाँ चंद्रतल पर मुड़ती हैं, कुछ ऊँचाई पर चढ़ती हैं और चंद्रतल का अध्ययन करके जानकारी धरती की ओर भेजती हैं। भविष्य में सौर-मंडल के हर ग्रह या उपग्रह पर आदमी को उतारना संभव न होगा, आरंभिक अन्वेषण में तो कदापि नहीं। अतः भविष्य की दीर्घकालीन अंतरिक्ष-यात्राओं को ध्यान में रखते हुए रोबोटों और लूनोखोद-जैसी स्वचालित गाड़ियों का बड़ा महत्त्व है।

चंद्रतल पर स्थायी बस्ती बसाने के लिए अभी कुछ दशकों का समय लगेगा।

अंतरिक्ष प्रयोगशालाएँ

पृथ्वी की परिक्रमा कर रहे अंतरिक्षयान में हमें कुछ ऐसी परिस्थितियाँ प्राप्त होती हैं जो धरती पर कतई उपलब्ध नहीं हो सकतीं। अंतरिक्षयान की ये अनूठी परिस्थितियाँ हैं—लगभग पूर्ण निर्वात और शून्य गुरुत्व या भारहीनता। अंतरिक्षयात्री के लिए ये परिस्थितियाँ भले ही कुछ कठिनाइयाँ पैदा करती हों, पर तकनीकी के लिए, विशेषतः इलेक्ट्रानिक तकनीकी के लिए, अंतरिक्ष की ये परिस्थितियाँ क्रांतिकारी सिद्ध होने जा रही हैं।

अंतरिक्षयान पृथ्वी के गुरुत्वाकर्षण के अंतर्गत ही पृथ्वी की परिक्रमाएँ करता है। परंतु ये परिक्रमाएँ दरअसल 'मुक्त रूप से गिरना' ही है। मुक्त रूप से गिरते रह कर ही अंतरिक्षयान पृथ्वी की परिक्रमाएँ करते रहते हैं। और, 'मुक्त रूप से गिरने' के कारण ही भारहीनता की स्थिति पैदा होती है। पृथ्वी से हजारों-लाखों गुने बड़े पिंड की भी यदि कोई अंतरिक्षयान परिक्रमाएँ करे तो उसमें 'भारहीनता' की स्थिति जन्म लेगी। अंतरिक्ष की इस दीर्घकालीन भारहीनता की स्थिति के चिकित्सा, रसायन, इलेक्ट्रानिकी आदि के लिए अनेकानेक लाभ हैं। यहाँ यह अवश्य स्पष्ट हो जाना चाहिए कि 'भारशून्यता' का अर्थ 'द्रव्य-शून्यता' नहीं है।

अमरीका की अंतरिक्ष-प्रयोगशाला (स्काईलैब) और अब अंतरिक्ष-शटल की यात्राओं में 'भारहीनता' की स्थितियों में जीव-विज्ञान, रसायन, धातुकर्म आदि से संबंधित अनेकानेक प्रयोग किए गए हैं। इसी प्रकार के प्रयोग सोवियत संघ के सल्यूत-सोयूज यानों में भी किए गए हैं। जानकारी मिलती है कि सल्यूत-6 के अंतरिक्षयात्रियों ने अंतरिक्ष की लगभग परिपूर्ण निर्वात और शून्य-गुरुत्व की परिस्थितियों में **सिलिकन** के काफी बड़े-बड़े मणिभ तैयार किए हैं। इतने बड़े मणिभ धरातल पर तैयार नहीं हो सकते। बताया जाता है कि सिलिकन के इन बड़े मणिभों का कंप्यूटर-चिप्पड़ों के लिए और लेसर-प्रयोगों के लिए इस्तेमाल किया गया है। सोवियत विशेषज्ञों का मत है कि 2000 ई. तक अंतरिक्ष में 'फैक्टरियाँ' स्थापित करने का काम शुरू हो जाएगा।

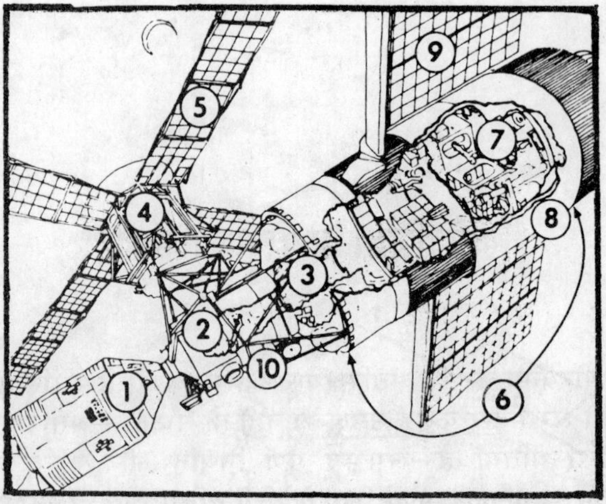

अतरिक्ष प्रयोगशाला 'स्काईलैब' का आरेख : 1. अपोलो आदेश व सेवा मॉड्यूल, जिन्हें अंतरिक्षयात्रियों सहित सैटर्न-1 बी राकेट द्वारा अलग से स्काईलैब के पास भेजा जाता है, 2. आदेश व सेवा मॉड्यूल को स्काईलैब के साथ जोड़ने की व्यवस्था, 3. वायु-बंध कक्ष, 4. सौर प्रयोगों के लिए दूरबीन का स्थापना-मंच, 5. दूरबीन के लिए सौर-जाल, 6. स्काईलैब सैटर्न कर्मशाला, 7. अंतरिक्ष-यात्रियों का आवासगृह, 8. सूक्ष्म उल्काश्म कवच, 9. कर्मशाला का सौर-जाल, 10. पार्थिव साधनों के प्रयोग।

अमरीकी 'स्काईलैब' में भी अनेक तकनीकी प्रयोग किए गए थे। इस बात का प्रयोग किया गया कि भारहीनता की स्थिति में पिघली धातु से आसानी से परिपूर्ण 'बाल-बियरिंग' बनते हैं या नहीं। स्काईलैब के अंतरिक्षयात्रियों ने संवहन-धाराओं (कानवेक्शन करेंट्स) के बारे में भी प्रयोग किए। अधिक गर्म और हल्की गैसों के स्थान पर ठंडी और भारी गैसें आ जाने से ही धरती पर संवहन-धाराएँ जन्म लेती हैं। अंतरिक्ष में इनका अभाव है। इस अभाव के कारण अंतरिक्ष में अनेक चीजें अधिक शुद्धता से मिलाई जा सकती हैं, मणिभों के रूप में तैयार की जा सकती हैं। अंतरिक्ष में मणिभ न केवल बड़े बनते हैं, बल्कि अनेक बार उनमें नए आकार और गुण भी आ जाते हैं, जो इलेक्ट्रानिक उद्योग के लिए विशेषकर कंप्यूटरों के लिए, लाभकर हैं।

धरातल पर बनने वाले सिलिकन या गाल्लियम आर्सेनाइड सेमीकंडक्टर मणिभों की स्थिति यह है कि प्रथम इन्हें पतली-पतली चकतियों में काटना पड़ता है, और फिर प्रत्येक चकती पर परिपथ स्थापित किए जाते हैं। अंत में प्रत्येक चकती को कई सौ पृथक चिप्पड़ों में काटा जाता है। लेकिन कठिनाई

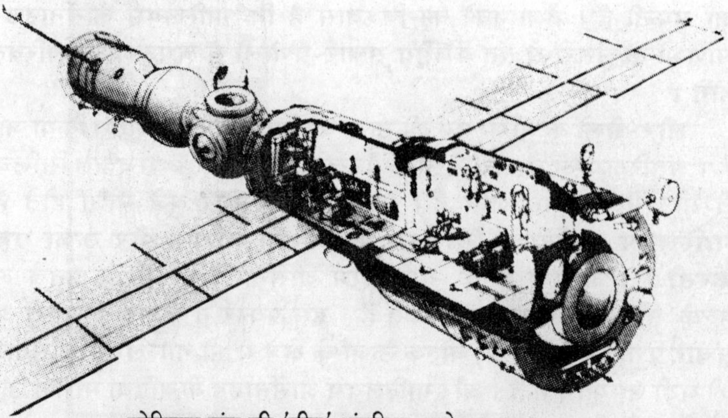

सोवियत संघ की 'मीर' अंतरिक्ष-प्रयोगशाला

यह है कि ऐसे प्रत्येक 100 चिप्पड़ों में से केवल चंद चिप्पड़ ही उपयोग में आते हैं, शेष फेंक देने पड़ते हैं। यही कारण है कि गाल्लियम आर्सेनाइड चिप्पड़ अत्यधिक महँगे हैं, सोने से 70 गुना महँगे !

लेकिन अंतरिक्ष की निर्वात व लगभग शून्य-गुरुत्व की परिस्थितियों में गाल्लियम आर्सेनाइड के सेमीकंडक्टर-मणिभ न केवल शुद्ध बनते हैं, बल्कि बड़े भी बनते हैं। ऐसे मणिभों की चकतियों पर स्थापित परिपथों के प्रायः सारे चिप्पड़ उपयोगी होते हैं। अतः समूची चकती को एक बृहद् चिप्पड़ के रूप में उपयोग में लाया जा सकता है !

ऐसे बृहद् चिप्पड़, जिनमें से प्रत्येक में एक बृहद् परिपथ में करोड़ों अतिसूक्ष्म इलेक्ट्रानिक घटक संयुक्त होंगे, एक नई एवं उच्चतर कंप्यूटर तकनीकी के द्योतक बनेंगे। ये नए बृहद् चिप्पड़ तकनीकी में क्रांति पैदा करेंगे। सुपरकंप्यूटरों में गाल्लियम आर्सेनाइड के चिप्पड़ों का उपयोग होने लगा है।

गाल्लियम आर्सेनाइड की तरह इंडियम एंटिमोनाइड की भी यही स्थिति है। धरातल पर इन दोनों ही धातुओं के मणिभ विषमांगी बनते हैं। परंतु अंतरिक्ष की परिस्थितियों में ये समांगी बनेंगे।

आजकल तंतु काँच (फाइबर ग्लास) संचार-प्रणाली की खूब चर्चा है। तंतु काँच के माध्यम से प्रकाश किरणों या लेसर किरणों के जरिए हजारों गुना अधिक संदेश प्रेषित करना संभव है। जिस प्रकार इलेक्ट्रानिक्स की बुनियादी चीज है इलेक्ट्रान, उसी प्रकार प्रकाश या लेसर किरणों की बुनियादी चीज है फोटोनकण, जो इलेक्ट्रानों से अधिक सूक्ष्म होते हैं।

इसलिए इनके जरिए अधिक संख्या में और अधिक तीव्रता से सूचनाएँ भेजी जा सकती हैं। वैज्ञानिकों का विश्वास है कि गाल्लियम आर्सेनाइड के मणिभों के लेसरों से तंतु काँचीय संचार-प्रणाली में चमत्कारिक परिवर्तन होंगे।

सौर-सेलों के जरिए सूर्य की ऊर्जा को विद्युत में परिवर्तित किया जाता है। अंतरिक्षयानों में सौर-सेलों के पैनल जोड़े जाते हैं। आजकल सिलिकन से सौर-सेल बनाए जाते हैं। परंतु ये सौर-सेल बड़े महँगे होते हैं। **गाल्लियम आर्सेनाइड सिलिकन की अपेक्षा अधिक सौर ऊर्जा ग्रहण करती है।** अलावा इसके, गाल्लियम आर्सेनाइड से अधिक पतले और हल्के सौर-सेल बनाए जा सकते हैं। इस प्रकार न केवल कंप्यूटरों और संचार प्रणाली के क्षेत्र में, बल्कि ऊर्जा के क्षेत्र में भी गाल्लियम आर्सेनाइड की बड़ी उपयोगिता है। और गाल्लियम आर्सेनाइड के बढ़िया मणिभ ऊपर अंतरिक्ष में ही बन सकते हैं।

सोवियत संघ की सल्यूत प्रयोगशाला (नीचे) के साथ सोयूज यान का मिलन

हमने यहाँ अंतरिक्ष की उपयोगिता के संदर्भ में प्रमुख रूप से केवल गाल्लियम आर्सेनाइड की चर्चा की है। परंतु अंतरिक्ष की विशिष्ट परिस्थितियों के, तकनीकी के लिए और अंततः समूचे मानव जीवन के लिए अनेकानेक लाभ हैं। फिलहाल इस दिशा में अनेक कठिनाइयाँ हैं। अंतरिक्ष में बड़े-बड़े स्थायी स्टेशन स्थापित करने के बाद ही 'अंतरिक्ष फैक्टरियों' के बारे में सोचा जा सकता है। लेकिन इस दिशा में शुरुआत अब हो चुकी है। अंतरिक्ष शटलों के सफल प्रयोगों से आशा बँधती है कि अंतरिक्ष में स्थायी

अमरीकी अंतरिक्ष शटल

केंद्र अथवा फैक्टरियाँ बनाई जा सकती हैं। सोवियत संघ ने भी 'मीर' नामक एक बड़ा स्टेशन अंतरिक्ष में स्थापित कर दिया है।

चूँकि इलेक्ट्रानिक चीजें अपेक्षाकृत हल्की होती हैं, इनके निर्माण में बहुत बड़े स्थान की जरूरत नहीं है, और ये चीजें महँगी भी बहुत होती हैं, इसलिए सर्वप्रथम इलेक्ट्रानिक वस्तुओं की ही अंतरिक्ष-फैक्टरियाँ बनेंगी। साथ ही कुछ विशिष्ट दवाइयाँ भी अंतरिक्ष केंद्रों में बनेंगी। ऐसी औषधशालाएँ भी अधिक स्थान नहीं घेरेंगी। हालाँकि धरती पर कुछ

विशिष्ट पदार्थों के अणु पृथक किए जा सकते हैं, पर गुरुत्व के कारण इसमें बड़ी कठिनाई होती है। अंतरिक्ष की शून्य-गुरुत्व की स्थिति में यह कार्य आसान हो जाता है, इसलिए अतिशुद्ध औषधों का निर्माण संभव होगा।

मानव का विकास धरातल की परिस्थितियों में, गुरुत्व-भार और वायुमंडल की परिस्थितियों में, हुआ है। अंतरिक्ष की परिस्थितियाँ काफी भिन्न हैं। ये परिस्थितियाँ देर-सबेर मानव में शारीरिक ही नहीं, गुणात्मक परिवर्तन भी अवश्य लाएँगी। उसी प्रकार धरातल पर विकसित हुई हमारी तकनीकों में अंतरिक्ष की विशिष्ट परिस्थितियों में अवश्य ही क्रांतिकारी गुणात्मक परिवर्तन होंगे। देखना यही है कि अंतरिक्ष-अनुसंधान की उपलब्धियों का हम आगे जा कर केवल मानव-जाति की भलाई के लिए इस्तेमाल करते हैं, या परमाणु ऊर्जा की तरह, मानव-जाति के विनाश की संभावनाओं को बढ़ाने के लिए भी करते हैं।

अंतरिक्ष में मुक्त विचरण

राकेश शर्मा की अंतरिक्षयात्रा का हमारी दृष्टि से भले ही विशेष महत्व रहा हो, पर अंतरिक्ष तकनीकी की दृष्टि से यह काफी हद तक एक पुनरावृत्ति की ही यात्रा थी। दूसरी ओर, लगभग उसी समय (अप्रैल 1984) संपन्न हुई अंतरिक्ष-शटल चैलेंजर की यात्रा अंतरिक्ष तकनीकी के क्षेत्र में एक महान विजय थी, अंतरिक्ष अनुसंधान के दौर में एक बहुत बड़ी छलाँग थी।

चैलेंजर की इस यात्रा के दौरान एक अंतरिक्षयात्री यान के बाहर निकल आया, पृथ्वी की परिक्रमा कर रहे एक उपग्रंह के पास पहुँचा, उसे ठेल कर चैलेंज़र के माल-कक्ष में ले आया। वहाँ उस उपग्रह की मरम्मत की गई, और फिर उसे पुनः अंतरिक्ष में छोड़ दिया गया।

अंतरिक्ष तकनीकी के क्षेत्र में यह एक बहुत बड़ी उपलब्धि थी। इससे अंतरिक्ष में बेकार हुए उपग्रहों की मरम्मत करने का रास्ता खुल गया है। पाठकों को स्मरण होगा कि हमारा इन्सैट-1 ए उपग्रह अंतरिक्ष में पहुँच कर बेकार हो गया था। इन्सैट-1 सी भी अधूरा ही काम कर रहा है। भविष्य में ऐसे उपग्रहों की मरम्मत करना संभव होगा।

अंतरिक्ष में पृथ्वी की परिक्रमा कर रहे उपग्रह को पकड़ना सरल काम नहीं है। इसके लिए सबसे जरूरी है अंतरिक्षयात्री का अंतरिक्षयान से बाहर आना और उस उपग्रह तक पहुँचना। पर यह कैसे संभव है? अंतरिक्षयात्री यान के बाहर आ कर किस प्रकार मुक्त विचरण कर सकता है?

इसका हल अब खोज लिया गया है। सबसे पहले सोवियत अंतरिक्षयात्री अलेक्सेई लिओनोव ने 1965 में अंतरिक्षयान से बाहर आ कर अंतरिक्ष में विचरण किया था, पर वह मुक्त विचरण नहीं था। एक 'जीवन-रक्षक' रस्सी के जरिए वह अंतरिक्षयान से जुड़े हुए थे। परंतु अब ऐसे किसी 'नाल' की जरूरत नहीं रह गई है। अब एक विशेष प्रकार की यंत्र-योजना के जरिए अंतरिक्षयात्री अपने यान से सौ-दो सौ मीटर दूर जा कर उन्मुक्त विचरण कर सकता है। इस दौरान किसी प्रकार की रस्सी से वह अंतरिक्षयान से जुड़ा नहीं रहता।

अंतरिक्ष की कुछ परिस्थितियाँ उन्मुक्त विचरण के लिए बड़ी अनुकूल

फरवरी, 1984 में अंतरिक्ष-शटल 'चैलेंजर' की यात्रा के दौरान मैक्कैंडलेस अंतरिक्ष में उन्मुक्त विचरण करते हुए

हैं । पहली बात तो यही है कि अंतरिक्षयान की तरह अंतरिक्षयात्री भी पृथ्वी की परिक्रमा करता रहता है; मानो वह एक उपग्रह ही हो ! दूसरी बात यह है कि उस समय वह भारहीन अवस्था में रहता है । अर्थात, थोड़ी-सी ठेल भी उसे इधर-उधर ढकेल दे सकती है ।

अंतरिक्ष की, निर्वात की और विकिरण की परिस्थितियों को झेलने के लिए एक विशेष प्रकार के अंतरिक्ष-सूट का निर्माण किया गया है । और, अंतरिक्ष में उन्मुक्त विचरण के लिए एक विशेष यंत्र-योजना का निर्माण किया गया है । पीठ पर लादी जाने वाली और दो हत्थों में लगे इलेक्ट्रानिक बटनों से संचालित होने वाली 24 लघु जेटों की इस प्रणोदी-योजना के जरिए अंतरिक्षयात्री बड़े मजे में अंतरिक्षयान के सौ-दो सौ मीटर दूर के घेरे में टहल-वहल सकता है ।

पहली बार 'पृष्ठभार' की इस यंत्रयोजना का सफल परीक्षण फरवरी 1984 में संपन्न हुई चैलेंजर की अंतरिक्ष-यात्रा के दौरान किया गया था । 7 फरवरी को अंतरिक्ष-शटल चैलेंजर के दो यात्रियों—ब्रूस मैक्कैंडलेस और

राबर्ट स्टेवार्ट— ने विशेष सूट और विशेष पृष्ठभार को धारण करके यान से 100 मीटर दूर अंतरिक्ष में मुक्त विचरण किया था। अन्य शब्दों में, वे एक प्रकार से 'मानव-उपग्रह' बन गए थे! इस ऐतिहासिक दौर में मैक्कैंडलेस के उद्गार थे— ''नील (आर्मस्ट्रांग) के लिए भले ही यह एक छोटा कदम रहा हो, पर मेरे लिए तो यह एक बहुत बड़ी छलाँग है।''

अंतरिक्ष अनुसंधान के इतिहास में फरवरी, 1984 की यह यात्रा चिरस्मरणीय रहेगी। पर अन्य मामलों में चैलेंजर की यह यात्रा काफी असफल रही। चैलेंजर की इस यात्रा के दौरान लगभग 75 करोड़ रुपए के दो संचार उपग्रह—इंदोनेशिया का 'पालापा' और वेस्टर्न यूनियन कंपनी का 'वेस्टार'—कक्षा में छोड़ने थे। पर दोनों ही निर्धारित कक्षा में नहीं पहुँच पाए, इसलिए बेकार हो गए। इसी यात्रा के दौरान करीब 45 लाख रुपए का एक प्रायोगिक गुब्बारा फट कर बेकार हो गया। और भी कुछ छोटी-मोटी असफलताएँ रहीं इस यात्रा की। फिर भी यह यात्रा चिरस्मरणीय रहेगी। इस यात्रा में पहली बार मानव स्वयं एक अंतरिक्षयान बन गया था!

अंतरिक्ष में उन्मुक्त विचरण करने की उपयोगिता प्रमाणित हुई अप्रैल 1984 में संपन्न हुई चैलेंजर की यात्रा के दौरान। 6 अप्रैल को शुरू हुई चैलेंजर-शटल की इस यात्रा के पाँच अंतरिक्षयात्री थे—कप्तान राबर्ट क्रिप्पेन, फ्रांसिस स्कोवी, टेरी हार्ट, जार्ज नेल्सन और जेम्स वान हाफ्टेन!

राकेश शर्मा और उनके सोवियत सहयात्री 3 अप्रैल 1984 का रात्र को अंतरिक्ष में पहुँच गए थे। जब चैलेंजर भी अंतरिक्ष में पहुँच गया तब पहली बार अंतरिक्ष में कुल मिला कर 11 यात्री हो गए थे। 11 अप्रैल को राकेश शर्मा और उनके दो साथी जब धरती पर वापस आने की तैयारी में थे, उस समय चैलेंजर के यात्री अंतरिक्ष तकनीकी के क्षेत्र में एक नया प्रयोग करने की तैयारी में थे। प्रयोग था—पृथ्वी की परिक्रमा कर रहे एक उपग्रह को पकड़ कर अंतरिक्ष में ही उसकी मरम्मत करना।

अमरीका ने 1980 में सूर्य-विकिरण के अध्ययन के लिए 'सोलर मैक्स' नामक एक विशेष उपग्रह तैयार किया था और इसे करीब 500 किलोमीटर की ऊँचाई पर कक्षा में छोड़ा था। पर आठ महीने बाद ही इसके कुछ यंत्र बेकार हो गए, और उपग्रह डगमगाने लगा। 200 करोड़ रुपए की लागत से अंतरिक्ष में स्थापित किया गया 'सोलर मैक्स' उपग्रह बेकार हो गया!

अप्रैल 1984 की चैलेंजर की अंतरिक्षयात्रा के दौरान इसी सोलर मैक्स उपग्रह की मरम्मत की गई। लगभग 500 किलोमीटर की ऊँचाई से परिक्रमा कर रहे इस उपग्रह के पास धीरे-धीरे चैलेंजर को ले जाया गया। फिर 11 अप्रैल को अंतरिक्ष सूट और पृष्ठभार धारण करके जार्ज नेल्सन और

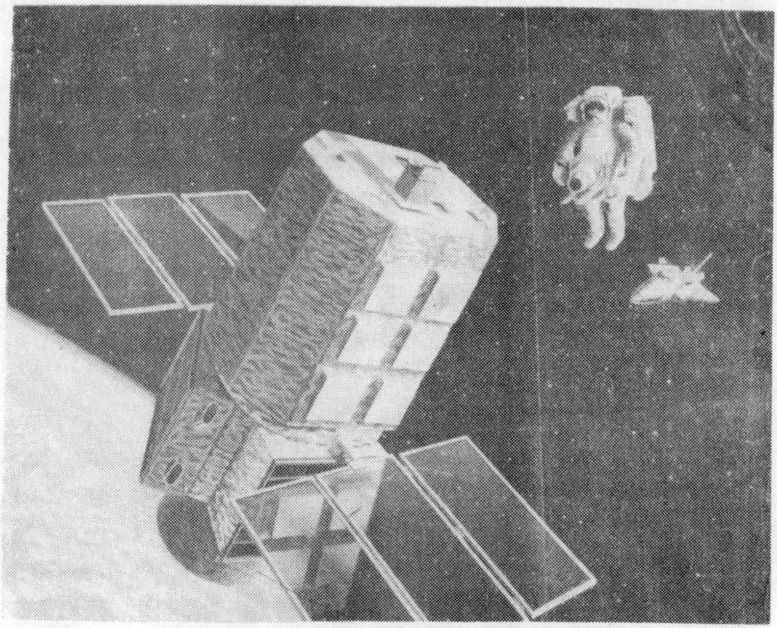

जार्ज नेल्सनं 'सोलर मैक्स' उपग्रह के पास पहुंच रहे हैं।

जेम्स वान हाफ्टेन चैलेंजर के खुले माल-कक्ष में पहुँचे। उसके बाद नेल्सन अकेले सोलर मैक्स उपग्रह की ओर बढ़े। सोलर मैक्स धीमी रफ्तार से अपनी धुरी पर घूम रहा था। इसके घूमते सौर-पैनलों को पार करके मुख्य उपग्रह तक पहुँचने में पहली बार नेल्सन को सफलता नहीं मिली। पर दूसरे प्रयास में वह इस उपग्रह तक पहुँच गए, इससे उन्होंने अपने को जोड़ लिया।

इसके बाद नेल्सन ने सोलर मैक्स को स्थिर किया। फिर पृष्ठभार के समुचित जेटों का उपयोग करके वह अपने साथ-साथ उपग्रह को भी चैलेंजरं के माल-कक्ष में ले आए। इस माल-कक्ष में एक खास 'रोबोट बाँह' के जरिए उपग्रह को उतारा गया और स्थिर रखा गया। फिर नेल्सन और हाफ्टेन ने मिल कर इस उपग्रह की मरम्मत की।

सोलर मैक्स एक विशेष प्रकार का उपग्रह है। इसके कुछ अंगों को

बदला जा सकता है, किसी कार के हिस्सों की तरह । सोलर मैक्स के करीब 500 पौंड भार के एक अंग को पूरा का पूरा बदल दिया गया । इसके अलावा उन्हें उपग्रह के एक इलेक्ट्रानिक बाक्स की भी मरम्मत करनी थी । इसके लिए उन्हें करीब दो दर्जन स्क्रू खोलने पड़े, तार जोड़ने पड़े । भारहीनता की स्थिति में यह काम बड़ी मुश्किल का था । फिर भी दोनों अंतरिक्षयात्रियों ने उपग्रह की ठीक से मरम्मत कर डाली ।

सोलर मैक्स की मरम्मत करने में करीब पौने चार घंटे लगे । अंतरिक्ष यात्री कुल करीब सात घंटे खुले अंतरिक्ष में रहे । उपग्रह की मरम्मत हो जाने के बाद उसकी जाँच-पड़ताल की गई, और फिर उसे कक्षा में छोड़ दिया गया ।

प्रमुख रूप से सोलर मैक्स उपग्रह की मरम्मत के लिए आयोजित चैलेंजर की इस यात्रा पर करीब 50 करोड़ रुपए खर्च आया । यदि नया सोलर मैक्स उपग्रह तैयार करके उसे अंतरिक्ष में ही छोड़ा जाता, तो करीब 235 करोड़ रुपए खर्च आता । इससे अंतरिक्ष में उपग्रह की मरम्मत के लाभ स्पष्ट हैं । इसके लिए आगे जाकर मानक उपग्रह तैयार किए जाएँगे । तब इनके अलग-अलग अंगों को बदलना संभव होगा । तब उपग्रहों के निर्माण में भी इतना भारी खर्च नहीं आएगा ।

अंतरिक्ष में उन्मुक्त विचरण कर सकने में समर्थ होने का सबसे बड़ा लाभ यह है कि अलग-अलग खंडों को जोड़ कर अंतरिक्ष-स्टेशन का निर्माण करना अब एक सहज संभव बात हो गई है ।

मानव खुद उपग्रह बन गया है !

आदमी धरती के नजदीक के वायुमंडल में एक पक्षी की तरह अकेले उन्मुक्त विचरण नहीं कर सकता, परंतु अब अंतरिक्ष में कर सकता है । यह संभव हुआ है एक विशेष प्रकार की यंत्र-योजना से । इसे जेट प्रणोदी पृष्ठभार (जेट प्रोपेल्शन बैकपैक), संक्षेप में 'पृष्ठभार', कहते है । पृष्ठभार इसलिए कि इसे एक बोझ की तरह अंतरिक्षयात्री की पीठ से बांध दिया जाता है ।

इस पृष्ठभार के जरिए अंतरिक्षयात्री अंतरिक्षयान से अलग होकर अंतरिक्ष में स्वतंत्र रूप से विचरण कर सकता है ।

इस पृष्ठभार में छोटे-छोटे 24 नाइट्रोजन जेट-राकेटों की व्यवस्था की गई है । ये जेट पृष्ठभार के चारों ओर लगे हुए हैं । प्रत्येक जेट की ठेल-क्षमता एक किलोग्राम से कम ही है । सिद्धांत यह है कि जब किसी वस्तु से जेट के जरिए गैस को बाहर फेंका जाता है तो वह वस्तु उलटी दिशा में दौड़ती है (न्यूटन का तीसरा नियम) ।

हालाँकि समूचे पृष्ठभार की यांत्रिक संरचना काफी जटिल है, पर इसके

संचालन में अंतरिक्षयात्री को कोई खास कठिनाई नहीं होती । सारा संचालन दो हत्थों से होता है : इन हत्थों के साथ लगे हुए इलेक्ट्रोनिक बटनों का उपयोग करके अंतरिक्षयात्री आगे-पीछे, ऊपर-नीचे, दाएँ-बाएँ, किसी भी ओर अपने को मोड़ सकता है, ढकेल सकता है । इन हत्थों के कारण पूरी यंत्र-योजना सामने से एक भारी कुर्सी की तरह दिखाई देती है ।

पृष्ठभार के साथ जुड़े हुए 24 जेट-राकेटों की ठेल-क्षमता अधिक नहीं है, फिर भी अंतरिक्ष की विशिष्ट परिस्थितियों में करीब 300 किलोग्राम के भार को ये सहज ही इधर-उधर ढकेल दे सकते हैं । पृष्ठभार का वजन 150 किलोग्राम है । एक खास प्रकार का सूट पहनने के बाद अंतरिक्षयात्री का भार करीब 150 किलो हो जाता है । इस प्रकार, सारा भार 300 किलोग्राम होता है, परंतु अंतरिक्ष की भारहीनता की स्थिति में यह सारा बोझ नगण्य रह जाता है, और इसलिए थोड़ी-सी ठेल से ही अंतरिक्षयात्री मजे में इधर-उधर पहुँच जा सकता है ।

एक विशेष बात और—अंतरिक्षयान से बाहर आकर अंतरिक्षयात्री जब उन्मुक्त विचरण करने लगता है, तो वह भी अंतरिक्षयान की गति से ही पृथ्वी की परिक्रमा करता रहता है । उदाहरणार्थ, यदि कोई अंतरिक्षयान 250 किलोमीटर की ऊँचाई से करीब 28,000 किलोमीटर प्रति घंटे की रफ्तार से परिक्रमा कर रहा है, तो बाहर आया हुआ अंतरिक्षयात्री भी उसी रफ्तार से पृथ्वी की परिक्रमाएँ करता रहेगा ।

ऐसी स्थिति में अंतरिक्षयात्री अंतरिक्षयान के लगभग साथ-साथ ही परिक्रमा करता रहेगा। पृष्ठभार का उपयोग करके अंतरिक्षयात्री इधर-उधर कुछ दूर भी चला जाए, तो उसे अंतरिक्ष शटल के जरिए पकड़ लिया जा सकता है ।

पृष्ठभार की इस यंत्र-योजना ने स्वयं आदमी को एक उपग्रह बना दिया है । अब आदमी अंतरिक्ष में टहल-वहल सकता है, किसी उपग्रह के पास पहुँचकर और उसे पकड़ ला कर उसकी मरम्मत कर सकता है । निकट भविष्य में अलग-अलग हिस्सों को जोड़ कर एक अंतरिक्ष-स्टेशन तैयार करने में पृष्ठभार की इस यंत्र-योजना का बड़ा उपयोग होगा ।

महिला अंतरिक्षयात्री

सन् 1984 की बात है। राकेश शर्मा अपनी अंतरिक्षयात्रा पूरी करके सोवियत संघ से स्वदेश लौट आए थे। देश के अनेक शहरों में उनका भव्य स्वागत हुआ। जहाँ भी पहुँचते, उन्हें देखने के लिए लोगों की भीड़ लग जाती थी।

दिल्ली स्थित लड़कियों के एक कालेज में राकेश शर्मा के सम्मान में एक समारोह हुआ। उसी दौरान कालेज की एक छात्रा ने उनसे एक सवाल पूछा : एक महिला को अंतरिक्ष में पहुँचने में कितना समय लगेगा ?

राकेश शर्मा ने झट उत्तर दिया : उतना ही जितना कि एक पुरुष को अंतरिक्ष में पहुँचने में लगता है। यानी सिर्फ 520 सेकंड !

सिर्फ 520 सेकंड, यानी नौ मिनट से भी कम समय। एक शक्तिशाली राकेट-वाहन नौ मिनट के भीतर ही अंतरिक्ष-यान को करीब 300 किलोमीटर की ऊँचाई पर पहुँचा कर कक्षा में छोड़ देता है। धरातल के गुरुत्व-भार में पला हुआ मनुष्य नौ मिनट की यात्रा के बाद ही एक नई दुनिया में पहुँच जाता है, अंतरिक्ष की भारहीन अवस्था में स्थानांतरित हो जाता है।

राकेश शर्मा ने एक छोटा-सा चुस्त उत्तर तो दे दिया कि पुरुष की तरह एक महिला भी 520 सेकंड में अंतरिक्ष में पहुँच सकती है। परंतु बात इतनी सरल नहीं है। स्वयं राकेश शर्मा को ही लीजिए। वह एक कुशल टेस्ट-पायलट हैं। फिर भी उन्हें सोवियत संघ में करीब दो साल तक अंतरिक्ष-यात्रा का कठोर प्रशिक्षण प्राप्त करना पड़ा।

महिलाओं को अंतरिक्ष में भेजने में और भी अधिक कठिनाइयाँ हैं। आमतौर पर टेस्ट-पायलटों को ही अंतरिक्ष-यात्रा के लिए चुना जाता है, परंतु बहुत कम महिलाएँ पायलट बन पाती हैं। सोवियत संघ की स्वेतलाना सावित्स्कया जैसी कुशल और साहसी पायलट महिलाएँ दुनिया में बहुत कम हैं। विमान से पैराशूट के जरिए कूदने का प्रशिक्षण तो सभी महिला अंतरिक्ष-यात्रियों के लिए परमावश्यक है। इसलिए किसी असाधारण

महिला को ही अंतरिक्ष-यात्रा के लिए चुना जा सकता है।

दिल्ली की जिस छात्रा ने राकेश शर्मा से सवाल पूछा था उसे शायद यह पता नहीं था कि राकेश शर्मा के अंतरिक्ष में पहुँचने के पहले ही संसार की तीन महिलाएँ अंतरिक्ष की यात्रा कर चुकी थीं। यहाँ तक कि जिस सल्यूत-7 अंतरिक्ष-प्रयोगशाला में राकेश शर्मा ने एक सप्ताह तक अंतरिक्ष-यात्रा की उसी में उनसे पहले एक सोवियत महिला ने भी एक सप्ताह की अंतरिक्ष-यात्रा की थी।

वह सोवियत महिला अंतरिक्ष-यात्री है—**स्वेतलाना सावित्स्कया**। स्वेतलाना ने केवल एक ही बार अंतरिक्ष की यात्रा नहीं की है। जुलाई 1984 में उन्होंने पुनः अंतरिक्ष की यात्रा की और पृथ्वी की परिक्रमा कर रही उसी सल्यूत-7 प्रयोगशाला में, अन्य पाँच अंतरिक्ष-यात्रियों के साथ, सात दिन गुजारे।

स्वेतलाना सावित्स्कया

अंतरिक्ष में दो बार पहुंचने का कीर्तिमान एक अमरीकी महिला ने भी हासिल किया है। वह अमरीकी महिला अंतरिक्ष-यात्री है—**सैली राइड**।

सैली राइड ने 1983 में अंतर्रिक्ष-शटल चैलेंजर में अन्य चार यात्रियों के सांथ अंतरिक्ष-यात्रा की और वह अमरीका की पहली अंतरिक्ष-यात्री बनीं।

सैली राइड के बाद सितंबर 1984 में एक और अमरीकी महिला जूडी रेज्निक ने अन्य पाँच यात्रियों के साथ अंतरिक्ष की यात्रा की।

फिर उसी साल एक साथ दो अमरीकी महिलाओं को पाँच अन्य यात्रियों के साथ अंतरिक्ष-शटल चैलेंजर में भेजा गया। ये दो महिलाएँ हैं—सैली राइड और कैथी सुलिवान। सैली राइड की यह दूसरी अंतरिक्ष-यात्रा थी। कैथी सुलिवान ने अपनी पहली अंतरिक्ष-यात्रा में शटल-यान के बाहर आ कर खुले अंतरिक्ष में मुक्त विचरण का प्रदर्शन करके बड़े साहस का परिचय दिया है।

परंतु संसार की पहली महिला अतरिक्ष-यात्री **वालेंतिना तेरेश्कोवा** का अपूर्व साहस सदैव चिरस्मरणीय रहेगा, अंतरिक्ष-यात्रा के इतिहास में स्वर्णाक्षरों में अंकित रहेगा। वह अंतरिक्ष-यात्रा का आरंभिक दौर था।

वालेंतिना तेरश्कोवा

अप्रैल, 1961 में यूरी गगारिन की ऐतिहासिक प्रथम अंतरिक्ष-यात्रा के सिर्फ दो साल बाद ही वालेंतिना तेरेश्कोवा को अंतरिक्ष में भेजा गया था। विशेष बात यह है कि गगारिन ने जिस वोस्तोक-यान में अंतरिक्ष-यात्रा की थी उसी प्रकार के वोस्तोक-यान में तेरेश्कोवा ने भी अंतरिक्ष-यात्रा की थी, 70 घंटों

में पृथ्वी के 48 चक्कर लगाए थे। महत्व की बात यह है कि वालेंतिना तेरेश्कोवा ने यह यात्रा अकेले की थी।

अंतरिक्ष-शटल और सयूस-सल्यूत काफी विकसित अंतरिक्ष यान हैं। इनमें अंतरिक्ष-यान की सुरक्षा के पर्याप्त साधन जुटाए गए हैं। 'डिस्कवरी' अंतरिक्ष-शटल की 1984 की प्रथम यात्रा का उदाहरण लीजिए। डिस्कवरी के प्रक्षेपण को दो बार स्थगित करना पड़ा था। दूसरी बार के प्रयास में 26 जून को बड़ी भयावह स्थिति पैदा हो गई थी।

उस दिन डिस्कवरी अंतरिक्ष-शटल को कैनेडी अंतरिक्ष केंद्र से ऊपर उठना था। शटल में छह अंतरिक्ष-यात्री अपना स्थान ग्रहण कर चुके थे। इनमें एक महिला अंतरिक्ष-यात्री भी थी—जूडिथ रेजनिक (अमरीका की दूसरी महिला अंतरिक्ष-यात्री)। शटल के दो शक्तिशाली राकेट-इंजन भयंकर गर्जना के साथ शुरू हो गए। लेकिन केवल दो सेकंड के बाद ही स्वयमेव बंद हो गए।

यह कंप्यूटरों का करिश्मा था। कंप्यूटरों को पता चला कि शटल में कोई वाल्ब ठीक से काम नहीं कर रहा है। कंप्यूटर के आदेश से राकेट-इंजन तत्काल बंद हो गए। केवल चार सेकंड बाद ही अंतरिक्ष-शटल के ठोस ईंधन वाले बूस्टर राकेट-इंजन शुरू हो जाते और तब शटल-यान के इंजनों को बंद करना और यान को धरातल पर रोकना कतई संभव नहीं होता। अपने उन बिगड़े वाल्ब के साथ ही यान अंतरिक्ष में पहुँच जाता।

आरंभिक दौर के अंतरिक्ष-यानों में ऐसी पक्की व्यवस्थाएँ नहीं थीं। अंतरिक्ष-शटल एक विमान की तरह हवाई-पट्टी पर उतरता है। वोस्तोक यानों का केवल एक संपुट (कैप्सुल) ही अंतरिक्ष-यात्री को लेकर धरातल पर वापस लौटता था, और वह भी पैराशूट के जरिए।

अब तक अमरीका की सात और सोवियत संघ की दो महिलाओं ने अंतरिक्ष की यात्राएँ की हैं। इनमें वालेंतिना तेरेश्कोवा को छोड़कर किसी भी अन्य महिला ने अकेले अंतरिक्ष-यात्रा नहीं की है। स्वेतलाना सावित्स्कया ने पहली बार एक अंतरिक्ष वैज्ञानिक की हैसियत से और दूसरी बार एक इंजीनियर की हैसियत से अंतरिक्ष-यात्रा की है। स्वेतलाना का यह एक बड़ा सपना है कि वह एक कमांडर बन कर अंतरिक्ष में जाए।

संसार की पहली महिला अंतरिक्ष-यात्री वालेंतिना तेरेश्कोवा ने अकेले अंतरिक्ष-यात्रा की थी, इसलिए अपने यान की वह स्वयं ही कमांडर थीं।

वास्तोक-6 यान में 16 जून, 1963 को उन्हें बैकोनूर के अंतरिक्ष केंद्र के ऊपर भेजा गया था। तेरेश्कोवा ने अपने यान में बैठ कर करीब 70 घंटों में पृथ्वी के 48 चक्कर लगाए।

तेरेश्कोवा जब अंतरिक्ष में पहुँची थीं, तब वहाँ एक अन्य अंतरिक्ष-यात्री वेलेरी बाइकोवस्की पहले से मौजूद थे। उन्हें तेरेश्कोवा के कुछ पहले अंतरिक्ष में भेजा गया था। जब तेरेश्कोवा अंतरिक्ष में पहुँचीं, तब वहाँ एक साथ दो अंतरिक्ष-यात्री हो गए। तब ऐसा भी दौर आया था, जब दोनों के वोस्तोक-यान एक-दूसरे के काफी नजदीक पहुँच गए थे, दोनों में मुश्किल से तीन-चार किलोमीटर का अंतर रह गया था। तब इन्हें 'अंतरिक्ष युगल कहा गया था।

अंतरिक्ष-यात्रा के आरंभिक दौर में अंतरिक्ष के बारे में अनेक पहेलियाँ थीं। सबसे बड़ी पहेली थी भारहीनता की स्थिति। उस समय अभी यह स्पष्ट नहीं था कि धरती का मानव अंतरिक्ष की भारहीनता की स्थिति को किस सीमा तक झेल सकता है। क्या महिलाएँ भी भारहीनता की इस अनोखी स्थिति को झेल पाएँगी ? तेरेश्कोवा ने अंतरिक्ष-यात्रा के प्रशिक्षण के दौरान ही प्रमाणित कर दिया था कि महिलाएँ भारहीन्ता की स्थिति को सहज ही झेल सकती हैं। तेरेश्कोवा का तो यहाँ तक कहना है कि 'प्रचलित धारणा के विपरीत, पुरुषों की अपेक्षा स्त्रियाँ कम समय में ही भारहीनता सहन करने की क्षमता प्राप्त कर लेती हैं... तेजी से उड़ते हुए वायुयानों में अल्पावधि के लिए भारहीनता की जो स्थिति आ जाती है उसमें स्त्रियाँ पुरुषों की अपेक्षा अधिक आत्मविश्वास के साथ कार्य करती हैं।'

महिलाओं की अंतरिक्ष-यात्रा के संदर्भ में एक और महत्वपूर्ण सवाल है—उनके मासिक धर्म और प्रजनन-तंत्र का। तेरेश्कोवा का कहना है कि 'महिला-यात्री वाले किसी अंतरिक्ष-यान को प्रक्षेपित करते अथवा उतारते समय ही मासिक धर्म-चक्र का विशेष ध्यान रहना चाहिए। यान के पृथ्वी की परिक्रमा करने अथवा पृथ्वी के गुरुत्व के बाहर रहने पर यात्रा करने का मासिक धर्म-चक्र पर कोई प्रभाव नहीं पड़ता।'

तेरेश्कोवा का कथन है कि उन्होंने स्वयं इस बात को कसौटी पर कसा है। उन्हें केवल एक दिन अंतरिक्ष में यात्रा करनी थी। परंतु उन्हीं के जोर देने पर और दो दिन की यात्रा बढ़ा दी गई थी।

उन्होंने कहा है कि उन्हें अपनी अंतरिक्ष-यात्रा के दौरान कहीं कोई कठिनाई नहीं हुई, न यान के प्रक्षेपण के समय, न परिक्रमा करते समय, न ही धरती पर उतरते समय।

फिर क्या कारण थे कि तेरेश्कोवा की अंतरिक्ष-यात्रा के बाद, लंबा अर्सा गुजर जाने पर भी, किसी दूसरी महिला को अंतरिक्ष में नहीं भेजा गया था ? पूरे दो दशक तक तेरेश्कोवा संसार की अकेली महिला अंतरिक्ष-यात्री बनी रहीं। सोवियत संघ की इस दिशा में पहल के बाद अमरीका को तुरंत अनुकरण करना चाहिए था। परंतु ऐसा कुछ नहीं हुआ।

तो क्या इसका यह अर्थ है कि महिलाओं को अंतरिक्ष-यात्रा पर भेजना ठीक नहीं है ? क्या अंतरिक्ष की भाररहित अवस्था का नारी के शरीर पर कोई प्रतिकूल प्रभाव पड़ता है ? किसी दूसरी महिला को अंतरिक्ष में भेजने की अवधि ज्यों-ज्यों बढ़ती जा रही थी, त्यों-त्यों संदेह बढ़ता जा रहा था।

लेकिन तब सोवियत संघ ने ही पुनः इस दिशा में पहल की। 19 अगस्त, 1982 को स्वेतलाना सावित्स्कया को दो अन्य यात्रियों के साथ सयुस टी-7 यान के जरिए अंतरिक्ष में भेजा गया। वहाँ सल्यूत-प्रयोगशाला में एक सप्ताह तक स्वेता ने अनेक प्रयोग किए। इनमें 'तावरिया' नामक प्रयोग विशेष महत्व का था। इस प्रयोग में 'इलेक्ट्रोफोरेसिस' विधि का इस्तेमाल कर के कुछ वस्तुओं को, उनमें से अवांछित घटकों को पृथक कर के, अतिशुद्ध रूप में प्राप्त किया जाता है। ऐसी अतिशुद्ध चीजें औषधियों के काम आ सकती हैं। अंतरिक्ष की लगभग पूर्ण निर्वात और लगभग शून्य-गुरुत्व की स्थिति में ही ऐसी अतिशुद्ध वस्तुओं का निर्माण संभव है। अंतरिक्ष में ऐसी वस्तुओं के निर्माण के लिए फैक्टरियाँ स्थापित करने की योजनाएँ बन रही हैं।

स्वेता सावित्स्कया अपनी प्रथम अंतरिक्ष-यात्रा में एक वैज्ञानिक-प्रयोगकर्त्ता की हैसियत से गई थीं। राकेट-यान से ऊपर जाते समय और नीचे उतरते समय बढ़े हुए गुरुत्व-भार को झेलने में स्वेता को कोई कठिनाई नहीं हुई। जब अंतरिक्ष-यान पृथ्वी का चक्कर लगाता है, तब उसमें यात्रा करने वाला व्यक्ति भाररहित अवस्था में रहता है। परंतु जब वह धरातल से ऊपर जाता है, या ऊपर से नीचे धरातल पर आता है, तो उसका गुरुत्व-भार काफी बढ़ जाता है। धरातल पर उतर कर वह पुनः सामान्य गुरुत्व-भार की अवस्था में पहुँच जाता है। इसलिए अंतरिक्ष से धरातल पर आने के बाद अंतरिक्ष-यात्री को सहज होने में कुछ समय लगता है। परंतु स्वेतलाना जब अपनी अंतरिक्ष-यात्रा से लौटीं तो पूर्णतः स्वस्थ थीं, और कह रही थीं 'मैं इसी वक्त दूसरी अंतरिक्ष-यात्रा पर जाने के लिए तैयार हूँ...यहाँ तक कि साठ दिन की अंतरिक्ष-यात्रा पर भी जाने के लिए तैयार हूँ।'

सचमुच ही स्वेतलाना एक असाधारण महिला हैं। पेशे से वह एक वैमानिक-इंजीनियर हैं। वह एक अत्यंत कुशल वायुयान चालिका भी हैं। पैराशूट के जरिए कूदने के उन्होंने कुछ विश्व-रिकार्ड भी स्थापित किए हैं। उन्होंने 1970 में लंदन में आयोजित वैमानिक कलाबाजी की प्रतियोगिता में भाग ले कर कई रिकार्ड तोड़े। उनका 2683 किलोमीटर प्रति घंटे की रफ्तार से वायुयान उड़ाने का रिकार्ड आज भी कायम है।

ऐसी साहसी महिला के लिए हवाई-यात्रा और अंतरिक्ष-यात्रा में कोई बहुत अधिक अंतर नहीं हो सकता। स्वेतलाना का कथन भी है : 'मैं एक

टेस्ट-पायलट हूँ, और हमेशा बनी रहूँगी। अंतरिक्ष-यात्री भी टेस्ट-पायलट ही होता है, अंतरिक्ष-यात्रा उसके पेशे का महज एक दौर होता है···।'

स्वेतलाना के पिता येवगेनी सावित्स्की स्वयं एक उच्च पदस्थ वायुयान-चालक अधिकारी रहे हैं। लेकिन स्वेता अत्यंत स्वाभिमानी महिला हैं, उन्हें यह सुनना अच्छा नहीं लगता कि वह एक 'मार्शल की पुत्री' हैं। लेकिन इस बात से इनकार नहीं किया जा सकता कि आकाश-यात्रा के प्रति उनका लगाव पैतृक है। स्वेता के पति भी विमान-चालक हैं।

लगता है कि स्वेता एक बहुत ही दृढ़ दिल की महिला हैं। उनके पिता का कहना है कि उन्होंने अपनी बेटी की आँखों में कभी भी आँसू नहीं देखे। अंतरिक्ष-यात्रा के प्रशिक्षण के दौरान किसी ने उनसे (स्वेता) पूछा था : 'पुरुषों में कौन-से गुणों को आप पसंद करती हैं?' स्वेता का उत्तर था : 'मैं मानवीय गुणों को पुरुष के और नारी के गुणों में विभाजित नहीं करती।'

ऐसी साहसी महिला को दोबारा अंतरिक्ष यात्रा के लिए चुना जाए तो कोई आश्चर्य की बात नहीं है। जुलाई 1984 में स्वेतलाना दो अन्य सोवियत यात्रियों के साथ सयूस टी-12 यान के जरिए अंतरिक्ष में पहुँचीं, और सल्यूत-प्रयोगशाला में उन्होंने अन्य पाँच यात्रियों के साथ एक सप्ताह तक अंतरिक्ष की यात्रा की। सल्यूत-7 प्रयोगशाला में राकेश शर्मा ने भी अंतरिक्ष-यात्रा की है। स्वेतलाना के सल्यूत में पहुँचने के पहले, राकेश शर्मा के भी पहले, तीन सोवियत अंतरिक्ष-यात्री वहाँ पहले ही पहुँच चुके थे। वे तीनों अंतरिक्ष-यात्री—लिओनिद्र किजिम, ब्लादीमीर सोलोवयोव और ओलेग आत्कोव—237 दिन तक अंतरिक्ष में रहने का नया विश्व-कीर्तिमान स्थापित कर के धरती पर लौट आए!

स्वेतलाना दूसरी बार एक इंजीनियर की हैसियत से अंतरिक्ष यात्रा पर गई थीं। इस यात्रा के दौरान उन्होंने एक नया करतब कर के दिखाया। वह एक अन्य अंतरिक्ष-यात्री के साथ प्रयोगशाला के बाहर खुले अंतरिक्ष में निकल आईं और करीब साढ़े तीन घंटे तक वैज्ञानिक महत्व के प्रयोग किए। इनमें धातुओं की कटाई, झलाई, वेल्डिंग तथा धातु की प्लेटों पर चाँदी की तह स्प्रे करना-जैसे प्रयोग शामिल थे।

सोवियत संघ के प्रख्यात अंतरिक्ष-यात्री अलेक्सेई लिओनिद ने स्वेतलाना द्वारा खुले अंतरिक्ष में पहुँच कर किए गए इन प्रयोगों की बड़ी स्तुति की है। लिओनिद ही वह अंतरिक्ष-यात्री थे जिन्होंने 1965 में पहली बार खुले अंतरिक्ष में विचरण किया था। महिलाओं में यह गौरव पहली बार स्वेतलाना को मिला।

सोवियत संघ की दूसरी महिला अंतरिक्ष-यात्री स्वेतलाना सावित्स्कया जब अगस्त, 1982 में पहली बार अंतरिक्ष में पहुँची थीं, तब तक अमरीका

की कोई महिला अंतरिक्ष में नहीं गई थी। परंतु तैयारियाँ जारी थीं, योजनाएँ बन चुकी थीं। दरअसल, अमरीका में महिला अंतरिक्ष-यात्री के प्रशिक्षण की योजनाएं कई बार बनीं, पर बाद में रद्द की गईं। 1960 में ऐसी एक योजना बनी थी, 13 महिलाओं को प्रशिक्षण के लिए भी चुना गया था, पर बाद में यह योजना रद्द कर दी गई।

अंत में जब अंतरिक्ष-शटल का कार्यक्रम बना, तब 'नासा' ने 1977 में महिला अंतरिक्ष-यात्रियों के चयन की घोषणा की। स्टानफोर्ड विश्वविद्यालय की एक शोध-छात्रा **सैली राइड** ने इस घोषणा का विज्ञापन पढ़ा, और तत्काल आवेदन-पत्र भेज दिया। और, संयोग की बात कि अंतरिक्ष-यात्रा के प्रशिक्षण के लिए सैली राइड का चुनाव भी हो गया।

अमरीकी महिला अंतरिक्षयात्री : ऊपर बाएँ से घड़ी चक्र के अनुसार क्रमश : ***मेरी क्लिवे****, बोनी डुनबार,* ***जूडिथ रेज्निक****,* ***आन्ना फिशर****,* ***कैथरीन सुलिवान****, रिया सेडोन,* ***सैली राइड*** *और* ***शान्नोन ल्यूसिड****। इनमें से छह (भिन्न टाइप में निर्देशित) ने अंतरिक्ष की यात्राएँ कीं। बीच में कोलंबिया शटल का भीतरी कक्ष और ऊपर दाईं ओर शटलयान को दर्शाया गया है।*

सैली राइड विश्वविद्यालय से भौतिकी में पी-एच. डी. की उपाधि प्राप्त कर चुकी थीं और आगे लेसर-भौतिकी में अनुसंधान करना चाहती थीं। बजाय इसके वह अमरीका की पहली महिला अंतरिक्ष-यात्री बनीं। 1983 में सैली राइड ने सातवें अंतरिक्ष-शटल चैलेंजर में अन्य चार यात्रियों के साथ अंतरिक्ष की यात्रा की। अंतरिक्ष-शटल के साथ 15 मीटर लंबा एक 'यांत्रिक हाथ' जुड़ा हुआ है। उपग्रह-जैसी चीजों को अंतरिक्ष में छोड़ने या अंतरिक्ष से इन्हें पकड़ने में इस यांत्रिक हाथ का उपयोग होता है। सैली राइड ने इस हाथ के संचालन का विशेष प्रशिक्षण प्राप्त किया था। अपनी अंतरिक्ष-यात्रा के दौरान उन्होंने इस यांत्रिक हाथ के जरिए एक उपग्रह को अंतरिक्ष में छोड़ने में सहयोग दिया। सैली राइड ने एक उड़ान-इंजीनियर की हैसियत से इस अंतरिक्ष-यात्रा में भाग लिया था।

इसके बाद दूसरी अमरीकी महिला को अंतरिक्ष में भेजने में अधिक समय नहीं लगा। 1984 में अंतरिक्ष-शटल 'डिस्कवरी' में जूडिथ रेज्निक अंतरिक्ष में पहुँचीं। यह यात्रा दो बार क्यों स्थगित कर देनी पड़ी थी और रेज्निक तथा उनके साथियों को संकट के किस दौर से गुजरना पड़ा था, इसका जिक्र हम आरंभ में कर ही चुके हैं। डिस्कवरी की इस यात्रा में तीन उपग्रहों को अंतरिक्ष में छोड़ा गया।

सन् 1984 में ही अमरीका ने एक और पहल की—एक साथ दो महिलाओं को अंतरिक्ष में भेजा। इनमें से एक थीं अमरीका की पहली महिला अंतरिक्षयात्री सैली राइड और दूसरी थीं कैथी सुलीवान।

सैली राइड की यह दूसरी अंतरिक्षयात्रा थी। महत्व की बात यह है कि इस यात्रा के दौरान कैथी सुलीवान ने यान से बाहर आ कर खुले अंतरिक्ष में मुक्त विचरण भी किया।

आगे पाँच और अमरीकी महिलाओं ने अंतरिक्ष की यात्राएँ कीं। आन्ना फिशर अंतरिक्ष की यात्रा करनेवाली पहली माँ थी (नवंबर 1984)। अंतरिक्ष की यात्रा करनेवाली छठी अमरीकी महिला थी—शान्नोन ल्यूसिड (जून1985)। उसी साल नवंबर में मेरी क्लिवे ने भी अंतरिक्ष की यात्रा की।

अमरीकी अंतरिक्ष-शटल चैलेंजर की 28 जनवरी, 1986 की यात्रा के सात अंतरिक्षयात्रियों में दो महिलाएँ भी शामिल थीं। लेकिन धरातल से उठने के 73 सेकंड बाद ही इस यान में विस्फोट हो गया। सातों यात्रियों की मृत्यु हो गई!

अंतरिक्ष में पहुँचने वाले ससार के पहले व्यक्ति यूरी गगारिन थे (12 अप्रैल, 1961)। इस ऐतिहासिक घटना को अभी पूरे 30 साल भी नहीं हुए हैं, पर अब अंतरिक्ष-यात्रियों की संख्या लगभग 200 पर पहुँच रही है। इनमें नौ महिला अंतरिक्ष-यात्री हैं—सोवियत संघ की दो और अमरीका की

सात । इन महिलाओं ने पुरुषों के समकक्ष ही साहस के कार्य कर के दिखाए हैं—वालेंतिना तेरेश्कोवा ने यान में अकेले अंतरिक्ष-यात्रा करके, स्वेतलाना और सैली राइड ने दो-दो बार अंतरिक्ष-यात्रा करके, और स्वेतलाना तथा कैथी सुलीवान ने अंतरिक्ष में मुक्त विचरण कर के । स्वेतलाना का तो यह सपना है कि वह अंतरिक्ष-यान की कमांडर बने ।

अब यह स्पष्ट-सा हो गया है कि महिलाओं को अंतरिक्ष में भेजने में कोई बुनियादी बाधा नहीं है । वैसे भी, महिलाओं के बिना अंतरिक्ष को आबाद करने का या अंतरिक्ष में स्थायी निवास की कोई योजना बनाने का कोई अर्थ नहीं है । सोवियत विशेषज्ञों का मत है कि अंतरिक्ष-यात्रा यदि लंबी अवधि की हो, तो पुरुष को नारी से पृथक रखना न तो मनोवैज्ञानिक दृष्टि से उचित है, न ही नैतिक दृष्टि से । इसलिए सोवियत विशेषज्ञ पति-पत्नी के जोड़े को भी अंतरिक्ष-यात्रा पर भेजने के बारे में योजना बना रहे हैं । हाँ, अंतरिक्ष की भाररहित अवस्था में पति-पत्नी के संबंधों में कुछ विलक्षणताएँ अवश्य रहेंगी ।

अंतरिक्ष में भारत के बढ़ते कदम

गुरुत्वाकर्षण के बंधन को तोड़कर अंतरिक्ष में पहुँचने वाला पहला पिंड था सोवियत संघ का स्पूतनिक उपग्रह, जिसे 4 अक्तूबर, 1957 को एक शक्तिशाली राकेट से ऊपर भेजा गया। फिर 12 अप्रैल, 1961 को धरती का पहला मानव सोवियत नागरिक यूरी गगारिन भी अंतरिक्ष में पहुँच गया।

उसी साल गगारिन भारत-यात्रा पर आए थे। तब नई दिल्ली की एक सभा में उन्होंने बच्चों को संबोधित करते हुए कहा था, ''आज के बच्चे ही कल के नए भारत के निर्माता हैं। तुममें कई ऐसे लड़के-लड़कियाँ हैं जो निश्चय ही अंतरिक्ष में उड़ने का सपना देखते हैं। मुझे विश्वास है कि वह दिन जरूर आएगा जब भारत का कोई नागरिक अंतरिक्ष की यात्रा करेगा।''

गगारिन की वह भविष्यवाणी सच साबित हुई। अप्रैल 1984 में **राकेश शर्मा** ने सोवियत अंतरिक्ष-यात्रियों के साथ सात दिन तक अंतरिक्ष की यात्रा की। अपनी इस अंतरिक्ष-यात्रा के बाद राकेश शर्मा ने कहा था, ''मेरी इस यात्रा से भारत के युवकों को अंतरिक्ष में जाने की प्रेरणा मिलेगी।''

जिस साल गगारिन ने अतरिक्ष-यात्रा की, उसी साल (1961 में) हमारे देश में अंतरिक्ष की खोजबीन का एक प्रोग्राम बना। लेकिन उस समय हमारे पास अंतरिक्ष के अनुसंधान के लिए साधन नहीं के बराबर थे। 1962 में त्रिवेंद्रम (केरल) के पास थुंबा राकेट केंद्र की स्थापना हुई। फिर अगले साल 21 नवंबर, 1963 को इसी केंद्र से पहली बार एक छोटा राकेट वायुमंडल में छोड़ा गया। उस दिन वहाँ डॉ. होमी भाभा, डॉ. विक्रम साराभाई आदि वैज्ञानिक उपस्थित थे। उसी दिन भारत में अंतरिक्ष अनुसंधान का श्रीगणेश हुआ।

आरंभ में थुंबा से जो राकेट छोड़े गए थे वे हमारे देश में नहीं बने थे। वे छोटे राकेट हमें विदेशों से मिले थे। उन राकेटों से वायुमंडल के बारे में जानकारी मिलती थी। पृथ्वी का चुंबकीय विषुववृत्त थुंबा से गुजरता है, इसलिए हमारे देश के इस स्थान का वायुमंडल के अध्ययन के लिए बड़ा

महत्व है। बाद में 1967 में इस थुंबा राकेट केंद्र को दूसरे देशों की सुविधा के लिए संयुक्त राष्ट्रसंघ को समर्पित कर दिया गया।

फिर त्रिवेंद्रम के पास ही भारतीय राकेटों के निर्माण के लिए एक नया केंद्र बना। पहले यहाँ छोटे-छोटे राकेट बने, फिर **रोहिणी** और **मेनका** नाम के बड़े-बड़े राकेट भी बनने लगे। भारत में बने पहले राकेट का सफल परीक्षण थुंबा केंद्र से फरवरी, 1969 को किया गया था। उसके बाद भारत में बड़े-बड़े राकेट बने।

हमारे देश के राकेटों का निर्माण थुंबा में होता है। राकेटों के लिए ईंधन भी वहीं तैयार किया जाता है। थुंबा के राकेट केंद्र को तेजी से आगे बढ़ाने में डॉ. विक्रम साराभाई ने बड़ी मेहनत की थी। 1971 में डॉ. साराभाई की अचानक मृत्यु हो गई, तो उनकी यादगार में थुंबा के राकेट केंद्र को **विक्रम साराभाई अंतरिक्ष केंद्र** का नाम दिया गया।

राकेटों का उपयोग करने के लिए उपग्रह भी चाहिए थे। इसलिए डॉ साराभाई के प्रयासों से 1970 में बेंगलूर में उपग्रह केंद्र की स्थापना हुई थी। सोवियत संघ ने उपग्रह बनाने में हमें बड़ी मदद दी है। सोवियत संघ के सहयोग से भारतीय वैज्ञानिकों ने अपना पहला उपग्रह तैयार किया। इस उपग्रह को प्राचीन भारत के महान गणितज्ञ-ज्योतिषी **आर्यभट** का नाम दिया गया।

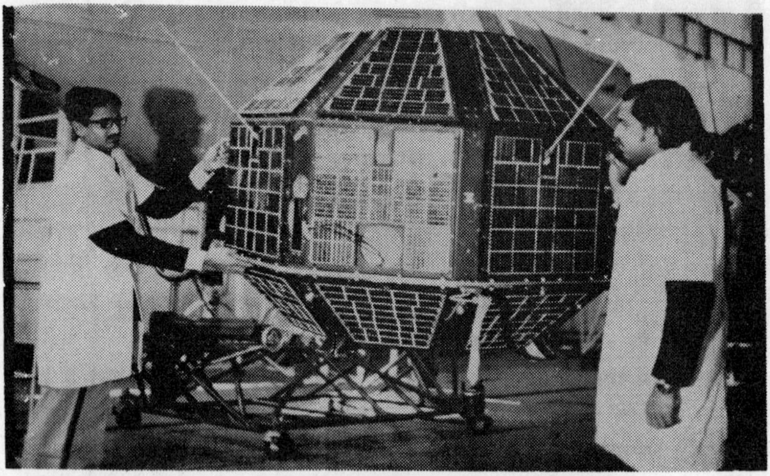

भारत का प्रथम उपग्रह—आर्यभट

लेकिन उस समय हमारे पास ऐसा कोई राकेट नहीं था जो इस आर्यभट उपग्रह को अंतरिक्ष में छोड़ सके। इसलिए भारत के इस पहले उपग्रह को सोवियत संघ के एक शक्तिशाली राकेट के जरिए 19 अप्रैल, 1975 को अंतरिक्ष में छोड़ा गया। यह एक वैज्ञानिक उपग्रह था और इसका भार 360 किलोग्राम था।

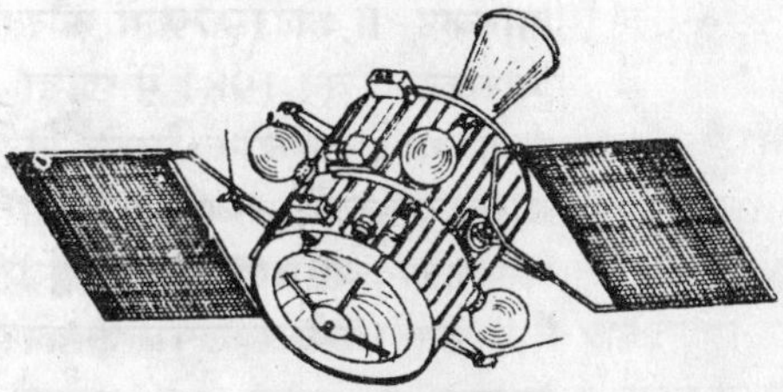

एप्पल उपग्रह

भास्कर से धरातल का सर्वेक्षण

उपग्रह अनेक किस्म के होते हैं। जिन उपग्रहों के यंत्र-उपकरण अंतरिक्ष के बारे में वैज्ञानिक जानकारी प्राप्त करते हैं, उन्हें वैज्ञानिक उपग्रह कहते हैं। जिन उपग्रहों के कैमरे तथा दूसरे उपकरण धरातल की वनस्पति, फसल, खनिजों आदि के बारे में जानकारी प्राप्त करते हैं, उन्हें भूसर्वेक्षक उपग्रह कहते हैं। टेलीफोन-संबंध स्थापित करने के लिए और रेडियो तथा दूरदर्शन के कार्यक्रम दूर-दूर तक भेजने के लिए भी उपग्रहों का उपयोग होता है। इन्हें संचार उपग्रह कहते हैं। उपग्रह मौसम की भी जानकारी देते हैं। संसार के कुछ धनी देशों ने अंतरिक्ष में बड़ी संख्या में जासूसी उपग्रह भी छोड़े हैं। ये जासूसी उपग्रह धरती के चप्पे- चप्पे की टोह लेते रहते हैं।

वैज्ञानिक उपग्रह आर्यभट के सफल प्रयोग के बाद भारतीय वैज्ञानिकों का ध्यान भूसर्वेक्षक की ओर गया। सोवियत संघ की मदद से बेंगलूर केंद्र में

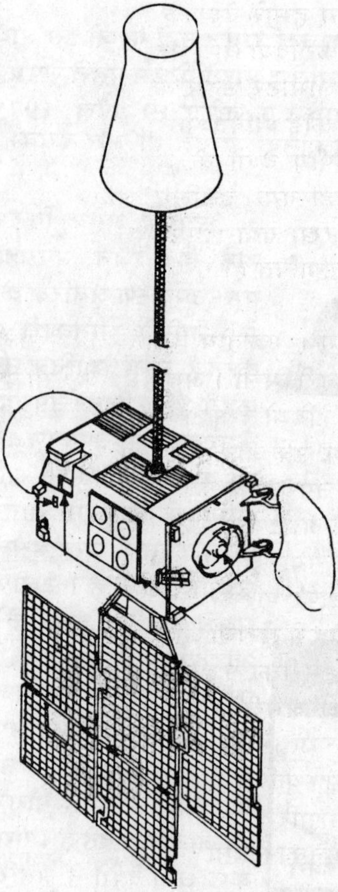

इन्सैट उपग्रह

भास्कर-1 और भास्कर-2 नामक भूसर्वेक्षक उपग्रह बनाए गए।

इन दोनों उपग्रहों को सोवियत संघ के राकेटों से अंतरिक्ष में छोड़ा गया। भास्कर-1 को 1979 में और भास्कर-2 को 1981 में छोड़ा गया था। प्राचीन भारत में भास्कराचार्य नाम के दो गणितज्ञ-ज्योतिषी हुए हैं।

इन भास्कर उपग्रहों को बनाने से भारत को अनेक लाभ हुए। भारतीय वैज्ञानिकों ने भूसर्वेक्षक उपग्रहों के निर्माण और उपयोग के तरीके सीखे। इन भूसर्वेक्षक उपग्रहों से प्राप्त होने वाली जानकारी का अध्ययन करने के लिए हमारे देश में साधन जुटाए गए। भूसर्वेक्षक उपग्रहों से मिली हुई जानकारी का अध्ययन करने के लिए सिकंदराबाद (हैदराबाद) में एक केंद्र है। इसका नाम है—**राष्ट्रीय सुदूर संवेदन एजेंसी**।

संचार उपग्रहों को विषुववृत्त के 36,000 किलोमीटर ऊपर की कक्षा में स्थापित किया जाता है। इस कक्षा में छोड़ा गया उपग्रह पृथ्वी की एक परिक्रमा 24 घंटों में पूरी करता है। हमारी पृथ्वी भी 24 घंटों में अपनी धुरी पर एक चक्कर लगाती है। इसलिए 36,000 किलोमीटर ऊपर की कक्षा में स्थापित उपग्रह धरती से एक ही स्थान पर टिका हुआ दिखाई देता है। इसीलिए 36,000 किलोमीटर ऊपर की इस कक्षा को **भूस्थिर कक्षा** कहते हैं। ज्यादातर संचार उपग्रह इसी भूस्थिर कक्षा में स्थापित किए जाते हैं। इस कक्षा में स्थापित उपग्रह 36,000 किलोमीटर ऊँचे टेलिविजन-टावर की तरह काम करते हैं।

भास्कर उपग्रह तैयार करते समय हमारे देश के वैज्ञानिकों ने एक संचार उपग्रह बनाने का भी काम शुरू कर दिया था। यह था हमारा **एप्पल** उपग्रह। इस उपग्रह को 36,000 किलोमीटर ऊपर की कक्षा में छोड़ना था। पर इस काम के लिए हमारें पास कोई शक्तिशाली राकेट नहीं था। इसलिए इस एप्पल उपग्रह को यूरोपीय देशों के अंतरिक्ष संगठन के **एरियान** राकेट से जून 1981 में छोड़ा गया, इसलिए इसका पूरा नाम 'एरियन पर आरूढ़ उपयोगी प्रयोग' रखा गया। एप्पल उपग्रह जावा-सुमात्रा के ऊपर की भूस्थिर कक्षा में स्थापित हो गया। इस तरह एप्पल भारत का पहला भूस्थिर उपग्रह था।

एप्पल ने दो साल तक काम किया। भारतीय वैज्ञानिकों को संचार उपग्रह के उपयोग के बारे में नई जानकारी मिली। अब हमें एक ऐसा बड़ा संचार उपग्रह चाहिए था जो पूरे देश में रेडियो तथा टेलिविजन के कार्यक्रम भेज सके, टेलिविजन संबंध स्थापित कर सके और मौसम की भी जानकारी दे। हमारे वैज्ञानिकों ने ऐसे एक संचार उपग्रह की रूपरेखा तैयार की। इस उपग्रह को नाम दिया गया—इंडियन सैटेलाईट यानी इन्सैट-1 ए। अमरीका की एक कंपनी में यह उपग्रह बनवाया गया, और एक अमरीकी राकेट से अप्रैल 1982 में इसे हिंद महासागर के ऊपर भूस्थिर कक्षा में स्थापित किया गया। लेकिन कुछ महीने बाद इस उपग्रह में खराबी आ गई और इसने काम करना बंद कर दिया। इसलिए हमने अमरीका से ही दूसरा इन्सैट उपग्रह खरीदा। इस **इन्सैट-1 बी** उपग्रह को अमरीका के अंतरिक्ष-शटल से अगस्त 1983 में अंतरिक्ष में छोड़ा गया। हिंद महासागर के 36,00 किलोमीटर ऊपर की भूस्थिर कक्षा में स्थापित यह इन्सैट उपग्रह आज रेडियो तथा टेलीविजन के कार्यक्रम प्रसारित करता है, टेलीफोन-संबंध स्थापित करता है और मौसम की भी जानकारी देता है। यह उपग्रह करीब सात साल तक काम करेगा।

नया **इन्सैट- 1 सी** उपग्रह यूरोपीय देशों के राकेट से 1988 में भूस्थिर कक्षा में छोड़ा गया। अभी हमारे देश में ऐसा कोई शक्तिशाली राकेट नहीं बना है जो एक बड़े उपग्रह को भूस्थिर कक्षा में स्थापित कर दे।

लेकिन हमारे देश ने अब एक ऐसा राकेट बना लिया है जो एक छोटे उपग्रह को करीब 350 किलोमीटर ऊपर की कक्षा में स्थापित कर सकता है। 1980-82 के दौरान इस **एस. एल. वी—3** राकेट से करीब 40 किलोग्राम भार के **रोहिणी** उपग्रह अंतरिक्ष में छोड़े गए। अब 150 किलोग्राम भार के उपग्रह को अंतरिक्ष में छोड़ने वाला **ए. एस. एल. वी.** राकेट भी बन गया है।

इन्सैट उपग्रह (ऊपर बाएँ) रेडियो तथा टेलीविजन कार्यक्रम प्रसारित करता है, टेलीफोन संबंध स्थापित करता है और मौसम की जानकारी देता है।

बेंगलूर के उपग्रह केंद्र में **आई. आर. एस.** नामक भूसर्वेक्षक उपग्रह को मार्च 1988 में एक सोवियत राकेट के जरिए अंतरिक्ष में छोड़ा गया। यह उपग्रह ध्रुवीय कक्षा में यानी दोनों ध्रुवों के ऊपर से गुजरते हुए पृथ्वी की परिक्रमा कर रहा है। इस तरह के आगे के उपग्रह **पी. एस. एल. वी.** नामक

भारतीय राकेटों से अंतरिक्ष में छोड़े जाएँगे।

इस प्रकार, पिछले करीब पच्चीस वर्षों में ही भारत ने अंतरिक्ष अनुसंधान के मामले में बड़ी तेजी से उन्नति की है। राकेटों और उपग्रहों के अलावा अंतरिक्ष के उपयोग के लिए देश में बहुत सारे साधन जुटाए गए हैं। अंतरिक्ष विभाग का मुख्य कार्यालय बेंगलूर में है। इन्सैट उपग्रह को नियंत्रण में रखने वाला केंद्र **हसन** (कर्णाटक) में है। राकेटों को छोड़ने के लिए राष्ट्रीय अंतरिक्ष अड्डा थूंबा के अतिरिक्त श्रीहरिकोटा (आंध्रप्रदेश)में भी है। अंतरिक्ष के उपयोग से संबंधित अनुसंधान-कार्य अहमदाबाद की भौतिकीय प्रयोगशाला में होता है। कावलूर (तमिलनाडु) में उपग्रहों पर नजर रखने के लिए बढ़िया दूरबीनें हैं। इन्सैट उपग्रह के साथ संचार-संबंध स्थापित करने के लिए देश के विभिन्न स्थानों पर भूकेंद्र स्थापित किए गए हैं।

अब हमारे देश में भी शक्तिशाली राकेट बनने लगे हैं। हमारे देश में एक ऐसा राकेट बना है जो 150 किलोग्राम भार के उपग्रह को करीब 400 किलोमीटर ऊपर ले जाकर पृथ्वी की कक्षा में छोड़ सकता है। इस नए रॉकेट का नाम है **ए. एस. एल. बी.**(आग्मैन्टेड सैटेलाइट लांच वैहिकल) यानी संवर्धित उपग्रह-प्रक्षेपक यान)।

केवल राकेट ही हवा-रहित अंतरिक्ष में यात्रा कर सकता है, यह जानकारी हमें वर्तमान सदी में मिली है। तब से नए किस्म के राकेट बनने लगे है। दूसरे महायुद्ध के बाद सोवियत संघ और अमरीका ने बड़े-बड़े

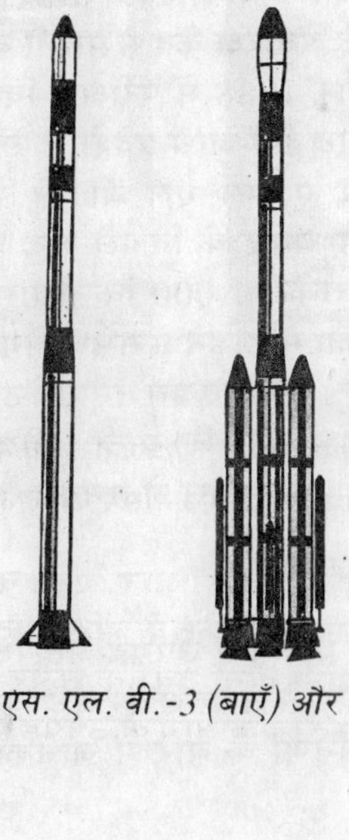

भारतीय राकेट : एस. एल. वी.-3 (बाएँ) और ए. एस. एल. वी.

राकेट बनाए हैं। हमारे देश में नए किस्म का पहला छोटा राकेट 1969 में बना। यह राकेट 10 किलोग्राम भार का था और करीब चार किलोमीटर की ऊँचाई तक पहुँचा था।

लेकिन आगे के दस सालों में हमारे वैज्ञानिकों ने एक शक्तिशाली राकेट बना लिया। यह था हमारा **एस. एल. वी.—3 राकेट**। यह चार खंडों का राकेट है। एक-एक करके इन खंडों का ठोस ईंधन जलता है और राकेट ऊपर पहुँचता जाता है। एस. एल. वी.—3 का कुल भार 17 टन है और ऊँचाई 23 मीटर है। इस राकेट से करीब 40 किलोग्राम भार के रोहिणी उपग्रहों को लगभग 350 किलोमीटर ऊपर की कक्षा में छोड़ा गया।

उपग्रह को कक्षा में छोड़ सकने वाला राकेट बनाना बड़ा कठिन और खर्चीला काम है। ऐसा राकेट बनाने वाला भारत अब दुनिया का सातवाँ देश है।

अब भारत ने एक अधिक शक्तिशाली राकेट बना लिया है। यही है हमारा ए. एस. एल. वी. राकेट। यह राकेट भी एस. एल. वी—3 की तरह ही है। इसमें भी चार खंड हैं। चारों खंडों में ठोस ईंधन का इस्तेमाल किया गया है। लेकिन इसमें नई बात यह है कि इसके निचले खंड के साथ दो और बूस्टर-राकेट जोड़ दिए गए हैं। इन बूस्टरों से राकेट तेजी से ऊपर उठता है औस ज्यादा ऊँचाई तक पहुँचता है।

ए. एस. एल. वी. राकेट 150 किलोग्राम भार के उपग्रह को 400 किलोमीटर ऊपर की कक्षा में पहुँचा देने में समर्थ है। मार्च 1987 में इस नए राकेट का श्रीहरिकोटाके अंतरिक्ष केंद्र से पहली बार परीक्षण किया गया। इस राकेट का दूसरी बार 1988 में परीक्षण किया गया। दोनों परीक्षण असफल रहे। श्रीहरिकोटा द्वीप आंध्र प्रदेश के समुद्र तट के पास है।

अब हमारे देश में ए. एस. एल. वी. से भी अधिक शक्तिशाली राकेट बन रहा है। इस राकेट के निचले खंड के साथ छह बूस्टर जोड़े जाएँगे। इसलिए यह राकेट 1,000 किलोग्राम के उपग्रह को 1,000 किलोमीटर ऊपर की कक्षा में छोड़ने में समर्थ होगा। लेकिन यह कक्षा दोनों ध्रुवों के ऊपर से गुजरेगी। इसलिए इस नए राकेट का नाम है **पी. एस. एल. वी.** (पोलर सैटेलाइट लांच व्हीकल) यानी ध्रुवीय उपग्रह—प्रक्षेपक यान। यह नया राकेट अगले दो-तीन साल में बनकर तैयार हो जाएगा।

भारतीय सुदूर संवेदन उपग्रह

मार्च 1988 में भारत का एक नया उपग्रह अंतरिक्ष में स्थापित हुआ। यह उपग्रह अंतरिक्ष की ऊँचाई से धरातल का अध्ययन कर रहा है। इससे हमें धरातल में छिपे हुए खनिजों के बारे में जानकारी मिलेगी। इससे हमें

जानकारी मिलेगी कि भारत की जमीन पर कहाँ और कितना पानी है । यह उपग्रह हमें कृषि-उपज और वनों के बारे में भी जानकारी देगा । देश की संपदा को ठीक से समझने के लिए यह उपग्रह बड़ा लाभकारी सिद्ध होगा ।

हमारे नए उपग्रह का नाम है– 'भारतीय सुदूर संवेदन उपग्रह'। अंग्रेजी में इसे ''इंडियन रिमोट सेंसिंग सैटेलाइट'' कहते हैं । अंग्रेजी शब्दों के आरंभिक अक्षरों को जोड़कर संक्षिप्त शब्द बनाया गया है–'आई. आर. एस.' । यह अपनी किस्म का पहला भारतीय उपग्रह है, इसलिए इसका पूरा, संक्षिप्त, नाम है, **आई. आर. एस.-1 ए** । भारत में बना हुआ यह सातवाँ उपग्रह है । हमारा आर्यभट नामक पहला उपग्रह 19 अप्रैल 1975 को अंतरिक्ष में छोड़ा गया था । आर्यभट एक वैज्ञानिक उपग्रह था । उसके बाद भास्कर-1 नामक उपग्रह जून 1979 में छोड़ा गया । फिर भास्कर-2 नामक उपग्रह नवंबर 1981 में अंतरिक्ष में छोड़ा गया । आर्यभट और दोनों भास्कर उपग्रह सोवियत संघ के राकेटों से अंतरिक्ष में स्थापित किए गए हैं ।

हमने एप्पल नामक एक संचार उपग्रह भी अंतरिक्ष में छोड़ा है । इसे यूरोपीय अंतरिक्ष एजेंसी के एक शक्तिशाली राकेट के जरिए 36,000 किलोमीटर ऊँची भूस्थिर कक्षा में स्थापित किया गया था । इसके अलावा, भारत में बने रोहिणी नामक दो छोटे उपग्रह भी अंतरिक्ष में भेजे गए हैं । ये रोहिणी उपग्रह हमने अपने राकेटों से ही अंतरिक्ष में भेजे थे । इन्सैट उपग्रह हमारे लिए एक अमरीकी कंपनी ने बनाया है ।

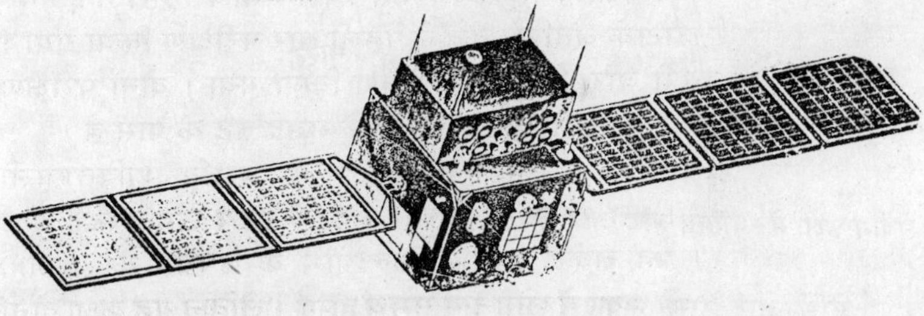

आई. आर. एस.-1 ए उपग्रह

परंतु नया आई. आर. एस. -1 ए उपग्रह भारत में ही बना है । यह भारत में अब तक बने उपग्रहों में सबसे बड़ा है । इसका भार 975 किलोग्राम है । इतने बड़े उपग्रह को करीब एक हजार किलोमीटर ऊपर की कक्षा में छोड़ने के लिए आज हमारे पास शक्तिशाली राकेट नहीं है । इसलिए यह उपग्रह 17 मार्च 1988 को सोवियत संघ के बैकानूर अंतरिक्ष

अड्डे से वोस्तक नामक एक शक्तिशाली राकेट से अंतरिक्ष में छोड़ा गया।

हमारा इन्सैट उपग्रह भूमध्य रेखा के 36,000 किलोमीटर ऊपर स्थित है। असल में यह स्थिर नहीं है। पृथ्वी के साथ-साथ इन्सैट भी चौबीस घंटों में एक चक्कर लगाता है, इसलिए धरातल के सापेक्ष यह स्थिर बना रहता है। नए आई. आर. एस. उपग्रह को एक भिन्न कक्षा में स्थापित किया गया है। यह उपग्रह 904 किलोमीटर की ऊँचाई पर है और दोनों ध्रुवों के ऊपर से गुजरते हुए वृत्ताकार मार्ग में पृथ्वी की परिक्रमाएँ कर रहा है। उपग्रह के ऐसे मार्ग को ध्रुवीय कक्षा कहते हैं।

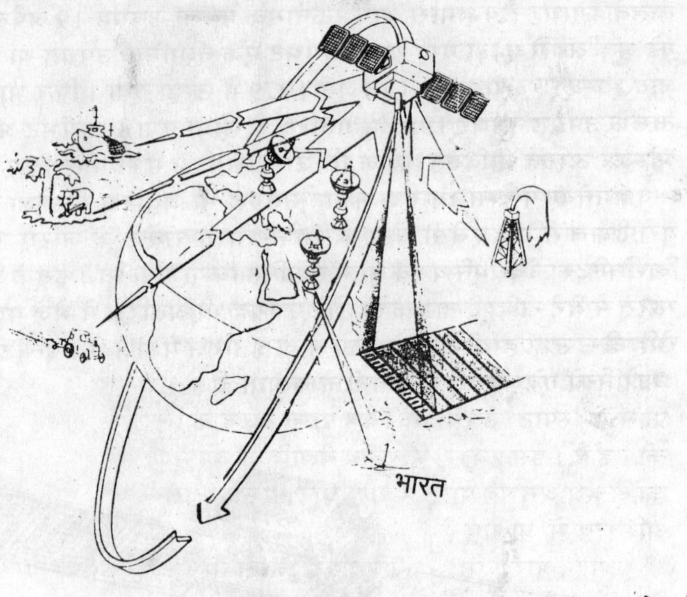

ध्रुवीय कक्षा में स्थापित आई. आर. एस-1 ए उपग्रह द्वारा भारतीय भूक्षेत्र का सुदूर संवेदन

आई. आर. एस. उपग्रह दोनों ध्रुवों के ऊपर से गुजरते हुए 103 मिनटों में पृथ्वी का एक चक्कर लगा लेता है। हमारी पृथ्वी अपनी धुरी पर घूमती है और सूर्य का भी चक्कर लगाती रहती है। आई, आर. एस. उपग्रह लगभग दोनों ध्रुवों के ऊपर से गुजरते हुए इस प्रकार चक्कर लगाता है कि सूर्य इसके हमेशा एक ही दिशा में रहता है। उपग्रह की ऐसी कक्षा को सूर्य-समकालिक कक्षा कहते हैं।

आई. आर. एस. उपग्रह दोनों ध्रुवों के ऊपर से गुजरते हुए चौबीस घंटों में 14 चक्कर लगाता है और प्रतिदिन ठीक 10.25 बजे सुबह विषुववृत्त

के ऊपर से गुजरता है। यह उपग्रह 22 दिनों में पृथ्वी के 307 चक्कर लगाता है। इन 22 दिनों में यह उपग्रह समूचे भारतीय महाद्वीप के एक बार चित्र उतार सकता है। इस प्रकार 22 दिनों में समूचे भारतीय महाद्वीप के चित्र उतारने का यह सिलसिला जारी रहेगा। आई. आर. एस. उपग्रह करीब ढाई साल तक काम करेगा। इस दौरान यह उपग्रह भारत के किसी भी एक स्थान के करीब 41 बार चित्र उतारने में समर्थ होगा।

ऐसे उपग्रह अंतरिक्ष की ऊँचाई से धरातल के बारे में जानकारी प्राप्त करते हैं, इसलिए इन्हें दूर या सुदूर संवेदन उपग्रह (रिमोट सेंसिंग सैटेलाइट) कहते हैं। अमरीका ने 1973 से अब तक 'लैंडसैट' नामक पाँच सुदूर संवेदन उपग्रह अंतरिक्ष में छोड़े हैं। सोवियत संघ के भी अपने सुदूर उपग्रह हैं। दो साल पहले फ्रांस ने भी 'स्पाट' नामक अपना पहला सुदूर संवेदन उपग्रह अंतरिक्ष में छोड़ा। 1987 में जापान ने सागरीय अध्ययन के लिए 'मौस-1' नामक अपना एक उपग्रह अंतरिक्ष में छोड़ा। अंतरिक्ष में सुदूर संवेदन स्थापित करने वाला भारत अब दुनिया का पाँचवाँ देश हो गया है।

असल में भारत ने भास्कर नाम के दो उपग्रह अंतरिक्ष में छोड़े थे. वे भी धरातल का अध्ययन करने वाले ही उपग्रह थे। उनमें दो टेलीविजन कैमरे और समीर नामक माइक्रोवेव रेडियोमीटर स्थापित्त किया गया था। पर भास्कर उपग्रह प्रयोग के लिए बनाए गए थे। फिर भी उनसे हमारे वैज्ञानिकों को बड़ी उपयोगी जानकारी मिली। अमरीका के 'लैंडसैट' और फ्रांस के 'स्पाट' उपग्रह के चित्र प्राप्त करने के लिए भी भारत में व्यवस्था की गई है। इस प्रकार, भारतीय वैज्ञानिकों को सुदूर संवेदन की टेक्नालॉजी का अच्छा अनुभव प्राप्त हुआ है और भारत में इसके लिए जरूरी साधन भी अस्तित्व में आ गए हैं।

आई. आर. एस. -1 उपग्रह में लिप्स नामक तीन बड़े कैमरे स्थापित किए गए हैं। उनमें से एक कैमरा 148 किलोमीटर चौड़े पट्टे के चित्र उतारता है और इसमें करीब 73 मीटर चौड़ी वस्तुओं को पहचाना जा सकता है। शेष दो कैमरे 147 किलोमीटर चौड़े पट्टे के चित्र उतारते हैं और इनमें करीब 36 मीटर चौड़ी चीजों को पहचाना जा सकता है। अमरीका के 'लैंडसैट' उपग्रह भी लगभग इतनी ही क्षमता के हैं। लेकिन फ्रांस का 'स्पॉट' उपग्रह जो चित्र उतारता है उनमें 20 मीटर चौड़ी चीजों को पहचाना जा सकता है। आई. आर. एस-1 की तरह लैंडसैट और स्पॉट उपग्रह भी ध्रुवीय कक्षाओं में ही स्थापित किए गए हैं।

आई. आर. एस.-1 उपग्रह के दोनों ओर दो सौर-सैल पैनल लगाए गए हैं। अंतरिक्ष में पहुँचने पर सौर-सैल पैनल खुल गए, तो उपग्रह 11 मीटर तक फैल गया। सौर-सैल सूर्य की किरणों को बिजली में बदल देते हैं।

चार-चार मीटर लंबे इन सौर-सैल पैनलों से 540 वाट बिजली मिलती है। इनके अलावा उपग्रह में दो निकेल-कैडमियम बैटरियाँ भी रखी गई हैं।

सुदूर संवेदन उपग्रहों से भेजी गई सूचनाओं को ग्रहण करने के लिए हैदराबाद से 52 किलोमीटर दूर शादनगर में एक भूकेंद्र है। इस भूकेंद्र के कटोरेनुमा एंटेना का व्यास दस मीटर है। इस भूकेंद्र की स्थापना 1978 में की गई थी। यह भूकेंद्र 'लैंडसैट' तथा 'स्पॉट' उपग्रहों की सूचनाओं को ग्रहण करता है। अब यह भूकेंद्र स्वदेशी आई. आर. एस.-1 ए उपग्रह की सूचनाओं को भी ग्रहण कर रहा है।

आई. आर. एस. -1 ए उपग्रह की सूचनाओं को ग्रहण करने के लिए देहरादून, जोधपुर, बेंगलूर और नागपुर में भी भूकेंद्र स्थापित किए गए हैं। इन भूकेंद्रों में प्राप्त सूचनाओं का विश्लेषण करने के लिए शक्तिशाली कंप्यूटर स्थापित किए जा रहे हैं।

भारत एक काफी बड़ा देश है। आकाश की ऊँचाई से अपनी भूसंपदा के बारे में अधिक-से-अधिक जानकारी प्राप्त करना हमारे लिए अत्यंत जरूरी है। सुदूर संवेदन उपग्रहों से देश के लिए अनेक लाभ हैं। इन उपग्रहों से हमें वानिकी, कृषि-उपज, जलराशि, बर्फराशि, सागरों के तापमान, पर्यावरण, खनिज संपदा आदि के बारे में व्यापक जानकारी मिलती है। देश के लिए योज़नाएँ बनाने में भी इस तमाम जानकारी का बड़ा उपयोग हो सकता है। पिछले साल के सूखे के कारण इस साल अनेक जलाशयों का जल स्तर काफी घट गया है। हमारा उपग्रह जानकारी दे सकता है कि किस जलाशय में कितना पानी है।

अब तक हम ऐसी जानकारी 'लैंडसैट' तथा 'स्पॉट' जैसे विदेशी उपग्रहों से प्राप्त करते रहे हैं। इनके उपयोग के लिए हमें काफी धन देना पड़ता है। पर अब हमारा अपना सुदूर संवेदन उपग्रह अंतरिक्ष में स्थापित हो गया है, इसलिए हम दूसरों पर पूर्णतः आश्रित नहीं रह गए हैं। अंतरिक्ष में सुदूर संवेदन उपग्रह स्थापित करने वाला भारत अब दुनिया का पाँचवाँ देश बन गया है। सुदूर संवेदन के मामले में अब हम काफी आत्मनिर्भर हो गए हैं।

आई. आर. एस.-1 ए को सोवियत संघ के राकेट से अंतरिक्ष में छोड़ा गया है। इसके लिए हमने धन दिया है। फिलहाल हमारे पास ऐसा कोई राकेट नहीं है जो आई. आर. एस.-1 ए जैसे बड़े उपग्रह को अंतरिक्ष में छोड़ सके। लेकिन अब ऐसा एक शक्तिशाली राकेट हमारे देश में बन रहा है। इस राकेट का नाम है—पोलर सैटेलाइट लांच व्हीकल (संक्षेप में, पी. एस. एल. वी.), अर्थात 'ध्रुवीय उपग्रह प्रक्षेपक यान।' यह राकेट करीब एक हजार किलोग्राम भार के उपग्रह को करीब एक हजार किलोमीटर ऊँची

ध्रुवीय कक्षा में स्थापित कर देने में समर्थ होगा। आशा है कि दो-तीन साल में यह राकेट बनकर तैयार हो जाएगा। तब आई. आर. एस. किस्म के आगे के अपने उपग्रह हम अपने ही शक्तिशाली पी. एस. एल. वी. राकेट से ध्रुवीय कक्षाओं में स्थापित कर सकेंगे।

आई. आर. एस.-1 ए उपग्रह हमारे अंतरिक्ष विभाग के वैज्ञानिकों ने पूर्णतः स्वदेशी साधनों से तैयार किया है। भारत में बने पहले के सातों उपग्रह प्रायोगिक दौर के थे। परंतु आई. आर. एस.-1 ए पूर्णतः कार्यक्षम और व्यावसायिक उपग्रह है। अतः हम कह सकते हैं कि आई. आर. एस.-1 ए की सफलता के साथ भारत उपग्रहों की उपयोगिता के मामले में एक नए दौर में पहुँच गया है। भारत के लिए यह एक महत्वपूर्ण उपलब्धि है।

भविष्य की अंतरिक्ष-यात्राएँ

अपोलो-11 के अंतरिक्ष-यात्रियों की चिरस्मरणीय चंद्रयात्रा के बाद जो चंद्रयात्राएँ हुई हैं, उनका चंद्रमा के अनुसंधान की दृष्टि से बड़ा महत्व था। अब हम चंद्रतल की संरचना के बारे में अधिक बातें जानते हैं। सोवियत संघ की **लूनोखोद** नामक चंद्रगाड़ियों ने भी चंद्रतल के बारे में नई जानकारी प्राप्त की है।

अब तक जितने भी अंतरिक्ष-यात्री चंद्रतल पर उतरे हैं, वे जीवनोपयोगी सारी चीजें धरती से अपने साथ ले गए थे। चंद्रमा पर हवा नहीं, पानी नहीं, वनस्पति नहीं। हाइड्रोजन व ऑक्सीजन के मेल से पानी तैयार किया जा सकता है। कृत्रिम वातावरण में वनस्पति तैयार की जा सकती है। परमाणु-ऊर्जा से बिजली तैयार की जा सकती है। चंद्र पर भवन-निर्माण के लिए सामग्री उपलब्ध है।

फिर भी चंद्रमा पर स्थायी बस्ती स्थापित करने में अभी कई साल लगेंगे। चंद्र पर करीब 14 दिन की रात होती है। इस दीर्घकालीन रात्रि के समय तापमान करीब -150^0 सेंटीग्रेड पर उतर आता है और दिन के समय यह तापमान 130^0 सेंटीग्रेड पर पहुँच जाता है। अतः चंद्र पर स्थापित की जानेवाली बस्ती किसी पहाड़ी के भीतर ही होगी। चंद्रतल पर हर तरह की सुरक्षा के साधन जुटाने होंगे।

वैज्ञानिकों ने चंद्र पर स्थायी बस्ती स्थापित करने के लिए तरह-तरह की योजनाएँ प्रस्तुत की हैं। इनमें से कुछ योजनाओं को आज भी हाथ में लिया जा सकता है। परंतु चंद्रयात्रा में जिस प्रकार बेशुमार खर्च आता है, उसे देखते हुए यह आशा नहीं की जा सकती कि आगे के एक दशक के भीतर किसी एक देश द्वारा चंद्र पर स्थायी बस्ती बसाने के प्रयत्न होंगे। अमरीका ने अपना अपोलो प्रोग्राम बंद कर दिया है। चंद्रमा के बारे में अभी हमें पूरी जानकारी नहीं मिली है। अतः आगे चंद्रतल पर लूनोखोद-जैसी गाड़ियों और स्वनियंत्रित 'रोबोटों' को उतारने में ही अधिक लाभ है।

चंद्रमा पर स्थायी बस्ती स्थापित करने के भी पहले पृथ्वी के समीप के

अंतरिक्ष में स्थायी अंतरिक्ष-स्टेशन या अंतरिक्ष-प्रयोगशाला स्थापित करने के बड़े लाभ हैं। धरातल से कोई तीन-चार सौ किलोमीटर ऊपर पृथ्वी की परिक्रमा करती ऐसी प्रयोगशाला से पृथ्वी का अध्ययन हो सकता है और बाह्य अंतरिक्ष का भी।

जो अंतरिक्ष-यान मुक्त रूप से पृथ्वी की परिक्रमा करते रहते हैं, उनमें निवास करने वाले अंतरिक्ष-यात्री भार-रहित अवस्था में रहते हैं। इस भार-रहित स्थिति में लंबे समय तक रहने से अंतरिक्ष-यात्री पर उसका क्या प्रभाव पड़ता है, यह जानना अत्यंत जरूरी है। यह भी जानना जरूरी है कि दीर्घकालीन भार-रहित अवस्था में अंतरिक्ष-यात्री भोजन, स्नान, दंत-मंजन, शयन इत्यादि दैनंदिन कार्य किस प्रकार कर सकता है। धरातल पर स्वल्पावधि के लिए ही भार-रहित अवस्था की ट्रेनिंग दी जा सकती है। चंद्रयात्रा पर निकले हुए अंतरिक्ष-यात्री अधिक से अधिक आठ-दस दिन के लिए भार-रहित अवस्था में रहते हैं। परंतु ग्रहों की यात्राओं में महीनों और सालों तक भार-रहित अवस्था में रहना होगा। यह सही है कि अंतरिक्ष-यात्रा के दौरान कृत्रिम गुरुत्व-भार की व्यवस्था की जा सकती है, परंतु अंतरिक्ष-यात्री को भार-रहित अवस्था की ट्रेनिंग अवश्य होनी चाहिए।

स्काईलैब में 28 दिन गुजारने के बाद तीनों अंतरिक्ष-यात्री जब धरातल पर उतरे तो धरातल के गुरुत्व-भार की स्थिति में लौटने में उन्हें कोई

पार्थिव कक्षा में स्थापित भविष्य का एक अंतरिक्ष स्टेशन (डा. फोन ब्राउन की आयोजना)।

विशेष दिक्कत नहीं हुई। तदनंतर पुनः तीन अंतरिक्ष-यात्री उसी प्रयोगशाला में 59½ दिन बिताकर धरातल पर लौट आए हैं। इसके बाद

पुन : तीन अंतरिक्ष-यात्रियों के तीसरे दल को इससे भी कुछ अधिक दिन उस प्रयोगशाला में रखा गया। स्काईलैब मिशन का यह तीसरा दौर 84 दिन तक चला और फरवरी 1974 में समाप्त हुआ। तीन अंतरिक्ष-यात्रियों ने 84 दिन तक अंतरिक्ष की भार-रहित अवस्था में रहने का एक नया रिकार्ड स्थापित किया। इस अवधि में इन अंतरिक्षयात्रियों ने बहुत-से परीक्षण किए, धरातल तथा सूर्य के हजारों चित्र उतारे और नवागत कोहौतेक धूमकेतु का भी अध्ययन किया। अब एक सोवियत अंतरिक्षयात्री एक साल तक अंतरिक्ष में निवास करने का नया कीर्तिमान स्थापित कर चुका है।

भविष्य की अंतरिक्ष-यात्राओं की दृष्टि से पृथ्वी के ऊपर की कक्षाओं में स्थापित किए जाने वाले अंतरिक्ष-स्टेशनों का बड़ा महत्त्व है। ऐसे अंतरिक्ष-स्टेशनों से चंद्रमा या ग्रहों की ओर अंतरिक्ष-यान अधिक आसानी से भेजे जा सकते हैं। धरातल के अध्ययन के लिए भी इन स्टेशनों का बड़ा महत्व है। छोटी-छोटी नौकाओं से जिस प्रकार समुद्र में खड़े बड़े जहाजों तक माल या आदमी को लाया या ले जाया जा सकता है, उसी प्रकार धरती के आदमियों को अंतरिक्ष-स्टेशनों तक पहुँचाया जा सकता है, वहाँ से वापस लाया जा सकता है। आवागमन की ऐसी योजना के बारे में प्रोग्राम बन रहे हैं।

अमरीका और सोवियत संघ के सम्मिलित प्रयासों से अंतरिक्ष-अनुसंधान तथा अंतरिक्ष-यात्रा के प्रोग्राम अधिक तेजी से आगे बढ़ सकते हैं। इस दिशा में प्रयत्न जारी है। 1975 ई. में सोवियत संघ तथा अमरीका के अंतरिक्षयानों को जोड़ने का प्रोग्राम बना। जिस प्रकार अंतरिक्षयात्रा-विज्ञान कई अन्य विज्ञानों पर आश्रित है, उसी प्रकार यदि अंतर्राष्ट्रीय स्तर पर अंतरिक्षयात्रा तथा अंतरिक्ष-अनुसंधान के प्रोग्राम बने तो इस दिशा में और भी तेजी से प्रगति हो सकती है। भविष्य में ग्रहों की और उनके भी परे की अंतरिक्ष-यात्राएँ सम्मिलित प्रयासों के बिना कदापि संभव न होंगी।

ग्रहों की यात्रा

धरातल से भेजे गए मानव-रहित अंतरिक्ष-यान सबसे नजदीक के शुक्र तथा मंगल ग्रहों तक पहुँच चुके हैं। इन यानों ने शुक्र तथा मंगल पर वैज्ञानिक उपकरणों के संपुट भी उतारे हैं। जुलाई-अगस्त 1973 में सोवियत संघ ने जो तीन मानव-रहित अंतरिक्षयान मंगल ग्रह की ओर भेजे थे, वे आठ महीने की यात्रा के बाद मंगल के पास पहुँच गए थे।

अमरीका का पायोनियर-10 नामक यान सौर मंडल के परे पहुँच गया है। अमरीका ने उसी दिशा में पायोनियर-11 नामक यान भी भेजा है। ये

दोनों मानव-रहित यान सौर-मंडल के बाहर निकल जाएँगे। अतः यह स्पष्ट है कि आज के हमारे राकेट अंतरिक्षयान को सौर-मंडल के किसी भी ग्रह के समीप भेजने में समर्थ हैं। इन राकेटों से अंतरिक्षयान को सौर-मंडल के बाहर भी भेजा जा सकता है। लेकिन व्यावहारिक कठिनाइयाँ अनेक हैं और इन्हीं के बारे में हमें विचार करना है।

उदाहरण के लिए, हम मंगल ग्रह की यात्रा पर विचार करेंगे। यह ग्रह पृथ्वी की अपेक्षा अधिक दूरी से हमारे 687 दिनों में सूर्य की एक परिक्रमा पूरी करता है। इसका अर्थ यह हुआ कि जब मंगल ग्रह सूर्य का एक चक्कर लगाता है, तो हमारी पृथ्वी इस बीच लगभग दो चक्कर लगाती है। तात्पर्य यह कि करीब हर दो साल बाद मंगल ग्रह पृथ्वी के अधिक नजदीक आता है। हर पंद्रह या सत्रह साल बाद मंगल और पृथ्वी के बीच न्यूनतम दूरी रहती है। वियुति के ऐसे अवसरों पर पृथ्वी से मंगल की दूरी 5.6 करोड़ से 10.2 करोड़ किलोमीटर तक रहती है। अतः स्पष्ट है कि ऐसे वियुति-कालों का लाभ उठाते हुए ही मंगल ग्रह की ओर अंतरिक्षयान भेजने होंगे।

सन् 1971 के अगस्त महीने में मंगल और पृथ्वी के बीच न्यूनतम दूरी रहनेवाली थी, इसलिए सोवियत संघ और अमरीका ने अपने मानव-रहित अंतरिक्ष-स्टेशन मंगल की ओर भेजने के प्रोग्राम बनाए थे। उसी वर्ष सोवियत संघ के एक मंगल-यान ने इस ग्रह की सतह पर वैज्ञानिक यंत्रों का एक संपुट भी उतारा। दो साल बाद सोवियत संघ ने पुनः तीन मंगल-यान इस ग्रह की ओर भेजे हैं (जुलाई-अगस्त 1973 ई.)। इसमें से **मार्स**-6 यान मंगल के पास पहुँच गया है और इससे यंत्र-उपकरणों का एक पिटारा पैराशूट की मदद से मंगल की सतह पर उतरा है (मार्च 1974)। सत्रह साल बाद 1988 में पुनः मंगल पृथ्वी के सबसे निकट आया तो सोवियत संघ ने 'फोबास' नामक दो यान इस ग्रह की ओर भेजे।

जाहिर है कि हमारे आज के राकेट अंतरिक्ष-यानों को मंगल ग्रह तक पहुँचाने में समर्थ हैं। काफी पहले लूना-1 स्टेशन मंगल की कक्षा के काफ़ी नजदीक पहुँच गया था और तदनंतर उसने सूर्य की परिक्रमा शुरू कर दी थी (देखिए चित्र, पृ. 33)। वस्तुतः 11.2 किलोमीटर प्रति सेकंड से थोड़ा ही अधिक पलायन वेग प्रदान करने से एक दीर्घवृत्तीय कक्षा में अंतरिक्षयान मंगल ग्रह की ओर अग्रसर हो जाता है।

पृथ्वी और मंगल, दोनों ही ग्रह सूर्य की सतत परिक्रमा करते रहते हैं। अतः यान के मंगल के समीप पहुँचने पर वह ग्रह अपनी कक्षा में ठीक किस स्थान पर रहेगा, इसका सूक्ष्म हिसाब लगाने के बाद ही पूर्व-निर्धारित वेग से तथा एक सुनियोजित कक्षा में उस यान को मंगल की ओर भेजा जाता है। न्यूनतम प्रणोदक या ऊर्जा खर्च करके एक ग्रह की कक्षा से दूसरे ग्रह की

कक्षा तक पहुँचने के लिए निश्चित दीर्घवृत्ताकार कक्षाएँ हैं, जिन्हें इनके खोजकर्त्ता के नाम पर **होहमान दीर्घवृत्त** कहते हैं। प्रति सेकंड 11.6 किलोमीटर का न्यूनतम पलायन वेग प्रदान करने से कोई भी अंतरिक्ष-यान इस होहमान दीर्घवृत्त में यात्रा करता हुआ करीब 260 दिनों की यात्रा के बाद मंगल के पास पहुँच सकता है।

उपर्युक्त विधि से मंगल तक पहुँचने के लिए राकेट-ऊर्जा भले ही न्यूनतम लगती हो, परंतु समय बहुत अधिक लगता है। पृथ्वी के कक्षीय वेग का पूरा लाभ उठाते हुए ही प्रति सेकंड 11.6 किलोमीटर के पलायन वेग से निकला हुआ राकेट-यान 260 दिन बाद मंगल के समीप पहुँचता है। एक बार पलायन वेग प्रदान कर देने पर राकेट-इंजन बंद हो जाते हैं। आगे की यात्रा मुक्त रूप से होती है। अंतरिक्ष-यान शनैः-शनैः अपने वेग को कम करते हुए आगे बढ़ता है। मंगल के गुरुत्वाकर्षण-क्षेत्र में पहुँच जाने पर पुनः इसका वेग बढ़ता है। यान को मंगल की कक्षा में उतारने के लिए पश्चगामी-राकेट से इसका वेग कम करना होता है।

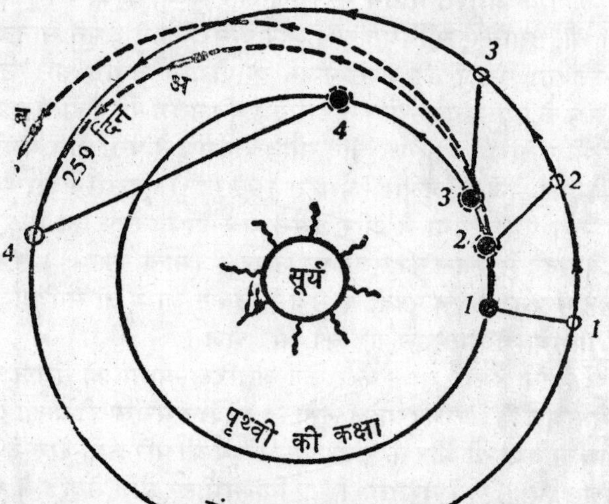

अंतरिक्षयान का पृथ्वी से मंगल ग्रह तक का यात्रापथ : दोनों ग्रहों की कक्षाओं को स्पर्श करने वाला इस प्रकार का दीर्घवृत्तीय यात्रापथ काफी लंबा होता है, परंतु राकेट-यान को इस पथ से भेजने में कम ऊर्जा खर्च करनी पड़ती है। राकेट-यान (अ) पृथ्वी की स्थिति-1 से यात्रारंभ करके 259 दिन बाद मंगल के समीप (4) पहुँच जाता है। दूसरा राकेट-यान (ब)मंगल की कक्षा के बाहर चला गया है। उसे मंगल के समीप लाने के लिए अतिरिक्त ऊर्जा खर्च करनी पड़ेगी।

राकेट-इंजन को सतत चालू रखते हुए इससे कम समय में भी मंगल ग्रह तक पहुँचा जा सकता है। लेकिन इसके लिए बहुत बड़े राकेटों का निर्माण करना होगा और बहुत अधिक ईंधन साथ ले जाना होगा। इस स्थिति में एक और समस्या पैदा होती है। कल्पना कीजिए कि मंगल-यात्रा के दौरान आरंभ में राकेट-इंजनों से अंतरिक्ष-यान का वेग बढ़ाया जाता है तो आगे, मंगल के समीप पहुँचने पर, इस वेग को घटाना भी होगा। अंतरिक्ष में जिस प्रकार केवल राकेट-इंजन से वेग बढ़ाया जा सकता है, उसी प्रकार केवल राकेट-इंजन से ही 'ब्रेक' लगाए जा सकते हैं, जिसमें ऊर्जा खर्च होती है। अतः स्पष्ट है कि आज के भारी रासायनिक ईंधनों से कम समय में ग्रहों की यात्रा करना संभव नहीं है।

पृथ्वी से मंगल तक की यात्रा के लिए उपर्युक्त विधि से करीब 260 दिन लगते हैं। इसी प्रकार, शुक्र ग्रह तक पहुँचने में 146 दिन लगते हैं। वापसी यात्रा भी इतने ही दिनों की होगी। मंगल के संदर्भ में यदि हम वियुति-काल पर विचार करें, तो वहाँ पहुँचने पर वापसी यात्रा के उचित अवसर के लिए वहाँ 450 दिन इंतजार करना होगा! इस प्रकार मंगल ग्रह पर जाकर लौटने में कुल मिलाकर 970 दिन लगेंगे। हाँ, वास्तविक यात्रा में कुछ कम दिन लग सकते हैं।

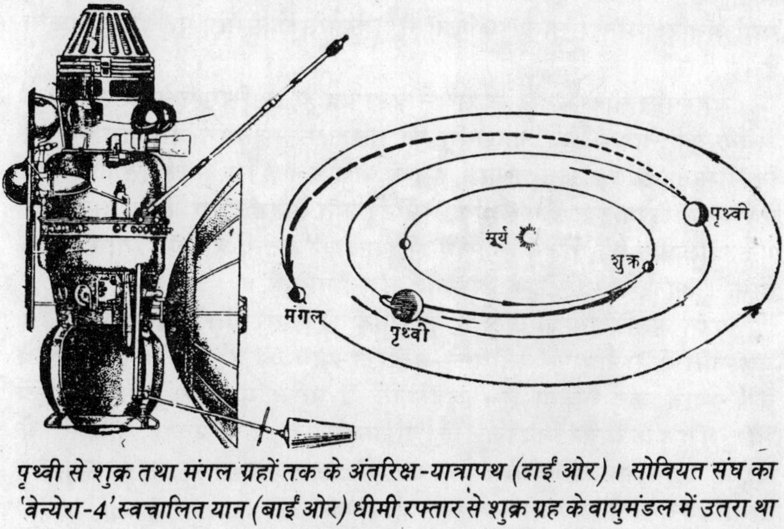

पृथ्वी से शुक्र तथा मंगल ग्रहों तक के अंतरिक्ष-यात्रापथ (दाईं ओर)। सोवियत संघ का 'वेन्येरा-4' स्वचालित यान (बाईं ओर) धीमी रफ्तार से शुक्र ग्रह के वायुमंडल में उतरा था (18 अक्तूबर, 1967 ई.)।

मंगल और शुक्र हमारे पड़ोसी ग्रह हैं। अब तक की जानकारी के अनुसार शुक्र ग्रह पर उतरने में अनेक कठिनाइयाँ हैं। शुक्र ग्रह के

वायुमंडल तथा इसकी सतह के बारे में हमें प्रामाणिक जानकारी नहीं मिली है। किंतु मंगल के बारे में हम अब अनेक बातें जानते हैं। इस ग्रह की सतह कुछ-कुछ चंद्र की तरह है और इस पर कुछ वायुमंडल भी है। इस पर काई-जैसी वनस्पति भी हो सकती है। अतः मंगल के बारे में सभी के मन में कुतूहल है। इसीलिए मंगल की खोजबीन जारी है। जल्दी ही मंगल पर स्वचालित गाड़ियाँ उतारी जाएँगी। 1988 ई. में मंगल व पृथ्वी के बीच पुनः न्यूनतम दूरी रही, इसलिए सोवियत संघ ने दो 'फोबोस' यान मंगल की ओर भेजे।

मंगल के परे क्षुद्र ग्रहों का क्षेत्र है और उसके परे सौर-मंडल का सबसे बड़ा ग्रह बृहस्पति सूर्य की परिक्रमा कर रहा है। छोटे-बड़े हजारों क्षुद्र ग्रहों के क्षेत्र से होकर कोई अंतरिक्षयान बृहस्पति तक पहुँच पाएगा या नहीं, यह एक बड़ा सवाल था। लेकिन अब पायोनियर और वायजर इस क्षेत्र को पार करके आगे बढ़ गए हैं।

किसी अंतरिक्ष-यान को 14.2 किलोमीटर प्रति सेकंड का पलायन वेग प्रदान किया जाए, तो वह 2 साल और 267 दिनों के बाद बृहस्पति के समीप पहुँच जाएगा। पलायन वेग को बढ़ाने से यात्रा के समय में कटौती होगी। जैसे, 16.7 किलोमीटर प्रति सेकंड के वेग (तृतीय ब्रह्मांडीय वेग) से भेजा गया अंतरिक्षयान 1 साल 39 दिनों में बृहस्पति के समीप पहुँचा जा सकता है।

बृहस्पति सौर-मंडल का सबसे बड़ा ग्रह है, इसलिए उस पर उतरने में अनेक कठिनाइयाँ हैं। बृहस्पति की सतह पर पलायन वेग लगभग 61 किलोमीटर प्रति सेकंड होगा। इसका अर्थ यह है कि बृहस्पति के समीप पहुँचने वाले यान का वेग 61 किलोमीटर प्रति सेकंड होगा और बृहस्पति के गुरुत्वाकर्षण को तोड़ने के लिए भी यान को इतना ही वेग प्रदान करना होगा। आज के राकेटों के लिए यह संभव नहीं है।

परंतु अंतरिक्षयात्रा के लिए बृहस्पति की उपस्थिति के अन्य लाभ हैं। बृहस्पति के समीप पहुँचने वाले अंतरिक्ष-यान को यह ग्रह अपना कक्षीय वेग प्रदान कर सकता है। बृहस्पति से प्राप्त यह वेग उस यान को सौर-मंडल के बाहर निकालने के लिए पर्याप्त है। इसी प्रकार, बृहस्पति के परे के शनि ग्रह के कक्षीय वेग का भी इस्तेमाल किया जा सकता है। पायोनियर यानों के मामले में ऐसा ही हुआ है।

सौर-मंडल के सभी ग्रह लगभग एक समतल में सूर्य की परिक्रमा करते हैं। अतः स्पष्ट है कि अंतरिक्षयान भी इसी समतल में यात्रा करते हैं। इस समतल के 'ऊपर' या 'नीचे' अंतरिक्षयानों को भेजना संभव है, परंतु इसके लिए उन्हें उच्च पलायन वेग प्रदान करने होंगे। बृहस्पति के समीप पहुँचा

मगल ग्रह पर भविष्य की एक बस्ती।

हुआ अंतरिक्षयान यदि उसके किसी एक ध्रुव पर से गुजरकर ऊपर उठता ह, तो यह सौर-मंडल के समतल के ऊपर या नीचे के अंतरिक्ष में पहुँच जाएगा और इस प्रकार हमें अंतरिक्ष के नए क्षेत्र के बारे में जानकारी मिलेगी।

बहुतों को यह जानकर आश्चर्य होगा कि सूर्य के समीप के बुध ग्रह तक पहुँचने के लिए यान को लगभग उतना ही पलायन वेग प्रदान करना पड़ता है, जितना कि बृहस्पति तक पहुँचने के लिए। सूर्य के समीप पहुँचना तो बहुत ही कठिन है। सूर्य के समीप पहुँचने का एक रास्ता यह भी है कि पहले राकेट-यान को बृहस्पति तक पहुँचाया जाए और बृहस्पति के भारी गुरुत्वाकर्षण से यान के कक्षीय वेग को 'काटकर' उसे सीधे सूर्य की ओर 'गिरने' दिया जाए। इस लंबे रास्ते से करीब चार साल बाद यंत्र-उपकरणों से सज्ज यान सूर्य के समीप पहुँच सकता है। वैसे, सीधे रास्ते से दो महीने की यात्रा के बाद ही यान सूर्य के समीप पहुँच सकता है, परंतु आज के साधनों से यह संभव नहीं है।

हमारी पृथ्वी करीब 15 करोड़ किलोमीटर की दूरी से सूर्य की परिक्रमा करती है। परंतु सौर-मंडल का सबसे दूर का प्लूटो ग्रह 594 करोड़ किलोमीटर की दूरी से हमारे करीब 248 वर्षों में सूर्य का एक चक्कर लगाता है।

यदि किसी अंतरिक्षयान को 15.3 किलोमीटर प्रति सेकंड के पलायन वेग से भेजा जाता है, तो करीब 45 साल की यात्रा के बाद ही वह प्लूटो ग्रह के समीप पहुँचेगा। यदि अंतरिक्षयान को 16.7 किलोमीटर प्रति सेकंड का भी वेग प्रदान किया जाता है, तब भी उसे प्लूटो तक पहुँचने में करीब 20 साल लगेंगे!

मनुष्य के जीवन-काल को दृष्टि में रखते हुए यदि हम उपर्युक्त परिस्थितियों पर विचार करें तो स्पष्ट होता है कि जब तक नए किस्म के राकेटों का निर्माण नहीं होता तब तक धरती के मानवों को सौर-मंडल के दूर के ग्रहों तक भेजना और वहाँ से उन्हें वापस लाना संभव नहीं है।

तारों की यात्रा

जिस प्रकार आज भी दूर के ग्रहों तक मानव-रहित यानों को भेजना संभव है, उसी प्रकार आकाश के तारों तक मानव-रहित यानों को भेजना भी संभव है। पायोनियर-10 और पायोनियर-11 यान सौर-मंडल से बाहर निकलकर लाखों-करोड़ों वर्षों की अंतरिक्षयात्रा के बाद आकाश के किसी तारे के समीप पहुँच जा सकते हैं।

आकाश का सबसे नजदीक का तारा हमसे 4.3 प्रकाश-वर्ष दूर है।

अन्य शब्दों में, यह (प्रोक्सिमा सेंटौरी) हमसे 4,00,00,00,00,00,000 किलोमीटर दूर है। यदि किसी यान को 16.7 किलोमीटर प्रति सेकंड का वेग (तृतीय ब्रह्मांडीय वेग) प्रदान किया जाए, तो वह यान सूर्य के गुरुत्वाकर्षण-बंधन को तोड़ता हुआ उस तारे की ओर आगे बढ़ सकता है। परंतु उस यान को प्रोक्सिमा सेंटौरी तारे तक पहुँचने में करीब दस लाख साल लगेंगे! आकाश के अन्य तारे हमसे और भी अधिक दूर हैं।

अतः स्पष्ट है कि आज हम तारों तक पहुँचने के बारे में सिर्फ कल्पनाएँ ही कर सकते हैं। साथ ही, हम यह भी नहीं कह सकते कि निकट के तारों के किसी ग्रह तक पहुँचना कदापि संभव न होगा। दूर के ग्रहों की और नजदीक के तारों की यात्राएँ मुख्यतः इस बात पर निर्भर करती हैं कि भविष्य में हम किस प्रकार के राकेटों का निर्माण कर सकते हैं। इस समय नए किस्म के

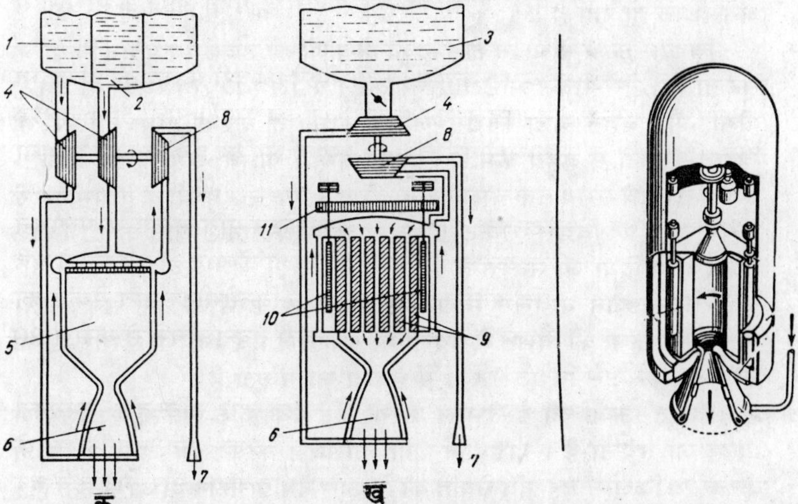

(बाईं ओर) रासायनिक राकेट-इंजन (क) तथा नाभिकीय राकेट-इंजन (ख) के आरेख: 1. द्रव आक्सीकर टंकी, 2. द्रव ईंधन टंकी, 3. द्रव हाईड्रोजन टंकी, 4. पंप, 5. दहन-कक्ष, 6. तुंड, 7. टरबाइन गैस निकास, 8. टरबाइन, 9. ऊष्मा छोड़ने वाले अवयव, 10. नियंत्रक दंड, 11. सुरक्षा कवच। (दाईं ओर) एक प्रकार के नाभिकीय राकेट का आरेख।

राकेटों के बारे में योजनाएँ बन रही हैं, परीक्षण हो रहे हैं।

पहले हम बता चुके हैं कि राकेट के तुंड से बाहर दौड़ने वाले गैसीय जेट का द्रव्यमान तथा निकास वेग जितना ही अधिक होगा, वह राकेट उतनी ही अधिक ठेल पैदा करेगा। रासायनिक ईंधनों के राकेटों से अधिक से अधिक

5 किलोमीटर प्रति सेकंड का निकास वेग प्राप्त किया जा सकता है। परंतु नाभिकीय ऊर्जा (परमाणु-ऊर्जा) से 8 किलोमीटर प्रति सेकंड तक का निकास वेग प्राप्त किया जा सकता है।

नाभिकीय राकेट में नाभिकीय रिएक्टर स्थापित किया जाता है और इससे शेष राकेट-यान की सुरक्षा की पूरी व्यवस्था करनी पड़ती है। ऐसे राकेट-इंजन में करीब 3000^0 सेंटीग्रेड तापमान वहन करने की व्यवस्था करनी होगी। इतने ऊँचे तापमान पर प्रति इकाई द्रव्य के हिसाब से हाइड्रोजन में ही सबसे अधिक ऊर्जा होती है, इसलिए नाभिकीय राकेट में इसी प्रणोदक का इस्तेमाल होता है। हाइड्रोजन, नाभिकीय रिएक्टर से उष्णता प्राप्त करके, तीव्र गति से जेट के रूप में बाहर दौड़ता है।

नाभिकीय राकेट के निर्माण का कार्य जारी है और इसमें आंशिक सफलता भी मिली है। अमरीका में **नेर्वा** नामक नाभिकीय राकेट पर अनुसंधान हो रहा है।

विद्युत-ऊर्जा से भी निकास-द्रव्य के कणों को उच्च वेग प्रदान किया जा सकता है। ऐसे राकेट में ठेल प्राप्त करने के लिए विशेष व्यवस्था करनी होगी और बहुत बड़ा विद्युत-जनित्र स्थापित करना होगा। फिर भी विद्युत-राकेटों में बहुत कम ठेल प्राप्त होगी। फलतः ऐसे विद्युत-राकेट-इंजनों को लंबे समय तक चालू रखना होगा। एक बार पृथ्वी के वायुमंडल से ऊपर उठने पर विद्युत-राकेट-इंजन चालू करके राकेट-यान को दीर्घकाल तक त्वरण दिया जा सकता है।

राकेट-इंजन के लिए विद्युत-ऊर्जा प्राप्त करने के कई उपाय हैं। नाभिकीय ऊर्जा को विद्युत में बदला जा सकता है। बड़े दर्पणों से सौर-ऊर्जा को पकड़कर उसे विद्युत-ऊर्जा में बदला जा सकता है।

विद्युत-ऊर्जा का इस्तेमाल करके कई प्रकार के राकेटों का निर्माण किया जा सकता है। हाइड्रोजन या हीलियम को विद्युत-आर्क में ऊष्ण करके 20 किलोमीटर प्रति सेकंड का निकास वेग प्राप्त किया जा सकता है।

गैस को यदि अति उच्च तापमान में तपाया जाए, तो वह प्लाज्मा में बदल जा सकता है। आयन और इलेक्ट्रोनों के मिश्रण को **प्लाज्मा** कहते हैं। इस प्लाज्मा को चुंबकीय क्षेत्रों द्वारा त्वरित किया जा सकता है। इस प्रकार कई सौ किलोमीटर प्रति सेकंड के निकास वेग प्राप्त किए जा सकते हैं। प्लाज्मा में सिर्फ आयनों को अलग करके उन्हें त्वरित किया जा सकता है। ऐसे आयन राकेट-इंजनों के बारे में अनुसंधान जारी है।

यह निश्चित है कि निकट भविष्य में नाभिकीय एवं विद्युत-ऊर्जा से चलनेवाले राकेटों का निर्माण होगा। इनसे अंतरिक्षयानों को त्वरित करना संभव होगा और यात्राकाल में काफ़ी कटौती होगी।

आइंस्टाइन के आपेक्षिकता सिद्धांत से सिद्ध होता है कि प्रकाश की गति (3,00,000 किलोमीटर प्रति सेकंड) ही इस विश्व की महत्तम गति है। यदि किसी अंतरिक्षयान को प्रकाश की इस गति से भी दौड़ाना संभव हो, तो भी सबसे नजदीक के प्रोक्सिमा-सेंटौरी तारे तक पहुँचने में उसे 4.3 साल लगेंगे। परंतु आइंस्टाइन का आपेक्षिकता सिद्धांत ही हमें जानकारी देता है कि किसी भी चीज को प्रकाश का वेग प्रदान करना संभव नहीं है।

आपेक्षिकता सिद्धांत का एक परिणाम यह भी है कि काल का बहाव गति पर निर्भर करता है। जिस अंतरिक्षयान की गति जितनी ही अधिक होगी, काल की रफ्तार उतनी ही धीमी होगी। सिद्धांततः प्रकाश के वेग से दौड़नेवाले यान में काल स्थिर रह जाएगा। और, प्रकाश का वेग प्राप्त करना असंभव है।

प्रकाश के कण को **फोटोन** कहते हैं। यें फोटोन भी प्रकाश के वेग से दौड़ते हैं। अतः इन फोटोनों से ठेल पैदा करके काफ़ी उच्च वेग प्राप्त करने के बारे में भी सोचा जा रहा है। किंतु ये फोटोन राकेट अभी कल्पना की कोटि में ही हैं।

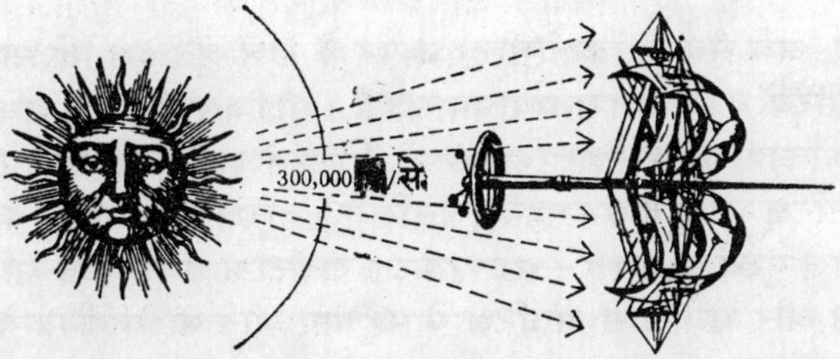

फोटोन राकेट : आज महज एक कल्पना

आइंस्टाइन का आपेक्षिकता सिद्धांत सिर्फ यही कहता है कि प्रकाश का वेग प्राप्त करना संभव नहीं है। प्रकाश वे वेग से अधिक वेग के अस्तित्व के बारे में यह सिद्धांत मौन है। अतः प्रकाश के वेग से अधिक वेग प्राप्त करने के बारे में कल्पना करने में भी कोई बाधा नहीं है। इस दिशा में सैद्धांतिक खोजबीन जारी है।

उपर्युक्त विवेचन से स्पष्ट होता है कि भविष्य की अंतरिक्षयात्राओं के लिए दूरी की कोई सीमा नहीं है। सदियों और सहस्राब्दियों बाद के हमारे उत्तराधिकारी तारों तक पहुँचने के साधन अवश्य ही जुटा लेंगे।

अंतरिक्ष में हथियारों की होड़

प्राचीन काल से लेकर आज तक असंख्य लड़ाइयाँ लड़ी गई हैं। लेकिन वर्तमान सदी के आरंभ तक ये तमाम लड़ाइयाँ या तो जमीन पर लड़ी गईं या समुद्र की सतह पर।

हवाई-जहाज बने, तो आकाश लड़ाइयों का अखाड़ा बन गया। पनडुब्बियाँ बनीं, तो रणक्षेत्र की सीमाएँ सागरों की गहराई तक विस्तृत हो गईं। दूसरे महायुद्ध में हवाई-जहाजों और पनडुब्बियों का खूब इस्तेमाल हुआ।

और, अब सैकड़ों किलोमीटर ऊपर के खुले अंतरिक्ष को महायुद्ध की जंगी तैयारियों का मैदान बनाया जा रहा है। सौ किलोमीटर से अधिक ऊपर के खुले आकाश को हम अंतरिक्ष कहते हैं। केवल राकेट ही एक ऐसा वाहन है जो अंतरिक्ष में पहुँच सकता है। इसलिए अंतरिक्ष को महायुद्ध का अखाड़ा बनाने वाले मुख्य साधन हैं—बड़े राकेट। राकेटों से बनने वाले शक्तिशाली प्रक्षेपास्त्र और राकेटों से अंतरिक्ष में पहुँचाए जाने वाले सैनिक उपग्रह।

सोवियत संघ ने 4 अक्तूबर 1957 को अपना पहला उपग्रह स्पूतनिक अंतरिक्ष में छोड़ा था, तो सारी दुनिया को खुशी हुई। जब धरती के पहले मानव यूरी गगारिन ने 12 अप्रैल 1961 को अंतरिक्ष की यात्रा की, तो इसे मानव जाति के इतिहास में एक नए युग की शुरुआत का दिन समझा गया। इस महान सफलता के बारे में भारत के तत्कालीन प्रधानमंत्री जवाहरलाल नेहरू के उद्‌गार थे—"प्रकृति की शक्तियों पर मानव की यह एक महान विजय है। मानव जब अपने को इतना अधिक ऊँचा उठा रहा है तो इस छोटी-सी धरती पर युद्ध की तैयारियाँ जारी रखना बहुत बड़ी मूर्खता है। अंतरिक्ष पर यह महान विजय शांति की विजय समझी जानी चाहिए।"

लेकिन ऐसा नहीं हुआ। हमारे देखते-देखते पिछले करीब तीन दशकों में ही, अंतरिक्ष में पहुँचने वाले राकेट, उपग्रह और अंतरिक्षयान महाविनाश के भयावह साधन भी बन गए हैं। राकेटों से ऐसे शक्तिशाली प्रक्षेपास्त्र बनाए गए हैं जो अंतरिक्ष की यात्रा करके दस हजार किलोमीटर की दूरी तक

पहुँच जाते हैं। अंतरिक्ष की ऊँचाई से धरती के चप्पे-चप्पे की टोह लेने वाले सैकड़ों जासूसी उपग्रह बनाए गए हैं। पहले स्पूतनिक-उपग्रह के बाद पिछले करीब तीस वर्षों में कई हजार उपग्रह अंतरिक्ष में छोड़े गए। परंतु इनमें से करीब 75 प्रतिशत उपग्रहों का उपयोग सैनिक गतिविधियों के लिए होता रहा है।

अंतरिक्ष में स्थापित किए गए उपग्रहों के मानव जाति के लिए बड़े लाभ हैं। वैज्ञानिक उपग्रहों से हमें दूर के अंतरिक्ष के बारे में नई जानकारी मिलती है। उपग्रहों के जरिए हमें पूरे धरातल के मौसम के बारे में सही सूचनाएँ मिलती हैं। संचार-उपग्रह दूर-दूर तक टेलीफोन संबंध स्थापित करते हैं तथा टेलीविजन और रेडियो के कार्यक्रमों का दूर-दूर तक प्रसारण करते हैं। भूसर्वेक्षक उपग्रह हमें धरातल की खनिज -संपदा, कृषि-उपज, जल-विस्तार तथा वन-संपदा आदि के बारे में विस्तृत जानकारी देते हैं। इस प्रकार, अंतरिक्ष में स्थापित उपग्रह मानव जाति के लिए एक महान वरदान सिद्ध हुए हैं।

लेकिन यही उपग्रह महायुद्ध के उपयोगी साधन भी बन गए हैं। दुनिया के सभी बड़े देशों ने अपने-अपने सैनिक उपग्रह अंतरिक्ष में स्थापित कर दिए हैं। सेनाओं का संचालन अब उपग्रहों से भेजे गए संदेशों से होता है। अब ऐसे भी उपग्रह बड़ी तादाद में बने हैं जो तीन-चार सौ किलोमीटर की ऊँचाई से धरातल के मकानों, फैक्टरियों, सैनिक अड्डों, कारों, रेलों, जहाजों आदि को आसानी से पहचान सकते हैं। इन उपग्रहों में इतने शक्तिशाली कैमरे लगाए गए हैं कि इनसे जहाजों के नाम तक पढ़े जा सकते हैं और समुद्र की गहराई में गश्त लगा रही पनडुब्बी का भी पता लगाया जा सकता है। यदि कोई व्यक्ति खुले में बैठकर कोई पत्रिका पढ़ रहा हो तो जासूसी उपग्रह से शक्तिशाली कैमरे इसे पहचान सकते हैं। दरअसल अंतरिक्ष में स्थापित किए गए जासूसी उपग्रहों की पैनी नजर से अब धरती की कोई भी चीज छिपी नहीं रह सकती।

उपग्रहों की इस करामात के कारण ये अब महायुद्ध के अत्यंत महत्वपूर्ण साधन बन गए हैं। इसलिए शत्रु के सैनिक उपग्रहों को मार गिराने के भी साधन अब तैयार किए जा रहे हैं। इसी प्रकार, शत्रु के प्रक्षेपास्त्रों को ऊपर अंतरिक्ष में ही मार गिराने के भी साधन विकसित किए जा रहे हैं। धीरे-धीरे अंतरिक्ष का विस्तार प्रलयंकारी महायुद्ध का रणक्षेत्र बनता जा रहा है।

यह सोचना गलत है कि अंतरिक्ष में होने वाले महायुद्ध से धरती को कोई बड़ी हानि नहीं होगी। असल में, युद्ध होगा अंतरिक्ष में और भयंकर तबाही मचेगी धरती पर। धरती का समूचा जीवन अंतरिक्ष के साथ जुड़ा हुआ है।

पता चलता है कि अंतरिक्ष में यदि परमाणु बम का कोई बड़ा विस्फोट होता है तो उससे पैदा होने वाले विद्युत-चुंबकीय आवेशों से आसपास के तमाम संचार-उपग्रह बेकार हो जाएँगे। उपग्रहों पर आधारित आजकी सारी संचार-व्यवस्थाएँ ठप्प पड़ जाएँगी। इन आवेशों से धरातल के कंप्यूटर जैसे इलेक्ट्रानिक उपकरण भी बंद पड़ जाएँगे।

परमाणु बम ढोने वाले प्रक्षेपास्त्रों के लिए बड़े भयावह खतरे हैं। धरातल से करीब 25 किलोमीटर ऊपर ओजोन नामक गैस एक जीवन-रक्षक छतरी है। ओजोन की यह छतरी सूर्य की घातक पराबैंगनी अल्ट्रा-वायलेट-किरणों को ऊपर ही रोक लेती है। यदि ये पराबैगनी किरणें धरातल पर बेरोकटोक पहुँचें तो त्वचा में कैंसर और आँखों में मोतियाबिंद पैदा करती हैं। इन किरणों से फसलें नष्ट हो जाएँगी, सागरों के जीव-जंतु मर जाएँगे। यदि अंतरिक्ष में बड़े पैमाने पर एटमी विस्फोट होते हैं तो ओजोन की जीवनरक्षक छतरी नष्ट हो जाएगी।

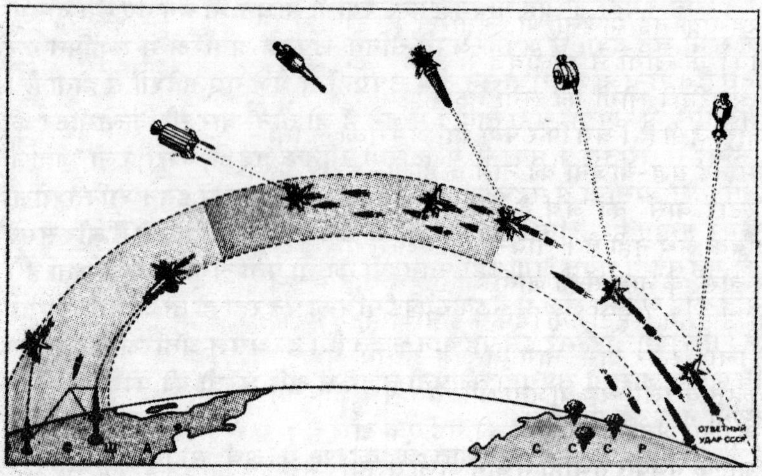

प्रक्षेपास्त्रों को अंतरिक्ष में मार गिराने की भव्य योजना

यदि बड़े पैमाने पर एटमी युद्ध होता है तो संसार के सैकड़ों नगरों का पूरा सफाया हो जाएगा, नगरों तथा जंगलों में लगी भयंकर आग से निकले धुएँ से आसमान भर जाएगा। कई महीनों तक सूरज के दर्शन नहीं होंगे। दुनिया भयंकर लंबी काली रात के अँधेरे में डूब जाएगी। महामारियाँ फैलेंगी। रेडियोधर्मी विकिरण से धरती, पानी, अनाज और फसलें दूषित हो जाएँगी। ऐसे एटमी युद्ध में करोड़ों प्राणी तत्काल मर जाएँगे। जो बचेंगे वे

तड़प-तड़प कर मरेंगे। संभव है कि इस धरती से मानव का नामोनिशान ही मिट जाए।

इसलिए आज पूरी दुनिया के लोगों के लिए सबसे बड़ा संकट है बड़े पैमाने पर बनाए गए एटमी हथियार तथा प्रक्षेपास्त्र। अंतरिक्ष को एटमी हथियारों का अखाड़ा बनाया जा रहा है। इसलिए इस संकट ने और भी ज्यादा भयावह रूप धारण कर लिया है। अभी कुछ महीने पहले छोटे प्रक्षेपास्त्रों को खत्म कर देने के बारे में अमरीका और सोवियत संघ के बीच एक समझौता हुआ है। लंबी दूरी तक मार करने वाले बड़े एटमी प्रक्षेपास्त्रों में कटौती करने के बारे में इन दोनों देशों में बातचीत चल रही है।

अंतरिक्ष में जासूसी-उपग्रह कई सालों से स्थापित किए जा रहे हैं। अंतरिक्ष में स्थापित उपग्रहों को मार गिराने के भी प्रयोग हो रहे थे। फिर 23 मार्च 1983 को अमरीका के तत्कालीन राष्ट्रपति रोनाल्ड रीगन ने एक भाषणं में अपने वैज्ञानिकों से कहा कि वे शत्रु के प्रक्षेपास्त्रों को अंतरिक्ष में मार गिराने के लिए नए हथियार तैयार करें।

यह एक नई योजना थी, अंतरिक्ष में जंगी हथियार खड़े करने की। अमरीका के लोगों ने हालीवुड में बनी 'स्टार वार्स' नामक फिल्में देखी थीं। अमरीकी लोगों को लगा कि राष्ट्रपति की यह योजना 'स्टार वार्स' के नजारों जैसी है। बस फिर क्या था, अमरीकी जनता ने ही राष्ट्रपति रीगन की इस नई युद्ध-योजना को नाम दे डाला—**स्टार वार्स**।

'स्टार वार्स' का अर्थ है 'सितारों के युद्ध'। वैसे इस नाम का कोई वास्तविक अर्थ नहीं है। लेकिन अंतरिक्ष में युद्ध की यह योजना अब प्रायः 'स्टार वार्स' के नाम से ही जानी जाती है। बाद में इस योजना को सामरिक सुरक्षा उपक्रम (स्ट्रैटेजिक डिफेंस इनिशिएटिव) का नाम दिया गया, परंतु इसके लिए 'स्टार वार्स' नाम ही अब अधिक मशहूर हो गया है।

कहने के लिए यह योजना सोवियत संघ के प्रक्षेपास्त्रों से अमरीका की रक्षा के लिए अंतरिक्ष में खड़ी की गई एक ढाल है। पर असल में यह ढाल नहीं, बल्कि भयंकर तबाही मचाने वाली तलवार है। इस योजना के अंतर्गत जो हथियार बनाए जा रहे हैं उन पर थोड़ा विचार करने से ही यह बात स्पष्ट हो जाती है।

चूँकि युद्धों में अब संचार-उपग्रहों का बहुत बड़ा महत्व है इसलिए 'स्टार वार्स' योजना की एक मुख्य बात है शत्रु के उपग्रहों को ऊपर ही नष्ट कर देना। अमरीका ने इसके लिए एक खास प्रकार का प्रक्षेपास्त्र बनाया है। इस प्रक्षेपास्त्र को एक जेट-विमान करीब 15 कि.मी. की ऊँचाई तक ले जाता है। फिर दो खंडों वाला यह प्रक्षेपास्त्र स्वयं ही उपग्रह की ओर आगे बढ़ता है। उपग्रह को पहचानने और ठीक दिशा में उसकी ओर आगे बढ़ने

के लिए प्रक्षेपास्त्र में यंत्र-उपकरण जोड़े गए हैं। यह प्रक्षेपास्त्र उपग्रह से टकराकर उसे पूरी तरह नष्ट कर देता है। अमरीका ने ऐसे उपग्रह-नाशक एक प्रक्षेपास्त्र का सफल परीक्षण 13 सितंबर,1985 को किया था।

इसलिए 'स्टार वार्स' की प्रमुख योजना है शत्रु के प्रक्षेपास्त्रों को धरातल से उठने के तुरंत बाद, पाँच मिनट के भीतर ही, मार गिराया जाए। इसके लिए कई तरह के हथियार बनाए जा रहे हैं। ये हथियार मुख्य रूप से लेसर-किरणों के उपयोग पर आधारित हैं। लेसर-किरणें बहुत शक्तिशाली होती हैं और दूर-दूर तक पहुँचती हैं। एक्सरे लेसर किरणों का तेज पुंज प्रक्षेपास्त्रों को मार गिरा सकता है।

कल्पना कीजिए कि सोवियत संघ के दक्षिणी भाग से कोई प्रक्षेपास्त्र ऊपर उठता है। ऊपर अंतरिक्ष में गश्त लगा रहे अमरीका के जासूसी उपग्रह को तत्काल इसकी जानकारी मिल जाती है। वह उपग्रह यह जानकारी अमरीका सैनिक कमांड को भेज देता है,वहाँ से आदेश पा कर हिंद महासागर में गश्त लगा रही एक पनडुब्बी से एक प्रक्षेपास्त्र छूटता है और करीब एक हजार किलोमीटर की ऊँचाई पर पहुँच जाता है। उस प्रक्षेपास्त्र के सिरे पर रखे गए एक हाइड्रोजन बम में विस्फोट होता है। उसकी भयंकर ऊर्जा से एक्सरे-लेसर-किरणें पैदा होती हैं। फिर वे लेसर-किरणें उस सोवियत प्रक्षेपास्त्र पर प्रहार करती हैं और उसे धरातल से करीब तीन-चार सौ किलोमीटर के ऊपर ही मार गिराती हैं।

ये सारे काम केवल पाँच मिनट के भीतर हो जाने चाहिए। अनेक वैज्ञानिकों का मत है कि केवल पाँच मिनट के भीतर ये सारे काम संपन्न होना संभव नहीं है। स्पष्ट है कि तेजी से गणनाएँ करने वाले कंप्यूटरों के आदेशों से ही ये सारे काम हो सकते हैं। पर ऐसे शक्तिशाली कंप्यूटर अभी बने नहीं हैं। यह भी स्पष्ट है कि ऐसा युद्ध अब केवल कंप्यूटरों के भरोसे ही लड़ा जा सकता है।

'स्टार वार्स' की योजना के अंतर्गत शत्रु के प्रक्षेपास्त्रों को मार गिराने के लिए और भी कई प्रकार के साधन विकसित किए जा रहे हैं। एक योजना है अंतरिक्ष में बड़े-बड़े शीशे स्थापित करना। धरातल से भेजी गई तीव्र लेसर-किरणें इन शीशों से मुड़कर शत्रु के प्रक्षेपास्त्रों पर प्रहार करेंगी और उन्हें ऊपर अंतरिक्ष में ही नष्ट कर देंगी।

अमरीका ने 'होए' नामक एक ऐसा भी प्रक्षेपास्त्र बनाया है जो अंतरिक्ष में शत्रु के प्रक्षेपास्त्र के पास अपने-आप पहुँच जाता है और बड़े जोर से प्रहार करके उसे नष्ट कर देता है। इस प्रक्षेपास्त्र के कुछ सफल परीक्षण भी किए गए हैं। जून 1984 में किए गए ऐसे एक परीक्षण में होए से एक नकली प्रक्षेपास्त्र को 160 कि.मी. ऊपर नष्ट कर दिया गया था। टकराने से पहले

होए के सिरे पर करीब पाँच मीटर व्यास की एक प्रहारक छतरी खुल जाती है। होए नामक इन विध्वंसक अस्त्रों का निर्माण शत्रु के ऊपर पहुँचने वाले प्रक्षेपास्त्रों को नष्ट कर देने के लिए हो रहा है।

इस प्रकार, 'स्टार वार्स' की योजना के अंतर्गत अंतरिक्ष में छोड़े जाने वाले अनेक किस्म के विनाशक हथियार विकसित किए जा रहे हैं। कहा जाता है कि ये हथियार रक्षा के लिए बनेंगे। ये सभी आक्रमण करने वाले ही हथियार हैं। जो लेसर-किरणें अतंरिक्ष में प्रक्षेपास्त्रों को मार गिरा सकती हैं वे किसी भी देश के विमानों, जहाजों, फैक्टरियों, परमाणु ऊर्जा के केंद्रों आदि को भी नष्ट कर सकती हैं। उपग्रह-नाशक हथियार किसी भी देश के उपग्रहों को नष्ट कर सकते हैं। होए प्रक्षेपास्त्र, न केवल एटमी प्रक्षेपास्त्रों को, बल्कि अंतरिक्षयानों को भी नष्ट कर सकते हैं।

अंतरिक्ष पर किसी एक देश का नहीं, बल्कि सारी मानवजाति का अधिकार है। निकट भविष्य में अंतरिक्ष में मानव की छोटी-छोटी बस्तियां स्थापित होंगी, फैक्टरियाँ बनेंगी, उन फैक्टरियों में कई उपयोगी चीजें बनेंगी। इसलिए सारी मानव जाति का कल्याण इसी में है कि अंतरिक्ष को विनाशक हथियारों से मुक्त रखा जाए।

परिशिष्ट : 1

अंतरिक्ष-यात्रा विज्ञान का संक्षिप्त विकासक्रम

ईसवी सन्

1044 : एक चीनी पुस्तक 'वु-चिङ् त्सुङ्-याओ' में पहली बार अग्निचूर्ण अथवा बारूद बनाने का फार्मूला देखने को मिलता है।

1232 : काइफेङ् के युद्ध में चीनियों ने मंगोल सेना पर अग्निबाण (राकेट) बरसाए।

1250 लगभग : यूरोप के देशों को बारूद की जानकारी मिली। इंग्लैंड के रोजर बैकन बारूद का उल्लेख करते हैं। कुछ समय बाद यूरोप में आतिशबाजी के राकेट बनने लगे।

1280 : एक अरबी पुस्तक मे बारूद तथा राकेटों की जानकारी।

1400 लगभग : भारतीयों को बारूद की जानकारी मिली। तबसे कई भारतीय ग्रंथों में अग्निचूर्ण, अग्निबाण तथा अग्निक्रीड़ा (आतिशबाजी) के उल्लेख मिलते हैं।

1500 लगभग : चीनी व्यक्ति वान-गू ने 47 राकेटों की शक्ति से ऊपर उड़ने का प्रयत्न किया।

1600 : इतालवी वैज्ञानिक ज्यॉर्दानो ब्रूनो को जिंदा जला दिया गया! ब्रूनो का कहना था कि ब्रह्मांड में अनेकानेक सूर्य हैं और हमारी पृथ्वी-जैसे अनगिनत आबाद ग्रह हैं!

1609 : गैलीलियो ने पहली बार दूरबीन से आकाश का अवलोकन किया।

1609-18 : केपलर ने ग्रहों की गतियों के नियमों की खोज की।

1634 : केपलर ने चंद्रयात्रा के बारे में 'सोमनियम' नाम से एक काल्पनिक कथानक लिखा।

1638 : इंग्लैंड के बिशप गॉडविन ने चंद्रयात्रा के बारे में एक कल्पित कथानक लिखा। इसमें एक 'हंसयान' की कल्पना की गई है।

1650 : फ्रांसीसी लेखक साइरेनो द बेरज़ेराक ने चंद्रयात्रा के कल्पित कथानक लिखे। अंतरिक्ष-यात्रा के लिए राकेट का सुझाव।

1687 : न्यूटन : गतियों के नियम और गुरुत्वाकर्षण का सिद्धांत।

1780-92 : हैदरअली तथा उसके बेटे टीपू सुलतान ने अंग्रेजों के खिलाफ राकेटों का इस्तेमाल किया।

1806 : इंग्लैंड के विलियम काँग्रीव द्वारा बनाए गए राकेटों का बूलोनी के युद्ध में इस्तेमाल हुआ।

1865 : फ्रांसीसी लेखक ज्यूल वर्न की 'पृथ्वी से चंद्र तक' पुस्तक प्रकाशित हुई।

1901 : एच.जी. वेल्स की 'चंद्र पर प्रथम मानव' पुस्तक प्रकाशित हुई।

1903 : रूसी वैज्ञानिक त्सिओल्कोवस्की की राकेट की रचना तथा अंतरिक्ष-यात्रा से संबंधित सैद्धांतिक गवेषणाएँ प्रकाशित हुईं।

1919 : अमरीकी वैज्ञानिक गोडार्ड ने अंतरिक्ष-यात्रा के बारे में एक ग्रंथ प्रकाशित किया, जिसमें उन्होंने राकेट के सैद्धांतिक पहलुओं का विवेचन किया। बाद में उन्होंने द्रव प्रणोदक वाले अनेक राकेटों पर परीक्षण किए।

1923 : जर्मन वैज्ञानिक हरमान ओबर्थ ने 'राकेट से ग्रहीय अंतरिक्ष की यात्रा' ग्रंथ प्रकाशित किया। आगे ओबर्थ ने द्रव प्रणोदक राकेटों पर अनुसंधान-कार्य किया और जर्मनी के व्ही-2 राकेटों के निर्माण में भी कुछ सहयोग दिया।

1927 : जर्मनी में 'अंतरिक्ष-यात्रा सोसायटी' की स्थापना। इस सोसायटी की ओर से कई राकेटों का परीक्षण किया गया। इस सोसायटी के कार्य को देखकर अमरीका तथा यूरोप के अनेक देशों में अंतरिक्ष-

यात्रा की सोसायटियाँ स्थापित हुईं।

1939-45 : जर्मनी में सैनिक व्यवस्था के अंतर्गत राकेट पर अनुसंधान और अंत में व्ही-2 राकेट का निर्माण। इंग्लैंड के खिलाफ़ इन राकेटों का इस्तेमाल। जर्मनी की पराजय। कई व्ही-2 राकेट तथा वेर्नहेर फोन ब्राउन जैसे कुछ राकेट-विशेषज्ञ अमरीका पहुँचे।

1955, 15 अप्रैल : अंतर्राष्ट्रीय भू-भौतिकीय वर्ष (1957-58) के दौरान एक कृत्रिम भू-उपग्रह कक्षा में स्थापित करने की सोवियत संघ की घोषणा।

1957, 4 अक्तूबर : सोवियत संघ ने संसार का पहला कृत्रिम उपग्रह स्पूतनिक-1 कक्षा में स्थापित किया।

1958, 1 फरवरी : अमरीका ने अपना पहला कृत्रिम उपग्रह एक्सप्लोरर-1 कक्षा में स्थापित किया।

1959, 2 जनवरी : सोवियत संघ का स्वचालित लूना-1 स्टेशन चंद्रमा के समीप से आगे गुजरकर हमारे सौर-मंडल का एक कृत्रिम ग्रह बन गया।

14 सितंबर : सोवियत संघ का स्वचालित लूना-2 स्टेशन चंद्रतल पर पहुँचा।

1 अक्तूबर : सोवियत संघ के स्वचालित लूना-3 स्टेशन ने पहली बार चंद्रमा के अदृश्य गोलार्द्ध के चित्र उतारकर धरती की ओर भेजे।

1960, 12 फरवरी : सोवियत संघ का स्वचालित वेनेरा-1 स्टेशन शुक्र ग्रह की ओर रवाना हुआ।

12 अप्रैल : प्रथम मानव यूरी गगारिन की वोस्तोक-यान में अंतरिक्ष-यात्रा।

1962, 20 फरवरी : प्रथम अमरीकी अंतरिक्ष-यात्री जोन ग्लेन की मर्क्यूरी-यान में कक्षीय यात्रा।

12 अगस्त : सोवियत अंतरिक्ष-यात्री निकोलायेव तथा पोपोविच की क्रमशः वोस्तोक-3 तथा वोस्तोक-4 यान में सहयात्रा।

भारतीय अंतरिक्ष अनुसंधान कमेटी और थुम्बा राकेट केंद्र की स्थापना।

1 नवंबर : सोवियत संघ का स्वचालित मार्स-1 यान मंगल ग्रह की ओर भेजा गया।

28 नवंबर :	अमरीका का स्वचालित मैरिनर-4 यान मंगल की ओर भेजा गया।
1963, 16-19 जून :	संसार की प्रथम एवं एकमात्र महिला वेलेंतिना तेरेश्कोवा की अंतरिक्ष-यात्रा।
21 नवंबर :	थुम्बा से प्रथम राकेट का परीक्षण।
1964, 12 अक्तूबर :	तीन सोवियत अंतरिक्ष-यात्री कोमारोव फेओक्तिस्तोव तथा येगोरोव की वोस्खोद-1 मे सहयात्रा।
1965, 18 मार्च :	वोस्खोद-2 के एक यात्री अलेक्सेई लेवोनोव ने पहली बार अंतरिक्ष-यान के बाहर खुले अंतरिक्ष में 20 मिनट तक विचरण किया।
14 जुलाई :	मैरिनर-4 ने मंगल ग्रह के चित्र धरती की ओर भेजे।
1966, 3 फरवरी :	सोवियत संघ का स्वचालित लूना-9 स्टेशन धीमी रफ्तार से चंद्रतल पर उतरा।
4 अप्रैल :	स्वचालित लूना-10 स्टेशन ने चंद्रमा के पास पहुँचकर उसकी परिक्रमाएँ शुरू कर दीं, यानी यह चंद्रमा का एक कृत्रिम उपग्रह बन गया।
1967, 23 अप्रैल :	अंतरिक्ष-यात्री कोमारोव सहित मए सोयूज-1 यान को कक्षा में स्थापित किया गया। दूसरे दिन धरती पर लौटते समय कोमारोव की मृत्यु।
18 अक्तूबर :	सोवियत संघ के स्वचालित वेनेरा-4 स्टेशन से यंत्र-उपकरणों का एक पिटारा धीमी गति से शुक्र ग्रह की सतह पर उतरा।
1968, 21 सितंबर :	सोवियत संघ का स्वचालित जोंद-5 यान चंद्रमा का चक्कर लगाकर वापिस लौटा।
दिसंबर :	अपोलो-8 के तीन अंतरिक्ष-यात्री चंद्रमा के नजदीक से परिक्रमा करके धरती पर वापिस लौटे।
1969, 16 जनवरी :	सोयूज-4 के एक यात्री तथा सोयूज-5 के तीन यात्रियों ने अपने यानों को अंतरिक्ष में एक-दूसरे से जोड़ा। सोयूज-5 के दो यात्री सोयूज-4 में पहुँचे। यह संसार का पहला प्रायोगिक अंतरिक्ष-स्टेशन था।
1969, फरवरी :	थुम्बा से प्रथम भारतीय राकेट का परीक्षण।

जुलाई :	अपोलो-11 के अंतरिक्ष-यात्री आर्मस्ट्रांग, कॉलिंस तथा एल्ड्रिन की ऐतिहासिक चंद्रयात्रा। 21 जुलाई को आर्मस्ट्रांग और एल्ड्रिन चंद्रतल पर उतरे।
1970, सितंबर :	स्वचालित लूना-16 धीमी रफ्तार से चंद्रतल पर उतरा। इसने चंद्रतल की मिट्टी एकत्र की और उसे लेकर पृथ्वी पर वापिस लौट आया।
नवंबर :	लूना-17 ने स्वचालित चंद्रगाड़ी लूनोख़ोद-1 को चंद्रतल पर उतारा। लूनोखोद-1 ने चंद्रतल पर 322 दिन तक कार्य किया। अपोलो-12 के अंतरिक्ष-यात्रियों की चंद्रयात्रा।
1971, जन. फर. :	अपोलो-14 के अंतरिक्ष-यात्रियों की चंद्रयात्रा।
जून-जुलाई :	सोयूज-11 के तीन सोवियत अंतरिक्ष-यात्रियों, दोब्रोवोल्स्की, वोल्कोव तथा पात्सयेव—ने अपने यान को कक्षा में स्थापित सल्यूत अंतरिक्ष-प्रयोगशाला के साथ जोड़ा। इन यात्रियों ने 23 दिन तक अंतरिक्ष में रहकर नया रिकार्ड स्थापित किया। सोयूज-11 के वापिस लौटते समय कैबिन में वायु का दाब एकाएक घट जाने से तीनों अंतरिक्ष-यात्रियों की मृत्यु हो गई!
जुलाई-अगस्त :	अपोलो-15 की चंद्रयात्रा। अंतरिक्ष-यात्रियों ने चंद्रतल पर एक चंद्रगाड़ी चलाई।
नवंबर :	अमरीका का स्वचालित मैरिनर-9 यान मंगल ग्रह के समीप पहुँचा और इसने उस ग्रह की परिक्रमाएँ शुरू कर दीं।
दिसंबर :	सोवियत संघ के मार्स-2 तथा मार्स-3 स्वचालित यान मंगल ग्रह के समीप पहुँचे। मार्स-3 ने यंत्र-उपकरणों का एक पिटारा मंगल की सतह पर उतारा।
1972, 1 मार्च :	अमरीका का स्वचालित पायोनियर-10 यान बृहस्पति ग्रह की ओर रवाना हुआ।
अप्रैल :	अपोलो-16 के अंतरिक्ष-यात्रियों की चंद्रयात्रा।
दिसंबर :	अपोलो-17 के अंतरिक्ष-यात्रियों की चंद्रयात्रा। चंद्रयात्रा का अपोलो प्रोग्राम समाप्त हुआ।
1973, 16 जनवरी :	लूना-21 ने स्वचालित चंद्रगाड़ी लूनोखोद-2 को

चंद्रतल पर उतारा।

5 अप्रैल : स्वचालित पायोनियर-11 यान को बृहस्पति ग्रह की ओर भेजा गया।

मई-जून : अमरीकी अंतरिक्ष-प्रयोगशाला स्काईलैब मिशन-1। तीन अंतरिक्ष-यात्रियों ने 28 दिन इस प्रयोगशाला में गुजारे।

जुलाई-अगस्त : सोवियत संघ ने तीन स्वचालित यान मंगल ग्रह की ओर भेजे।

जुलाई-सितंबर : स्काईलैब मिशन-2। तीन अमरीकी अंतरिक्ष-यात्रियों ने 59½ दिनों में पृथ्वी की 859 परिक्रमाएँ कीं।

नवंबर : स्काईलैब मिशन-3। तीन अंतरिक्ष-यात्री 84 दिन तक इस अंतरिक्ष-प्रयोगशाला में रहे। यह मिशन 8 फरवरी, 1974 को समाप्त हुआ।

3 दिसंबर : पायोनियर-10 ने बृहस्पति के समीप पहुँचकर इस ग्रह के चित्र पृथ्वी की ओर भेजे। आगे यह स्वचालित यान सौर-मंडल के बाहर निकल जाएगा।

1974, 11 मार्च : सोवियत संघ के मार्स-6 यान ने मंगल के समीप पहुँचकर यंत्र-उपकरणों का एक पिटारा इस ग्रह की सतह पर उतारा है।

1975, 19 अप्रैल : भारत के प्रथम कृत्रिम उपग्रह 'आर्यभट' को सोवियत संघ के एक राकेट द्वारा पार्थिव कक्षा में स्थापित किया गया।

15 जुलाई : सोवियत अंतरिक्षयान सोयूज-19 और अमरीकी यान अपोलो का पार्थिव कक्षा में संयोजन।

अक्तूबर : वेनेरा-9 स्टेशन ने शुक्रतल के चित्र धरती पर भेजे।

1976, जुलाई-अगस्त : अमरीका के वाईकिंग नामक दो स्वचालित यान मंगलतल पर उतरे और उन्होंने वहाँ से धरती पर चित्र भेज।

अक्तूबर : सोवियत संघ का सेल्यूत-सोयूज मिशन।

1977, अगस्त-सितं : अमरीका के स्वचालित दो वोयेजर-यान बृहस्पति ग्रह की ओर भेजे गए।

1979 मार्च : वोयेजर-1 ने बृहस्पति ग्रह के चित्र धरती पर

भेजे। बृहस्पति के वलय की खोज की।

7 जून : भारत में निर्मित 'भास्कर-1' नामक उपग्रह को सोवियत संघ के एक राकेट द्वारा पार्थिव कक्षा में स्थापित किया गया।

अगस्त : सोवियत संघ के दो अंतरिक्ष-यात्री लगभग आधे साल तक सेल्यूत-6 यान में अंतरिक्ष-निवास करके धरती पर वापस लौटे।

1980, जुलाई : भारत में निर्मित एस. एल. वी.-3 राकेट के द्वारा श्रीहरिकोटा के अंतरिक्ष-अड्डे से 'रोहिणी' नामक एक छोटे उपग्रह को पार्थिव कक्षा में स्थापित किया गया।

नवंबर : अमरिका के वायोजर-1 स्वचालित यान ने शनि ग्रह के समीप पहुँचकर इस ग्रह के चित्र धरती पर भेजे। शनि के दो नए चंद्रों की खोज हुई।

1981, अप्रैल : अमरीकी अंतरिक्ष-शटल 'कोलंबिया' की प्रथम यात्रा।

20, नवंबर : भास्कर-2 उपग्रह छोड़ा गया।

1982, 10 अप्रैल : इन्सैट-1ए को भूस्थिर कक्षा में छोड़ा गया।

अगस्त : दूसरी सोवियत महिला स्वेतलाना सावित्स्कया ने पहली बार सेल्यूत-7 में चार अन्य यात्रियों के साथ अंतरिक्ष की यात्रा की।

दिसंबर : दो सोवियत यात्री लेबेदेव और बेरेजोवोय ने अंतरिक्ष में 211 दिन रहने का नया कीर्तिमान स्थापित किया।

1983, 30 अगस्त : अंतरिक्ष-शटल चैलेंजर के जरिए भारतीय उपग्रह इन्सैट-1 बी को अंतरिक्ष में छोड़ा गया।

1984, 12 फरवरी : चैलेंजर शटल के एक अंतरिक्ष-यात्री ब्रूस मैककैंडलेस ने पहली बार अंतरिक्ष में मुक्त विचरण किया।

4-11, अप्रैल : राकेश शर्मा ने सोवियत यान सेल्यूत-7 में अंतरिक्ष-यात्रा की।

अप्रैल : चैलेंजर शटल के यात्रियों ने अंतरिक्ष में 'सोलर मैक्स' उपग्रह की मरम्मत की। जॉर्ज नेल्सन ने अंतरिक्ष में मुक्त विचरण किया।

अक्तूबर : तीन सोवियत यात्रियों ने अंतरिक्ष में 237 दिन

निवास का नया कीर्तिमान स्थापित किया।

जुलाई : स्वेतलाना की दूसरी अंतरिक्ष-यात्रा। उसने यान के बााहर विचरण किया।

अक्तूबर : चैलेंजर शटल में 7 अंतरिक्षयात्रियों ने यात्रा की। इनमें दो महिलाएँ थीं—सैली राइड और कैथरीन सुलिवान।

नवंबर : डिस्कवरी शटल में चार अन्य यात्रियों के साथ आन्ना फिशर ने अंतरिक्ष की यात्रा की। अंतरिक्ष की यात्रा करने वाली वह पहली माँ थी।

1985, अप्रैल : ब्रह्मांड-किरणों के अध्ययन के लिए बनाए गए भारतीय उपकरण 'अनुराधा' की अमरीकी शटल चैलेंजर में अंतरिक्ष-यात्रा।

1986, 28 जनवरी : धरातल से उठने के 73 सेकंड बाद अमरीकी शटल-यान चैलेंजर में विस्फोट। सात अंतरिक्ष-यात्रियों की मृत्यु। इनमें दो महिलाएँ भी थीं।

20 फरवरी : सोवियत संघ की 'मीर' नामक नई प्रयोगशाला अंतरिक्ष में स्थापित की गई।

मार्च : सोवियत संघ के दो 'वीहे' (वीनस-हेली) यान, यूरोपीय अंतरिक्ष का 'जोत्तो' यान तथा जापान के दो यान हेली के धूमकेतु के पास पहुँचे।

1987, 24 मार्च : श्रीहरिकोटा से ए. एस. एल. वी. राकेट की प्रथम उड़ान—असफल।

1988, मार्च : भारत के सुदूर संवेदन उपग्रह आई. आर. एस.-1 ए को ध्रुवीय कक्षा में स्थापित किया गया।

जुलाई : सोवियत संघ ने 'फोबोस' नामक दो स्वचालित यान मंगल की ओर भेजे।

ए. एस. एल. वी. राकेट की दूसरी उड़ान असफल।

सितं-अक्तू. : ढाई साल के अंतराल के बाद अमरीकी शटल डिस्कवरी की पाँच यात्रियों सहित चार दिन की सफल यात्रा।

नवंबर : सोवियत अंतरिक्ष-शटल 'बुरान' का प्रथम सफल परीक्षण।

21 दिसंबर : सोवियत अंतरिक्ष-यात्री व्लादीमीर तितोव और मूसा मानारोव ने अंतरिक्ष में पूरे एक साल के निवास का नया कीर्तिमान स्थापित किया।

परिशिष्ट : 2

उपयोगी ग्रंथ

The Soviet Encyclopedia of Space Flight.
Moscow, 1969
(Ed.) G.V. Petrovich

Development of Rocketry and Space Technology in The USSR
Moscow, 1973 V.P. Glushko

Outer Space and Man. Moscow, 1967 (Tr.) V. Talmy

Space Research and Technology, (Ed.) N.H. Langton
Vol. 1 : The Space Environment. London, 1969
Vol. 2 : Rocket Propulsion. London, 1970

A Handbook of Astronautics. London, 1966 (Ed.) S.W. Smith

The Promice of Space. Pelican Book, 1970 Arthur C. Clarke

Space Research by Rocket and Satellite.
London, 1960 R.L.F. Boyd

Artificial Satellites, Penguin Book, 1960 M.W. Ovenden

Discovering The Universe,
London, 1964 Bernard and Joyce Lovell

Earth, Moon, and Planets. Pelican Book, 1971 F.L. Whipple

Voyage to the Moon. New Delhi, 1969 Rosscote K. Pillai

The Moon and Man. Moscow. M. Rebrov, G. Khrozin

Konstantin Tsiolkovsky Moscow, 1956 A. Kosmodemyansky

K. E. Tsiolkovsky : Selected Works.
Moscow, 1968

Rockets, Missiles, and Space Travel.
New York, 1961 Willy Ley

History of Rocketry and Space Travel.
New York, 1967 Wernher Von Braun and F.I. Ordway

USSR Probes in Space.
Novosti Press Agenciy Book. Moscow

Interplanetary Travel. Moscow, 1958 A. Sternfield

Space Laboratories, Moscow. Zhdanov and Tindo

Man on The Moon. US Information Agency

Destination : The Moon. US Information Service, New Delhi

Space and Time Perception by The Cosmonaut.
Moscow. 1971 A. Leonov and V. Lebedev

परिशिष्ट : 3

हिंदी-अंग्रेजी पारिभाषिक शब्दावली

अनुपात	Ratio
अनुसूर्य बिंदु	Perihelion
अंतरिक्ष	Space, Sky, Universe
अंतरिक्षयात्रा	Space Voyage
अंतरिक्षयात्री	Astronaut, Cosmonaut
अंतरिक्षयान	Spacecraft
अंतरिक्षयात्रा-विज्ञान	Astronautics, Cosmonautics
अंतरिक्ष-सूट	Space Suit
अंतरिक्ष-प्रयोगशाला, स्काइलैब	Skylab
अंतर्राष्ट्रीय भूभौतिकीय वर्ष	International Geophysical Year
अंतर्ग्रहीय	Interplanetary
अपकेंद्री बल	Centrifugal Force
अवलोकन	Observation
आकाश, खगोल	Sky, Space
आकाशगंगा	Milky way
आक्सीकर	Oxidizer
आदेश मॉड्यूल	Command Module
आपेक्षिकता-सिद्धांत	Relativity Theory
आयनमंडल	Ionosphere
आयन राकेट	Ion Rocket
ईंधन	Fuel
उत्केंद्रता	Eccentricity
उपग्रह, स्पूतनिक	Satellite, Sputnik

ऊष्मा	Heat
ऊर्जा	Energy
औसत	Average
कक्षा	Orbit
कर्षण, प्रतिरोध	Drag
क्वथनांक	Boiling Point
क्षुद्रग्रह, लघुग्रह, बौने ग्रह	Asteroid
खगोलविद, ज्योतिषी	Astronomer
खगोल-विज्ञान, ज्योतिष	Astronomy
खगोलीय इकाई	Astronomical Unit
गुरुत्वाकर्षण	Gravity
गुरुत्व-भार	G-load
ग्रह	Planet
चुंबकीय क्षेत्र	Magnetic Field
चांद्र-भ्रमण मॉड्यूल	Lunar Excursion Module
ठेल	Thrust
ठोस प्रणोदक	Solid Propellant
तुंड	Nozzle
त्वरण	Acceleration
तृतीय ब्रह्मांडीय वेग	Third Cosmic Velocity
दीर्घवृत्त	Ellipse
द्रव प्रणोदक	Liquid Propellant
द्रव्यमान अनुपात	Mass Ratio
धूमकेतु	Comet
नाभि	Focus
नाभिकीय ऊर्जा, परमाणु-ऊर्जा	Nuclear Energy
नाभिकीय रिएक्टर	Nuclear Reactor
नाभिकीय राकेट	Nuclear Rocket
निकास वेग	Exhaust Velocity
निष्क्रिय संचार उपग्रह	Passive Communications Satellite
परवलय	Parabola
पलायन वेग, द्वितीय ब्रह्मांडीय वेग	Escape Velocity, Second Cosmic Velocity
पश्चगामी राकेट	Retro-Rocket

—

प्रकाश-वर्ष	Light-Year
प्रज्वलन प्रकोष्ठ, दहन-कक्ष	Firing Chamber, Combustion Chamber
प्रणोदक	Propellant
प्रति-गुरुत्व	Anti-gravity
प्लाज्मा	Plasma
फोटोन राकेट	Photon Rocket
बल	Force
बेलनाकार	Cylindrical
ब्रह्मांड किरणें	Cosmic Rays
बृहस्पति, गुरु	Jupiter
भाररहितता, शून्य गुरुत्व	Weightlessness, Zero-gravity
भूमि उच्च	Apogee
भूमि नीच	Perigee
मातृयान	Mothercraft
यान, वाहन	Spacecraft, Vehicle
रासायनिक ऊर्जा	Chemical Energy
विद्युत राकेट	Electrical Rocket
विकिरण	Radiation
विश्व यांत्रिकी	Celestial Mechanics
वृत्तीय वेग, प्रथम ब्रह्मांडीय वेग	Circular Velocity, First Cosmic Velocity
संचार उपग्रह	Communications Satellite
सक्रिय संचार उपग्रह	Active Communications Satellite
समकालिक कक्षा	Synchronous Satellite
संपुट	Capsule
सूक्ष्म तरंग	Microwave
सूर्योच्च बिंदु	Aphelion
सेवा मॉड्यूल	Service Module
सौर-मंडल	Solar System
होहमान दीर्घवृत्त	Hohmann Ellipse

□ □ □